Sparks of Genius

The Thirteen Thinking Tools of the World's Most Creative People

创意天才的思维方法

世界著名创意大师的13种思维工具

（修订本）

[美] 罗伯特·鲁特-伯恩斯坦（Robert Root-Bernstein）
米歇尔·鲁特-伯恩斯坦（Michele Root-Bernstein） 著

王美芳 王蕾 译

電子工業出版社
Publishing House of Electronics Industry
北京·BEIJING

版权贸易合同登记号　图字：01-2013-9021

图书在版编目（CIP）数据

创意天才的思维方法：世界著名创意大师的 13 种思维工具：修订本 /（美）罗伯特・鲁特-伯恩斯坦，（美）米歇尔・鲁特-伯恩斯坦著；王美芳，王蕾译. 一北京：电子工业出版社，2018.8

书名原文：Sparks of Genius: The Thirteen Thinking Tools of the World's Most Creative People

ISBN 978-7-121-34140-3

Ⅰ. ①创… Ⅱ. ①罗… ②米… ③王… ④王… Ⅲ.①艺术－设计－创造性思维 Ⅳ. ①J06

中国版本图书馆 CIP 数据核字(2018)第 088470 号

策划编辑：晋　晶
责任编辑：杨洪军
印　　刷：三河市鑫金马印装有限公司
装　　订：三河市鑫金马印装有限公司
出版发行：电子工业出版社
　　　　　北京市海淀区万寿路 173 信箱　邮编 100036
开　　本：720×1000　1/16　印张：19.75　字数：334 千字
版　　次：2015 年 1 月第 1 版
　　　　　2018 年 8 月第 2 版
印　　次：2022 年 1 月第 8 次印刷
定　　价：89.00 元

凡所购买电子工业出版社图书有缺损问题，请向购买书店调换。若书店售缺，请与本社发行部联系，联系及邮购电话：（010）88254888，88258888。

质量投诉请发邮件至 zlts@phei.com.cn，盗版侵权举报请发邮件至 dbqq@phei.com.cn。

本书咨询联系方式：（010）88254199，sjb@phei.com.cn。

前 言

本书讲述的是创造性思维。创造性思维在所有领域中都先于语言出现。在逻辑或语言学出现之前，创造性思维就通过情感、直觉、形象和身体感知自我展示出来了。而就此得出的想法可以转换为一个或多个正式的交际体系，如话语、等式、图像、音乐或舞蹈，但这些转换的前提都只能是想法在前逻辑阶段得到充分发展。不考虑转换的细节（这种转换的产物多种多样，如绘画、诗歌、理论、公式等），其转换的过程都是一样的。在一种学科中学习创造性思维会打开其他所有学科对创造性思维理解的大门。这种通用创造性思维的教育对于培养能够在未来形成创新的终生学习者非常关键。

我们研究创造性思维使用了综合性且跨学科的方法，形成了新的整合模式。使用新的整合模式十分必要，不仅是为了理解思维本身，也是为了促进教育及社会的发展。不断增长的专业化趋势明显导致了知识的碎片化。现在的人们所掌握的信息量很大，但对于信息的来源、意义和用途却知之甚少，以至于很少有人能全面了解信息，而这种缺失已无法修复。虽然专业化知识不断增长，但不同领域的交流却在减少；在一些领域里，专家们在越来越小的范围内研究越来越大的问题。这种矛盾只能通过知识整合来解决，这就需要培养新一代的“文艺复兴”人才来编织新的整合模式。

这样的知识整合既需要认知上的基础也需要教育上的基石，因此，本书就有了经纱和纬纱（纺织必备的两种纱，这里指脉络）。我们必须掌握好创造性思维的性质（经纱），才能创建能够培养出创造性思考者的教育体系（纬纱）。在本书的前几章，我们将准备好“织布机”，讨论当前对于创造性思维的误解，以及教育体制中对创造性思维所形成的障碍。

本书吸收了 20 世纪最伟大的专家的优秀成果，例如，对如何看待思维及如何学习思考方式等的解释。在每次创造性努力中，人们都使用了通用目的思维工具组，但使用方式多种多样。这些工具揭示了创造性思维的性质，还发现了科学、艺术、人文和科技领域中的惊人的联系。在创造性想象力的层面上，每个人的思维方式都十分相似。

通过重新构建人们的认知种类来强调创造性思维的统一性，我们还得出了对于知识的一种新概念，以及对应这种新概念的新型教育模式。本书的后几章则介绍了想法在创造过程中转换并合成的方法，向读者展示了经纱和纬纱合成织锦的过程。最后一章对前述的认知重建中会应用得到的具体教育改革的方法提出了建议。

这种智慧编织就像真的纺织一样，可以转化成几乎无限多种类的事物。因此，本书的出版和向广大读者介绍我们的创新材料并不是终点，终点是未来的艺术家、科学家、人文学家和技术专家能够用这种材料改造出的新世界。

目　录

01

重新审视思考

人人都会思考，但并非人人善于思考。一场真正的智慧盛宴需要深谙各种精神食材调配之道的大师掌勺。这些精神烹饪大师并非有什么独门绝技，他们只是在技艺上更纯熟精湛而已。我们常常认为他们的才能与生俱来，然而他们当中即便最具潜力的人也要经过多年苦练。因此，我们也能通过苦练技艺进而提高精神烹饪的能力。这一过程要求我们重新定位什么才是美食家般的思维并且将教育重心从思考什么向怎样以最有效的方式思考转移。

我们的精神烹饪之旅始于思想的厨房，在这里，想法经过腌制、烹煮、搅拌、烘焙直至成型。正如大厨们随手添点这个加把那个的行为让我们感到讶异一样，创意想象的厨房也总不乏出人意料之举。卓越的想法往往以最奇怪的方式产生，由最古怪的材料混合而成，而且食谱里的原料通常与最终呈现的菜肴没有任何相似之处。有时候，精神烹饪大师都无从解释自己是如何知道自己做出的这道菜会很可口的。他只是凭直觉认为把某些食材搭配在一起定会出现美味的惊喜。

直觉显然不合常理。获得遗传学诺贝尔奖的芭芭拉·麦克林托克年轻时候就有过这样的经历。1930 年的一天，她和一些科学家一起站在康奈尔大学附近的玉米田里，思索着一个遗传学实验的结果。研究者预计的实验结果是一半的玉米都会产生不受精花粉，但实际数值只有不到 1/3。数值的差异很大，令麦克林托克感到很苦恼。她离开了玉米田，爬上山坡到了她的实验室里，在这里她可以坐下来思考。

半小时后，她跳了起来，冲到了田里。在玉米田的高处（其他人都站在低处）她大喊："有了！找到了！我找到答案了！我知道那 30%的不受精花粉是怎么回事了！"她的同事很自然地回应："证明你的结论。"然而，此时她却完全不知道如何解释。几十年后，麦克林托克回忆道："不知怎么回事，有时你会突然看到问题所在，在你还不能用言语说明的时候，就知道了答案。这一切都是在潜意识里发生的。我有过很多次这样的经历，我知道何时该认真对待，我很确定，我不需要说出来，不必和别人探讨，我就是知道这就是答案。"

这种"知道却无法用言语解释是如何知道"的感觉很常见。法国哲学家、数学家布莱斯·帕斯卡曾说过一句名言："心灵自有其原因，用理智无从解释。"19世纪著名数学家卡尔·弗里德里希·高斯也承认，直觉总是引领着他来到他不能立刻证明的想法面前。现代生理学创始人克罗德·伯纳德曾写道，科学思维里所有带有目的性的想法都是先有了感觉，"是感觉引导着大脑"。画家巴勃罗·毕加索向他的朋友坦白："每次绘画时，在我决定用什么颜色前我也不知道要在画布上画什么……每次拿起画笔绘画我都有一种飘浮在太空中的感觉，我不知道是否应该找个地方落脚，过了一会儿我才能开始更准确地设想作品的效果。"作曲家伊戈尔·斯特拉文斯基也发现，有创造力的活动都始于一种难以言表的欲望和一种"凭借直觉完全可以把握但却难以言说的未知实体"。拉美小说家伊萨贝尔·阿连德也描述过一种类似的模糊感觉促使她写作："在我的心里——在写了 5 本书之后我可以这样说——我知道我要怎样往下写，我心里清楚书的结尾，尽管我现在还不知道结尾是什么。真的很难解释这种感觉。"

这种不明确、说不出却又真正知道的现象让人们禁不住产生疑问。麦克林托克是这样说的："这一过程的发生和结束都很快，我想到了答案，跑了出去。现在，我要一步一步来证明我的答案，这些步骤很复杂。然后我证明了答案……结果正如我当时感觉的一样。那么，为什么我没有在纸上认真研究就会知道答案？为什么我是如此确定答案的正确性，我会兴奋地跑向他们大喊，'有了！找到了！我找到答案了！'？"麦克林托克的疑问正中理解创造性思维的靶心，那些画家、数学家、作曲家和生理学家的经历也是如此。这种突然出现的启示和洞察力来自何处？我们又怎么能在还没说、没画或没写之前就知道？在创造性思维中，直觉是怎样起作用的？我们怎样将感觉解码成文字，将情感解码成数值？还有，我们能否理解这种创造性想象并且能够将之付诸实践、训练和教育中？

数百年里无数哲学家和心理学家都思考过这些问题。虽然神经生物学家从大脑结构和神经突触连接的角度找到了一些解释，但完整的答案仍旧蒙着神秘的面纱。在这些研究中，一种可以窥探创造性思维的方式却被大大忽视了，那就是杰出的思想家、创造家和发明家对此的阐述。虽然他们的内省之言不能回答所有问题，但是他们绝对会提供重要的和令人惊讶的新的道路供人们去探索。总之，他们能告诉我们传统的思维观念并不完整，因为它忽略了无法用语言描述的非逻辑形式的思维。

以物理学家爱因斯坦为例。大多数人会觉得爱因斯坦会这样形容自己：我是用数学公式、数字、复杂理论和逻辑来解决各种问题的。哈佛心理学家霍华德·加德纳出版的《创新意识》（*Creating Minds*）一书中，将爱因斯坦塑造成一个“逻辑型数学头脑”的形象。实际上，爱因斯坦的同事却说爱因斯坦在数学方面相对薄弱，经常需要和其他数学家合作来推进自己的研究。爱因斯坦曾写信给他的同事：“你不要担心在数学上碰到的困难，我向你保证你的困难绝对没有我的大。”

爱因斯坦大脑的思维方式与众不同，正如他向同事雅克·哈达玛说的那样：“无论是说出的语言抑或是写下的文字，在我的思想机制里起到的作用都微乎其微。构成我思想的元素是一些标志和清晰的图像，它们自动重现并结合……我刚才提到的元素对我而言是指一种视觉的、更有运动感和力量的东西。”在这个无法用语言描述的思维试验里，爱因斯坦假想自己是一个以光速前进的光子，并想象他能看见什么，感受到什么。接着他又变成第二个光子并继续展开想象。爱因斯坦向心理学家麦克斯·维特海默解释他的做法，维特海默只能模糊地理解爱因斯坦的这种视觉、运动的思维能将其带往何处：“他的方向感很难用语言表达。”

麦克林托克也从她的角度提到对“机体的感觉”与爱因斯坦提到对光子的感觉很相似。在研究染色体时她非常了解那些玉米，她的确能仅从染色体就看出不同："我发现我越了解它们，它们就变得越大，而当我真正与这些植物一起工作时，我并不是在外面，而是在里面。我是（那些玉米）体系的一部分。甚至能够看到染色体的内部，其实一切都在那里面。我感到非常惊讶，因为我真的感觉我就在里面，那些染色体都是我的朋友……你看这些东西的时候，它们也成为你的一部分。你就忘记了自己。最主要的就是你忘记了自己。"在克洛德·伯纳德的前逻辑科学思维中相似的情感投入也起到了重要的作用，他写道："人类活动会提出一些想法，这些想法为人类行为的动机做出解释，而感觉像其他这些人类活动一样只有这样才能得以释放。"而对于数学物理学家沃尔夫冈·保力来说，情感回应会在那些想法还没有完全清晰表达出来的地方起作用。他写道："在人类灵魂的无意识区域内，清晰概念的位置被有力的情感内容形象所取代，这些内容并非通过思考得来，而是通过思想的眼睛看到的。它们是一些图像。"

有些科学家坚持认为感受和大脑形象中的思考可以进行理性操控。爱因斯坦提出在"作为思想因素的肌体"和"相关逻辑概念"之间存在一种"特定的联系"。数学家斯坦尼斯瓦夫·乌拉姆则提出了更为强势的观点。他以视觉的方式体验到了抽象的数学概念，所以"无穷多的球体或无穷多的集"变成了"几乎有真实物体的图像，慢慢变小，然后消失在地平线"。这样的思考并不是"以词语或者三段论或者标识这样的形式"，而是以"一种有自我规则的多元或超逻辑视觉运算形式出现"的。而对于诺贝尔化学奖得主，同时也是杰出音乐家的威廉·利普斯科姆来说，这种思维是一种综合美感体验。他在研究硼这种化学物质时发现自己不仅以推理、演绎的方式进行思考，还会靠直觉进行思考。他写道："我感觉到一种智力和情感的集中，这明显是一种美学反应。在这之后是来自大脑的预测洪流，就好像我是站在一旁看事情发生的旁观者。只有在后来我才能开始从这些不寻常的分子中推理出系统性理论结构、它们的联系和反应……这是科学吗？我们后来的测试表明是科学。但我使用的程序和感觉到的反应却更像艺术家。"直觉感受、情感和想象出的形象在科学中确实有作用，但就像舞蹈和音乐主题的含义一样，这种感受是感知到的而不是定义出来的。

"是直觉，还是数学？"发明家、科幻小说家亚瑟·克拉克这样问道。"我们是用模型来找到事实的真相，还是我们先知道真相，再用数学知识来进行解释呢？”这个问题的答案毫无疑问：直觉。正如爱因斯坦说过的那样，直觉“具有创造力思想中必要的特点”，它出现在可以用语言或数字表达意思之前。在他的工作中，数学和形式逻辑都是次要的步骤：“如果上面提到的辅助内容都准备好且随时可用，那么费力地去寻找那些传统意义上的语言或者其他标识（通常是指数学）只是其次的步骤。”维特海默这样解释：“真正有想法的人不会用这样纸上谈兵的方法来思考。这两组三重公理在爱因斯坦和利奥波德·英费尔德合作的物理学著作中比较的方式并不是在实际思考过程中真正进行的方式。这只是事后就这一主题进行的推理，就是一个怎么写最好的问题……但在这一过程中，这些内容不是从任何对于公理的操控中产生的。”就像他对英费尔德所说的话：“没有哪一个科学家是用公式来思考的。”

科学家可能不从数学的角度来思考，但是以一种他人可以理解的方式来表达这种直觉看法的需要却驱使他们，用麦克林托克的话来说，“以所谓的科学方法来思考并放进科学的框架”。其他科学家也都确认了这个先由直觉想象出的理解再加上后面逻辑表达的两步程序。来自麻省理工学院的冶金专家西利亚·斯坦力·史密斯说过，“发现的过程完全靠感觉，而数学是仅与他人交际所必需的渠道”。提出不确定准则的维尔纳·海森博格写道，在他帮助创立的物理革命中“数学……仅仅起到从属、次要的作用”。“数学是我们用来表达对自然理解的形式，而非内容”。诺贝尔物理学奖得主理查德·费恩曼也是靠直觉来观察和感知的，他提道：“在我处理过的一些问题中，需要用到这种方法来绘制一个蓝图，然后才会用到数学的方法。”

不要再说科学家比其他人的思考更具逻辑性了。创造性思考要先去感受。理解的欲望必须先与感知和情感相融合，并与智力合在一起才能产生具有想象力的看法。诚然，思考、情感与感觉之间的紧密联系正是名为《笛卡儿的错误》（*Descartes' Error*）（1994）这本书的主题，这本书重新讨论了300多年前这位著名哲学家认为思想（和思考）与身体（感觉的主体）分离的看法。作者是神经学家安东尼奥·达马西奥，他发现神经科病人的情感因素受到中风、事故或肿瘤等的改变从而失去了理性规划的能力。因为他们无法在决策过程中投入情感，所以不能做出正确的决定。我们的感受——我们的直觉——并不受理性思维的阻碍，会形成自己的根源和基础。对达马西奥来说，身体和思想、情感和智力是不能分离的。我们同意这种说法。科学家不仅会从中产生逻辑的想法，各学科的创造性思维和表达也都来自直觉和情感。

对很多人来说，这些说法可能有些出乎意料。认知科学家，如赫伯·西蒙和诺姆·乔姆斯基将思考看成推理和演绎的逻辑程序，或者语言学的规律。就算是在《创造新意识》和《思想框架》（*Frames of Mind*）中提出多元化思维的霍华德·加德纳也提出，创造性思维方面做得最好的人是那些善于表达自己的人。对于加德纳和他的同事来说，如像爱因斯坦、麦克林托克和费恩曼这样的科学家都是逻辑数学思考者；而诗人和作家则被认为高度语言化的思考者；舞者是运动感觉思考者；艺术家主要是视觉思考者；政治家都是人际思考者。这些特点看起来好像都很有意义，就好像说面包师要用酵母来做面包一样。但苏打面包和平板面包里却没有酵母，而酵母也可以用来做其他食物，包括啤酒和葡萄果仁谷物。任何食谱都不是单靠一样成分来决定的，无论是烹饪还是思考。那些在大脑思考过程中只有一个因素的个体会误导他人，比如前面说爱因斯坦只是——起码主要是——逻辑数学思考者。

例如，艺术家只是部分依靠视觉刺激来进行绘画。情感、运动感觉、哲学、生活本身都是艺术想法的其他来源。画家苏珊·罗森伯格这样描绘她的创作过程：“来自直觉……我非常能够意识到自己在空间里的身体——肩膀、前部。我有一种很难解释的身体语言。我的很多作品都与身体方位有关。”雕塑家安妮·特鲁伊特也能在她的身体里感觉到艺术，她在描述她的学徒阶段时这样写道：

> 学习的不是我的眼睛或者思想，而是我的身体。我爱上了艺术的过程，并且再也出不来了。我甚至连那些不适感也爱。开始的时候刻石头超过一小时我的胳膊就又疼又抖；我还记得坐在回家的公交车上，胳膊不受控制地摇晃。我的肩膀因为肌肉变得更宽，连裙子也大了一码。我整个身体的重心都改变了。我学会了从肚脐之下将力量和平衡的中心开始移动。从这一刻起，我能举得起石头，也能像蝴蝶的翅膀那样轻盈地触摸黏土的表面。

同样，画家布里吉特·莱利将她的画作描述为：“自己身体和媒介构成的视觉因素间的亲密对话……我一直试着自然地从这个媒介里找到视觉和情感上的能量。我的画当然与产生视觉感知相关，但也绝不是要排除掉情感。我的目标之一就是这两种反应要合而为一。”

毕加索作为加德纳“视觉思考者”的原型，显然十分赞同这个观点。他认为所有的感知、所有形式的了解都相互关联：“所有的艺术都一样，你可以用语言写出一幅画，就好像你可以在诗中描绘出感观、感觉一样。‘蓝色’——蓝色是什么意思？有上千种感觉都可以称为‘蓝色’。你可以说的是高卢香烟的蓝色，你也可以说眼睛是高卢蓝，或者相反，就好像人们在巴黎饭店里的说法，你可以说牛排是蓝的，其实你的意思是红色。”那些只看图而不感觉其他相关感觉的人错过了关键信息。感受和感观加在一起形成了绘画的最初动机。

因为大多数艺术想法从非视觉角度开始，艺术家也经历了爱因斯坦、麦克林托克以及其他科学家描述的那些转换过程。约瑟夫·亚伯斯对这一过程的描述应该是最简洁的：“身体事实与心理作用的差距……是我们对生活所产生回应的视觉公式。”雕塑家路易丝·布尔乔亚说：“我思考……很久。然后我试着表达我不得不说出的东西，还要翻译我不得不对它说的东西。我试着将我的问题解读成石头。”麦克斯·比尔用差不多的话来谈艺术：“人类精神的表达……之前只在大脑中存在的抽象想法以具体形式变得可以看见。”绘画和素描是“（通过）颜色、空间、光线和运作的方法成为这种实现过程的工具”。乔治亚·欧姬芙说：“我很早之前就得出结论，就算我可以准确地写出我看到并喜欢的东西，那也不能使读者产生和我一样的感受。我必须创造出一种与我所看到事物感受的等值物，而不是去复制。”因此，艺术的形象不再是对物体感受、概念和感知的直接反应，就像科学家的公式也不是对其想法的直接表达一样。所有公共的语言都是转换出来的形式。

就算是那些用语言表达的人也会发现他们很少用语言来思考或者通过语言来产生想法。诗人卡明斯对这样的说法提出挑战，他认为诗人是文字匠，其创作内容通过操作语法、句法和语义上的变化来实现。他写道：“艺术家并不是描述的人，而是感受的人。”同为诗人的加里·施耐德就这一话题又进一步表达了自己的看法，他说：“写作必须全部重新视觉化……我会在头脑里重新将整个经历播放一遍。我会将纸上的东西忘记，与其背后的前语言层面接触，然后试图努力重新经历、回忆、视觉化，重新视觉化，我会重新经历整件事情，并试图看得更加清晰。”史蒂芬·斯彭德在描述他自己的创作过程时说出的内容几乎相同：

> 诗人，特别是诗人，永远也不会忘记某些特定的感觉印象，尤其是那些他经历过并带着能够一次次感受到与当初一样的新鲜感的……所以虽然我不能记住电话号码、地址、面孔，以及我把今天早晨的信放在哪了，我却能够清楚地记得特定经历的感观记忆，那些在我周围有某些相关具体化的经历，这些都不会让人感到吃惊。我可以通过周遭一切来说明我自己的生活，这些突然出现的环境完全将我带回到过去，尤其是童年时代，在那里我完全没了有眼前其他的所有感觉。

在卡明斯和斯彭德的例子里，想象中的世界需要的不仅是精通语言，还需要一种自由重现感观印象的能力。其他作家表达的内容也差不多。罗伯特·弗罗斯特将他的诗歌创作描述为这样一种过程：“将感受到而非想到的意图执行出来……常有人这样说我：‘这个作家没有眼泪，读者也没有眼泪。这个作家没有什么让人惊奇的地方，读者也感觉不到什么惊讶之处。’”美国小说家、短篇小说家多萝西·坎菲尔德·费希尔也为了写出更好的作品而去经历了她要写的内容。她说：“从个人层面来说，虽然我从来没有使用过个人生活中的任何内容作为素材，但如果不能完成这些非常具体、非常完整的视觉化过程我就什么也写不出来；这意味着如果我不对于地点、人物和生活阶段近距离地了解到最细节的层面，那么我根本写不出来这些东西。”伊莎贝尔·阿连德也会非常“有组织地”规划她的书：“书不会在大脑中生成，它们是从我的肚子里出来的……我不知道要写什么，因为这些东西还没从肚子里出来走进大脑。藏在一些我进不去的阴暗秘密的地方。‘它们’是一些我一直能感觉到的，但是没有形状、没有名字、没有音调的东西。”

开始的时候这些冲动、感觉讲不出来，但它们最终会以语言的形式再现。一旦诗人或作家重历了激励人心或让人困扰的形象及感受，那么，他们遇到的问题就与科学家和艺术家的问题一样：怎样将这些内部感受转换为其他人可以感受到的外部语言。费希尔将她试图转换为语言的“设想”描述为“圣洁的人类感受”。

艾略特、霍华德·加德纳作为“语言思考者”的例子几乎引用了欧姬芙的话：“用一首诗你可以说‘我将自己的感受转换成了语言。我现在有了对于所感受事物的语言等价物’。”加里·施耐德说过：“第一步是节奏感，第二步是一组会移动到节奏感前的语言视觉图像，第三步是用语言来表述。”小说家、诗人、作曲家威廉·格因这样形容他的写作过程：“是从血肉化为精神、字母和语言的行当。”

科幻小说家娥苏拉·勒瑰恩指出，对于科幻作家来说，这种转换过程中存在一种嘲讽：“艺术家处理的是不能用语言表达的东西。而那些以科幻作为媒介的艺术家则要用语言来做这样的处理，这些可以矛盾地起作用，因为这些内容除了符号用途外，还起到象征和隐喻的作用。”换句话说，语言既包括字面意思，也有内部感受的标记，但并不是其本质。正如海森堡对数学的描述那样，语言表述的是理解而不是象征。所以，史蒂芬·斯彭德将“诗歌的巨大挑战”定义为试图以语言来表达一些无法用言语表达但可以从言语中暗示出来的内容：“我能想出图像的逻辑吗？我自己想要解释出我愿意写出的诗非常容易！但要写出来太困难了。要写出来就说明要将我对那些想法图像化的经历完全重现，但现在这些还都仅仅是一些抽象的内容，而这种想象力经验的努力需要一生的耐心与观察。”

将想象的努力用语言创造出来？那么，说话者也很可能成为像爱因斯坦、麦克林托克或斯彭德那样的人。如果这种图像、肌肉运动或感受的逻辑是任何其他的东西，就不是我们在学校学到的数学逻辑或形式语言学逻辑。形式逻辑是用来证实事先存在命题的有效性。这种新的“逻辑”——也许用乌拉姆的说法“元逻辑”更适合——并不能证明什么；但它能够产生新奇的想法和设想，但并不能证明其有效性和实用性。这种思维，虽还未得到当代思想理论的研究和解释，具有非语言、非数学、非象征性特征，同样也不属于任何一种正式交际语言，然而，我们的困难是要描写、理解这种感觉、图形和感情的元逻辑。如果乌拉姆是对的，那么结果可能像几千年前亚里士多德所编纂的象征逻辑那样具有革命性和基础性。这样的元逻辑也许确实能够解释所产生想法的创造性来源和特点，亚里士多德的逻辑在这上面是可以应用的。

目前，我们对这样的元逻辑所有的最接近的概念就是直觉的模糊概念。爱因斯坦说过：“只有直觉依靠在共鸣理解上才可以产生（视野）；……每天的努力并不是来自专门的意图或项目，而是直接来自心里。”他的同事亨利·庞加莱（也许是19世纪晚期最伟大的数学家）在《科学与方法》（*Science and Method*）中写道:“我们通过逻辑来证明，但真正做出发现的是通过直觉……逻辑教给我们在这样一条一定不会遇到困难的路上，但却不会告诉我们哪一条路会通向我们想要的终点。所以先从远处看到终点非常必要，而教会我们看到这些的就是直觉。没有直觉，几何学家就像一位精通语法但没有想法的作家。”物理学家马克斯·普朗克说得更简单：“科学家需要一种具有艺术式创造性的想象力。”诚然，科学家和艺术家很相似，因为他们的看法同样都从感受和直觉的领域开始，并通过同样的创造性过程整合成一种意识。

这非常重要。我们很容易看见人们做出来的不同东西，然后描述它们的差异。显然，诗歌不是数学公式，小说也不是遗传实验。作曲家很明显与视觉艺术家用的语言不同，而跟剧作家相比，化学家是将非常不同的物质混合起来。但所有的科学思维都不完全一致（物理学不是生物学），所有艺术也不太一样（雕像不是拼贴画或者图片）。通过做出的不同东西来区分不同的人就错失了大家创造的同一性。因为从创造过程的层面来说，科学家、艺术家、数学家、作曲家、作家和雕塑家都使用共同的一组我们称为“思考工具”的东西，包括情感感受、视觉图像、身体感受、可再生模式等。所有的想象力思考者都学着将这些由主观思考工具产生的想法转换为能够表达他们看法的公众语言，这些看法还能在其他人的头脑中生成新的想法。

很多科学家、艺术家都注意到了创造力的一致性。在1980年举办的第十六届诺贝尔大会上，科学家、音乐家、哲学家一致同意，用弗里曼·戴森的话来说：“如果说创造和表现的话，那么科学和艺术之间的类比非常恰当。创造当然非常具有类比性。在科学领域表现的细腻所带来的美感之愉悦性非常强烈。”几年前，在另一个多学科大会上，物理学家默里·盖尔曼发现：“大家对于思想来源的看法比较一致。大约十年前，我们在这里（科罗拉多的阿斯彭物理中心）召开研讨会，当时有几个画家、一位诗人、几个作家和一些物理学家。对于这个问题，大家的看法一致。所有这些人，无论他们是从事科学方面还是艺术方面的工作，都试着解决同一个问题。”

正如一位音乐家所说，科学家与艺术家之间思维过程的“绝对相似性”不仅从个人层面上确实存在，在社会层次上也是如此。科学家所感知到的一般性问题解决方案，艺术家所理解的共同灵感，都是从同样的创造性行为所涌现出的“答案”。正如诺贝尔奖获得者免疫学家、作家夏尔·尼科勒所说的：“一个新事实的揭露、前进的一步、对于过去无知领域的征服，都不是推理的行为，而是想象和直觉的结果。这是一种与艺术家和诗人紧密关联的行为，是成为现实的梦想，是能够创造的梦想。”法国内科医生阿曼达·陶瑟同意这种观点：“所有科学都会接触到艺术；所有艺术也都有科学的一面。如果一个人做不成艺术家，那他就是最差的科学家；如果一个人做不成科学家，那他也一定是最差的艺术家。”同样，建构主义雕塑家厄姆·贾柏曾经这样写道：“每一位伟大的科学家都有被身体里艺术家的一面拯救的经历。‘我们是诗人。’毕达哥拉斯说。而如果说数学家是创造者的话，那么他说对了。”伊果·费奥多罗维奇·史特拉汶斯基也赞同这一观点，他这样写道：“作曲家思考的方式，也就是我思考的方式……与数学思维并没有什么不同。”无论表达方式怎样，盖尔曼、贾柏、史特拉汶斯基和尼科勒的观点讲的是同一内容，阿瑟·库斯勒在他的代表作《创造的行为》（*The Act of Creation*）中表达得非常恰当：“牛顿的苹果和塞尚的苹果是伟大的发现，它们不仅是表面看起来的苹果。”在两个情境中都需要从基本认知感受和感官来不断地重新认知和想象这个世界。

虽然创造性过程的一致性得到了关注，但并不是在每个地方都得到了关注。只有为数不多的人认识到了创造过程中的前语言、前数学因素，也只有为数不多的人认同直觉思维工具的跨学科本质。这样浅显的认知观点不仅存在于哲学家和心理学家中间，也影响了教育者。我们看一下从幼儿园到研究生院的课程大纲，它们都是由最终产出内容而不是过程来划分科目的。从一开始，学生就接受文学、数学、科学、历史、音乐、艺术这样不同的科目教学，而这种分类方法说明这些学科是不同的并且有排他性。尽管现在人们经常在说要“整合大纲”，但真正学科间的课程却很少，而包含人类知识广度的跨学科课程几乎不存在。而且，在真正起作用的创造性层面上，将一个学科与另一个学科相联系的直觉思维工具完全被忽视。数学家只以“数学思维”思考，作家只以“语言”思考，音乐家只以“音符”思考，等等。我们的中学和大学都坚持只用一半必要的材料烹饪，对于思考的性质一知半解，教师对教学方式一知半解，学生也只对学习方式一知半解。

这种半熟式教育带来的坏处比我们想象的要大得多。以笔者在学校的经历（笔者二人都已完成研究生阶段的学习），没有人哪怕是暗示我们一个人可以从语言或者数学角度来思考问题。我们从来没有这样做过，也没有人这样建议过，没试过以头脑中的图形或者感受来解决数学或者物理问题，或者以肚子里的一系列图形和情感来策划一本书或者诗歌。也没有人提及在提出想法或者解决问题的阶段可能不同于将之转换为学科语言的阶段。没有人像本书一样建议我们学习一个科目或形成一种观点的方式可能是学会如何在其他领域中形成观点的关键。

但是，如果本章中所引用的创造性思考者准确地描述了其工作的方式——我们也认为他们的确做到了——那么显然基于单一学科和公众语言的教育已经丢掉了创造过程的很大一部分。教师努力地工作去“磨”出学生的数学及句法逻辑，但他们忽视了感受和直觉的元逻辑。我们以语言或数学的形式来接受教学和考试，这样做的前提是，我们以语言及数学来进行思考。这种学校教育是一种错误的理解。正如威廉·利普斯科姆对于当代理科教学的评价：“如果一个人的工作实际上在美学和科学原创性上都给予了最小限度的帮助，那么他提出的计划也不会好于当前的教育体系……他很少听到我们对于科学中有哪些不理解的地方，对于创造性想法的准备方法则更是听到得少之又少。”同样的评价也可以用于艺术、人文及科技的培训上。我们精通了翻译的语言，却忽视了我们的母语；面前的盛宴我们不去品味；我们尊重大厨却又拒绝模仿他们。

因此，最重要的是，要去认识并且能够描述创造性思维的直觉“方言”。语言和数字与观点的交流同样重要，这种观点就是各种情感和图形与想象力相结合才能产生有价值的观点。因此，感受像思维一样，成为教育大纲课程中的一部分。学生必须学会重点关注内心深处感受到的东西，将之加以利用并发扬光大。这不是天上掉馅饼。不同的职业，包括医学，都是从将直觉认同为学科思维中的必要组成部分开始的。之前在约翰·霍普金斯大学工作的盖瑞·博格既是艺术历史学家，也是一名社工，他认为“情感意识，像观察和主要问诊技巧一样，是提供良好医疗保健服务的重要组成部分”。宾夕法尼亚州赫尔希医学中心内科主任约翰·伯恩赛德博士更有力地论证了这一观点。他写道："我们教育的失败之一就是缺乏对'直觉'或者日常感知倾向的足够注意。也许是由于这种倾向无法量化，因此被简单地看成'医学的艺术'，表示一种本能或激情。但我认为这种感觉可以定义出来并且加以传授。"

我们无论去了解自己、他人或自然的一部分，还是仅仅想要提供顶尖的医疗保健，都必须学会利用感受、情感和直觉。这些是创造性想象力的基础，也是优质思考和教育的全部意义所在。

02

想象力教育

在诺顿・贾斯特所做的经典儿童文学小说《神奇的收费亭》(*The Phantom Tollbooth*)(1961)里，有一个叫米洛的男孩承担了一项不可能完成的任务。他要不断地去寻找以便使文字和数字的王国重新统一起来，而该王国被斯诺称为“两种文化”的问题所分裂，科学界和艺术文字界的人无法交流。在他历险的过程中，米洛在去“现实城”的路上经过了视野森林，这时他突然看到了远处一座座宏伟的大厦。他的导游亚历克告诉他那只是海市蜃楼，是城市的幻象。“你怎么能看到不存在的东西呢？”米洛的伙伴之一汉姆伯格嘟囔着说。亚历克答：“有时候，看这些东西比看存在的东西容易多了……比如，如果有的东西就在那里，你只有睁开眼睛的时候才能看到，但如果不在那里的话，你闭上眼睛也能看到。这就是为什么想象出来的东西有时候比真实的更容易看到。”接下来米洛和他的伙伴们又问“现实城”到底在哪里，亚历克指着说：“就在这。你现在就站在主街的中间。”但是，米洛说：“我没看到城啊。”

米洛感知幻象而非事实的能力看起来很像人工文学机制，但我们很多年前就发现了当时的教育体系事实上促进了这种奇怪的才能。在我们还是本科生的时候，课程是以一种尤为印象深刻的方式被带回家的。我们有一个朋友约翰，他被认为大学历史上最出色的学生之一。他完成了前所未闻的工作量，每节课的表现都棒极了。这种表现可不是一般的学习表现，但他像很多普通人一样，也有“瘸腿”的地方。

我们是在走出物理楼的时候得出这个令人沮丧的结论的，那时我们刚刚学完机械方面的几堂课。约翰是一个很高、有点瘦的年轻人——他不太运动，但也不是那种只有 90 磅的瘦弱型。但是尽管他非常努力，却打不开老报告厅里的一个非常重的橡木门。我们俩伸手够到门柄，用力推了一下，门就开了。

“你怎么这么容易就打开了？”约翰问道。

“你开玩笑吧？”我们回答，“我们几周前不是刚学过和门相关的物理原理吗？”那些相关的等式约翰学得非常好，他得到了期中考试有史以来最高分之一，但他看起来却非常困惑。“不，真的。我不懂。”他说。

我们给他一个提示。“你推的是门的中间而不是边上。”

“那又怎么样？”

“那为什么门把手一般都安放到门的边缘而不是中间呢？”

“我觉得那样应该会比较容易做那些门栓机械。”他说。

“当然。但这里用了哪些物理原则？”约翰耸了耸肩。他真的一点都不清楚。尽管他像个天才一样，但却真不是假装。“扭矩，约翰，扭矩！”我们喊出来。

扭矩是一种旋转力。我们大多数都对扭矩有一种运动感觉上的了解，这种了解来自开关门和使用扳手这样的动作。我们通过经验知道距离门上非折页的边缘越近，门就越容易移动；扳手越长，我们松动螺丝时需要的力就越小。这一原则与杠杆原理很接近。“给我一个支点，足够长的杠杆和站的地方，我可以扳动地球。”阿基米德应该是这样说的。对扭矩而言，你也许会说，给我一个足够长的扳手，我可以松动任何螺丝。或者用约翰的问题来讲，让我推尽可能远离门折页的边缘，我可以推开任何门。

可以看见约翰终于得到了启发，他开始计算——当然是在他的脑子里——如果门的质量设为 X，旋转轴和施力点间的距离为 Y，那么确实，如果力用在了靠近外侧的边缘而不是中心，需要的力会小得多。但问题是，约翰不能够将他学习的知识与身边的物理世界联系起来。扭矩问题是由一位物理教授提出来的，经过一个测试利用数学得到解决。约翰可以用思想之眼看到大家会称为扭矩的“幻象”

的东西，就像米洛和他的伙伴们能够在视野森林看到城市一样清晰。但约翰却从没想过这样的数学问题也存在于现实生活中。他不能将他超常的学科知识分数和很棒的数字能力与每天的活动联系在一起。他的幻象无法与现实相联系。

遗憾的是，很多好学生都会遇到同样的学业与现实生活分裂的问题。爱因斯坦认为他的大儿子汉斯就是这样。比如，他带汉斯去出海，他期望看到孩子能够用学校里学到的物理知识来对付航海中的风，但他很失望儿子并没有做到。这件事比表面看起来更有趣，因为爱因斯坦在上高中（或技术高中）的时候学习成绩一直不好。尽管死记硬背以及语言、数学方面的思考是学校学习的绝大部分内容，爱因斯坦却觉得很难去忽视自己的感受和直觉。他在转到瑞士阿劳的一所高中后才开始引起注意，这所学校是根据约翰·亨里希·裴斯泰洛齐的理念运营的，裴斯泰洛齐是一位教育改革家，他认为非语言、非数学形式思维才是教育的中心。这所学校的学生不仅注重交际技巧，也注重在物理体系中如何想象所感知到的东西。他们学习画画，做模型，注重自己的直觉，用头脑去观察和感知世界。在成为一名专利员之后，他又进一步练习这些技巧，将这些带入物理和日常生活中。

爱因斯坦在出海的时候能够感觉到船上的力量来自船体。像他的女儿玛戈特所说，他成为“自然中的一部分”——这是他知识的物理表征。他也能够将这些感受转化为众所周知的物理法则表达。就他所知，专业的水手也是一位应用物理学家，物理学家就应该是那些能够在真实生活情境中根据他的知识来采取行动的人。汉斯在航海时一犯错，爱因斯坦就将其看成无法将书本内容与世界经验联系在一起的错误。爱因斯坦的朋友回忆：“每次他的儿子在出海的时候做了他认为错的事，爱因斯坦就会对高中教育体制发火——效率多么低下，要为人们在后来生活中犯的错误负多大的责任。”

大概在同一时间，由于发现电子而获得诺贝尔物理学奖的汤姆森认为，剑桥大学的物理训练也有同样的失败之处。为让像约翰一样的学生更好地理解，汤姆森在他的课程中加入了物理公理及公式方面的演示。他在 1937 年进行了这样的说明：“这种演示将一些有趣的点解释得很清楚。我们发现很多情况下人们都可以解决关于透镜方面的大多数问题，但给他们一个透镜去找蜡烛火焰的图形，却不知道该从透镜的哪一面去看。但最有趣的是，当数学公式算出正确结果时他们惊讶的表情。他们看起来好像没有意识到数学除了是考试时可以写在试卷上的公式外，还可以是其他东西。”亨利·庞加莱发现在法国也是这样。“有一件事让我很震惊，那些接受过高中教育的年轻人远远不能将学到的数学法则应用到事实生活中……对他们来说，科学世界和现实世界是密封分隔的两个空间。”

今天的教育界中仍然普遍存在学术知识和实际世界之间的脱节。哈佛大学心理学家里昂·艾森伯格在 20 世纪 70 年代的一个创新会议上说过：“有人告诉我在麻省理工学院这样的知名学府里，学生可以精通微积分，可以通过做好期末考试的习题让老师非常满意。却在学物理课程后，无法了解如何利用微积分课程来解决物理问题。如果这些技巧不能转换，那么所学的东西就非常有问题。”艾森伯格的这种发现让他成为不亚于理查德·费曼的科学家（理查德·费曼对于量子物理学的革命性贡献为他赢得诺贝尔物理学奖）。费曼在《别开玩笑了，费曼先生》（*Surely You're Joking，Mr Feynman*）（1985）中讲述了一次麻省理工学院的机械绘图课上学生不知道如何用数学知识来描述曲线板的经历。他们确定这些用来画图的塑料工具一定有一些“特殊公式”。对于费曼来说，他们的无知是一种玩笑，他的回应也是一种玩笑。他告诉大家：“曲线板的做法让每个画出来的曲线的最低点，无论你如何转动，其切点都是水平的。”

> 课堂上所有学生都从不同角度举起了他们的曲线板，把铅笔放到最低点，结果当然是，看到切点是水平的。他们对于这一“发现”都很兴奋——尽管他们已经学了一些数量的微积分知识，而且已经学过了任何曲线最小量（最低点）的导数（切点）都为零（水平）。他们没把二者联系起来，他们甚至不知道自己“知道”什么。

确实，麻省理工学院和加州理工学院的教授及主要工程公司的研究总监早就意识到，将成功的科学家和工程师与班上的学生区别开的是感受到、看到等式所意味着什么能力。他们物理班上的每一个学生都有解决爱因斯坦相对论等式的数学能力，但只有几个人能将这些等式带到生活中。只有几个人能够像爱因斯坦、费曼、保力、西里尔·史密斯等伟大的物理思考者那样，将数学和物理知识相互转换。有很多学生像汤姆森和亨利·庞加莱观察到的那样，只是学到了数学这个交流工具，却没有学到如何用数学去进行交流，比如我们的朋友约翰。尽管他非常聪明，却也只是教育的半成品。

只学到空洞的理论而不能将其应用于现实，这个问题不仅存在于科学技术领域。在人文社科方面的语言教育中也有着类似的失败，教给学生交际和分析的理论却没有让他们通过感觉、观察、提炼等方式去直接地了解社会现实。这种理论与现实的分离，对于艺术创作来说后果可能比较严重。作家弗吉尼亚·伍尔夫在她父亲身上就发现了这种太过完美的例子。莱斯利·史蒂芬爵士，著名学者和著名的《英国人物传记辞典》（*Dictionary of National Biography*）编辑，他渴望成为一名伟大的文学巨匠，却只写出过一些干巴巴的分析评论。据伍尔夫所说，史蒂芬爵士“意识到他作为一名哲学家和作家的失败”，不止一次地告诉她尽管自己取得了很高的学术成就，但“他的思想只是二流的”。史蒂芬爵士去世之后，伍尔夫对他进行了认真的研究，“他的批判分析能力和创造力之间的差异非常大……给他一个想法去分析，比如米尔、边沁或者霍布斯的想法，他的（文笔）尖锐、清晰、简洁，是剑桥分析精神的典范。但让他去开始一种新的生活、塑造一个角色，他又是如此的原始、初级、传统，即便一个只有彩色粉笔的孩子也会成为比他更敏感的肖像画家”。

爱因斯坦、汤姆森和费曼将学生和同事的失败归因于不完整的学校教育，伍尔夫也像他们一样责怪她父亲的教育。伍尔夫这样写道：“有人可能要讨论剑桥大学的巨大作用及其片面的教育；……以及高强度脑力工作的巨大作用；并提及那里没有分散人们注意力的东西——音乐、艺术、戏剧、旅行；还要发现这种强化和狭隘中有多少是很自然天性，有多少是环境使然。”19 世纪中期，在剑桥大学和其他英国大学中荣誉考试的高度竞争本质一定与史蒂芬相对狭隘的分析力有关。这些被看成优等考试的测试在很大程度上依赖于对课堂知识的记忆能力。史蒂芬在数学和语言学中“死记硬背”都做得很好，在一次 143 名学生参加的极优秀小组数学考试中取得第 20 名。当他自己成为剑桥大学的导师后，建议学生“坚持做优等考试，不断磨炼自己，在拿到学位前都要以非常人的标准来要求自己”。

这样长时间的过量脑力劳动让史蒂芬没有时间和精力去关注人文学科，这是令他女儿感到悲哀的一个结果。他除了作为一名评论家对文学作品进行职业性关注外，基本上忽略了画画、音乐、戏剧和歌剧，在这方面他自称“俗人”——对于审美一点都不感冒的人。他甚至对人们在文学艺术领域所做出的努力都充满怀疑。他声称：“有想象力的作家一定是感性且自我的；他要努力将内心的情感展示出来，并且脸皮薄、自觉……我们希望他能够在创新的收获上有所回报，并且很感激我们能够不受他的诱惑。”

史蒂芬本人当然不会受到这所谓的“诱惑”。伍尔夫说：“在65岁的时候他几乎完全封闭，处于监禁的状态。他的感知特征已经萎缩。他完全忽视，也拒绝面对，或伪装自己的感受，以至于他不仅不知道自己做了什么、说了什么，甚至不知道其他人的感受。”他无法或者不愿意去重视自己的情感和感受，他也不能去理解自己的想法对其他人的影响，或者去完成一些能够以文学或诗歌的方式感动他人的作品。但伍尔夫能够赢得文坛上的赞誉却不仅是因为她优秀的写作风格，还因为她有很多文学上的创新。在她父亲“不足”和“传统”的项目上，伍尔夫做到了像其他作家一样既有冒险精神又有创造性。在她父亲拒绝送她上大学时她可能也感到烦恼，但后来的日子里她意识到自我学习的过程对自己的帮助是无价的。

伍尔夫的自学方式既有所选择又具综合性。从很小的年纪她就听父亲读沃尔特·司各特爵士的威弗利小说，还有简·奥斯汀、莎士比亚的作品，以及其他历史经典著作。她还花时间看南肯辛顿博物馆的“机械部”和自然历史博物馆的“昆虫室”。和兄弟姐妹一道，她在床上编故事，模仿母亲编的故事并写出来。她热忱地投稿到一份家庭报刊。所有这一切，她的学习经历像爱因斯坦一样与身体相关。她几乎是全方位地回忆她的感知；她能与所读书中的人物感同身受，并好像沉醉在他们的世界里，忘记了自我。她的东西如此之多，以至于她的父亲相信随着时间的推移她“真的会成为一名作家”。从15岁左右起，她开始自学，读散文、历史、传记、游记和历险记、诗歌、小说。在跟父亲一起学习德语和数学时，她成绩非常差，但却和她的一位家教学会了装订，还在私教课上学会了希腊语和拉丁语。她的哥哥托比一回家，她就与其讨论文学，因为“没有人能够与她争论并感受到这种需要”，她模仿最好的文学模式，并观察她姐姐的探索作品。她通过这些方式来学习写作。完全不同于她的父亲，伍尔夫不仅学到了“什么”是文学，还有“如何”去做。小说不仅是用来读的，它们也是用来“做”的。

伍尔夫很幸运地躲过了教育体系中对“什么”和“如何”的分裂。只将一部小说或人物或音乐看成一个物体——要去分析的“什么”——只感知到了幻象。只有当我们理解了艺术如何来自生活又与生活本身相联系时，才能够体会到现实。70 多年前，教育哲学家约翰·杜威在他的经典著作《艺术即经验》(*Art as Experience*) 中提出，传统艺术教育与科学教育失败的方式完全一样——隐藏而不是揭开理论与实践中的联系。杜威认为，我们越将艺术对象看成与其本身构成经验不同的东西，我们就越与之分裂，越将之看成不相关。“艺术作品经验及强化的形式”因此与“日常事件、行为和大家普遍认同的构成经验”相分裂。

这个在教育中将“什么”和“如何”分离的问题就是“知道”不同于“理解”的问题。费曼提出了这个问题，他说:“关于曲线规，我不知道人们都怎么了，他们不通过理解来学习，而是通过别的方式——死记硬背、生搬硬套。他们的知识非常脆弱!”作为一名优秀的学生，约翰知道很多物理知识，就像莱斯利·史蒂芬的文学知识那样多。但当来到实际中时，两个人却都不理解这一学科——如何实际应用，如何运用知识来创造新的东西。他们的知识真的相当脆弱和无用——这是教育失败的结果，但却经常被披上学术成功的外衣。

另一种不同的教育失败是在不了解幻象的情况下学习真实，这也在多年前就引起了关注。比如 30 年前，教育心理学家珍妮·班伯格在麻省的剑桥着手进行了一次儿童研究，研究的对象都是那些在日常生活中能够熟练地搭建或者修理东西但却在学校表现不好的孩子。在班伯格的创造实验室里，她很早就意识到这些孩子像爱因斯坦一样有着学习物理原理方面的困难，但却在实践层面对这些原理了解得非常透彻。比如，在制造移动物体的过程中，虽然无法说出其中涉及的物理概念，他们却能够将重物放在距离支点非常适合的位置。一个孩子这样解释:“我就是知道……我有一种感觉，就像踩跷跷板一样。”他对于幻象、理论知识的制衡，代表着在学术知识方面“表现的失败”，因为他无法向其他人解释他取得了什么成绩以及是如何做到的。但他了解现实状况，这种了解与前面提到的科学家和艺术家是一样的，他们先有一种基本观点或者启发性念头但却不知该如何表达。班伯格总结这些孩子有一种通过经验来获得“手头知识”的能力，从某种角度来说，这种知识与学校里教的“象征知识”一样有用。

用班伯格的话来说，以经验为基础的理解代表着一种“理解不好但高度认同的现象”，这些在创新艺术和科学的记录中都有相对应的例子。很多创新个人——包括爱因斯坦和平面设计师埃舍尔——都在传统的学校中表现不佳。埃舍尔这样写道：“在阿纳姆上高中的时候，我在数学和代数方面非常差，因为我对数字和字母的抽象化到现在一直都有很大的问题。几何方面稍微好一点，因为我可以发挥一点自己的想象力，但在学校的那些科目中我从来没有优秀过。”但在他后来的艺术设计生涯中数学也起到了重要作用。他说：“虽然我缺乏理论知识，但数学家尤其是晶体学家对我的作品有很大影响。”这种影响是相互的。事实证明，埃舍尔对于构造、维度和对称性的直觉掌握上非常不错，以至于专业学术人士都用他的艺术作品来演示很多数学和物理概念。有谁能在他最初的糟糕表现上预测到今天的成就呢？尽管在学校表现不佳，但埃舍尔理解了数学，虽然这种理解方式不是他的老师期待或欣赏的。

这就是班伯格在她的创造实验室里发现的东西。当那个小男孩说起“一种感觉，就像在踩跷跷板”时，他的老师无法理解他这种解释的有效性。正如班伯格所解释的：“他们当然学过（用于平衡不同重量）重量乘以距离的公式，但他们所学到的东西和学会要说的内容好像与直接看到、感觉到的东西是分裂的……老师们自己，像大多数成年人一样，习惯于将学校知识与日常知识分离开来。”确实，班伯格在她的项目中发现了很多老师无法建造移动造型或其他构造，而需要学生来帮忙实现的情况。这些老师知道理论但却无法在现实世界中运用。幻象与现实对他们来说也和学生一样是分裂的，只是出于不同的原因。

我们现在可以看到莱斯利·史蒂芬和我们的朋友约翰在学校教育上有哪些问题了。两个人都在“死记硬背”他人的想法上表现得非常不错，不管科学、哲学、文学还是历史。但两人都在艺术实践方面表现得兴趣缺乏，无论是美术艺术还是数学艺术。他们没有兴趣，也不会用手或大脑去打造或改装什么。简单地说，他们缺乏想象力——那种将大脑与身体、智力与直觉相联系的能力。没有人坚持让他们一定通过动手去学习，也没有人鼓励他们将“动手知识”与“象征知识”融合起来；没有人督促他们去将实践与分析或者图形及物体联系起来。他们能够掌握理论却无法展开想象。他们聪明的头脑——还有很多像他们一样聪明的人——被教育体制所阻碍，正是这种体制将知道与了解、幻象与现实分裂开来。

这种教育的结果就是对创新形成了很大的阻碍。本书中接下来会继续表述，如果你不能想象，就不会发明。正如普利策奖获得者，作家、艺术家保罗·霍根所写的："我们首先需要幻象来创建自身的能量。"如果你无法感知不存在的东西，就不能创造新的东西。如果你不能想象出世界会成为什么样的，就被局限于他人所描述的世界中。你从他们的眼中看到现实，而不是从自己的眼中。更糟的是，如果不去积极开发你那虚幻而有洞察力的"思想之眼"，那么你的"思想之眼"就不会在你面前展现任何东西。

在《神奇的收费亭》中，米洛发现的"现实城"是很多在大楼里进进出出、在街道上来来回回的人们所看不到的，他意识到了这一点。"没有人告诉过他们吗？"他问道，因为他意识到人们已经适应幻象现实的想法，就好像约翰和史蒂芬看不见现实中所遇到的东西一样。事实上，亚历克回答："告诉也没有用，因为他们从来看不到那些匆匆流逝而错过的东西。"汉姆伯格嘲讽地说："那他们何不就住在幻象里？"因为这样他们好歹还住在一个能"看见"的城市。亚历克回答："很多人确实是啊，只是有时候住在海市蜃楼和黑暗里一样糟糕。"

米洛后来终于明白了其中的诀窍在于同时住在幻象之城与现实城里。幻想和想象力能够说明这个世界是什么样的；知识和经验则限制了幻想的边界；将二者合而为一就能产生理解。没有头脑的幻象是无法清晰把握现实的，反之亦然。

那些最棒的科学家总能够意识到这一点，他们的幻象总能够与现实相融合。理论总要经过实验和观察的测试。艺术家、作家和人文学科专业人士的看法也都差不多，尽管对他们来说这种互动的矛盾没有完全得到解决。"小说家至少在勇敢的时候确实想要得到真相：想了解，想说出来，想完成，"厄休拉·勒吉恩这样写道，"但他们是通过一种特殊的方式来达到这种目的的，其中包括那些虚构的、从未出现过或存在的人、地点和事件，并详细、持续、充满热情地讲出来，而当他们写完这样的'谎话'之后，他们就会说：'看！那就是真相！'"

勒吉恩进一步提出，作家"说谎的本事"得到各种事实可信的支撑，一种"可信地点—事件—现象—行为的集合"。正如感知心理学家理查德·格里高力指出的，将“虚构”与“虚假”等同是错误的。经过一再审视虚构与事实、经历与知识，通过一种形象创建另一种形象，作者更加接近地勾勒出得到认可的真相。但是最终由这种勾勒出的形象组成的小说比现实更有意义，因为小说满足了创造过程——不仅是艺术上的满足，还包括科学上的满足。疾病生源说提出者、疫苗和巴氏杀菌法发明者路易·巴斯德写道：“实验者的错觉是这种力量的主要组成部分。”爱因斯坦的表达更直截了当，“在创造性工作中，想象力比知识更重要”。

对于科学家而言，试验让想象力不会误入歧途；对于艺术家来说，则是辩证来看的，过于偏重试验或想象都会陷入困难的境地。勒吉恩一方面坚持认为，“不要信任我说的任何话，虽然我说的是实话”。另一方面她可能会说，在这种虚构的场景中看到的东西要三思之后再去相信。我们对于现实的感知取决于所能想象出幻象的种类和质量。这就是毕加索所表达的意思，他的原话是这样的：“艺术是一种让我们认识到真相的谎话。”像许多艺术家和科学家一样，他懂得想象力并不单纯地真实，还能够形成真相。一则关于毕加索的逸事很好地诠释了这一点。一天，毕加索坐火车出门，他一向会与坐在旁边的绅士聊天。当那位绅士得知他聊天的对象是毕加索时，就开始抱怨现代艺术如何扭曲了现实。其中一个版本是这样的。毕加索问那个男人什么才是忠于现实的展示，男人拿出一张钱包大小的照片说：“看！这是一幅真实的画——我妻子长得就是这样。”毕加索仔细从不同角度看照片，上下看，又从两侧看，之后说：“她太小了，还是平面的。”

如果没有想象力，真的，世界会像毕加索看到的那张照片一样只是平面的，而且很小。这就是莱斯利·斯蒂芬的问题，也是约翰的问题。我们直接感知到的东西（门、太阳和月亮的上升和下落、一张照片或者图画、在一张纸上乱写的字母）都不是真的。我们必须从想象力的角度来解读所感知到的东西，这样才能产生理解。所有科学和艺术都说明了这一事实。门不仅是挂在折页上的木头，还是扭矩和质量的例子；它也是材料，是手工和实用目的的结合；它还是艺术设计作品，是出口和入口。以不同方式去看待一扇门就需要以不同方式来感知，就像我们的朋友约翰一样找到了比较困难的开门方式。眼见并不一定为实，转动的是地球而不是太阳，因此，太阳（而非地球）才是太阳系的中心；对于照片、图画、写作本身，它们什么也不是，只是带着墨水或者铅笔印记的纸。我们的作品实际上产生于我们的头脑中，用我们的表现技巧重塑这些情感、感觉、经验等。只有我们自己本身相信这是事实，才能让这些想象出来的虚构内容带有真实的含义。只有内在想象力和外部经验相一致时，有创造力的想法才会出现。

如果情况是这样，那么教育者、自学者和父母的任务，简单地说，就是将二者结合起来。而世界上那些最具创造力的人们，在探索自己大脑的运转活动时用他们自己的话和行为告诉我们如何做到。他们将二者看成一个整体，看成创造性理解核心中最常见的一组思维工具。这些工具包括（但可能不限于）观察、形象化、抽象化、识别模式、形成模式、类比、身体思维、移情、立体思维、建模、游戏、转换及综合。

最初，关于世界的所有知识都是通过观察得到的，人们注意的是，看到、听到、摸到、闻到、尝到或感觉到的东西。而回忆或想象这些感受和感知的能力也是一种非常重要的工具，叫作形象化。正如观察可以利用任何知觉来达成一样，形象也可以通过任何一种感觉或感知来回忆或创造出来。诚然，科学家、艺术家和音乐家都提到过一些感官知觉，他们的大脑能“看到”从未见过的事物，“听到”还没有创作出的声音和歌曲，“感受到”从未真实接触过的东西。因为感知经历和感知想象是丰富而复杂的，所有学科的创造性人才都会使用“抽象化”作为必要的思维工具。而且，无论像毕加索一样的艺术家、爱因斯坦那样的科学家，还是像海明威那样的作家，一个人将复杂的东西简化成简单原则的过程是一样的。

简化常常与模式化前后出现，模式化分为两部分：识别和类比。识别模式主要用于发现自然法则和数学结构，以及发现语言、舞蹈、音乐的节奏，以及画家的表面意图。识别模式是创造新模式的第一步。新颖的模式构成无论是在音乐、艺术、模式或者舞蹈中几乎总是以出乎意料的方式始于简单元素的合成。更有趣的是，模式构成本身也存在模式。同时，识别模式中的模式直接导致类比的出现。这两种截然不同但具有相同的重要性或作用的内容就存在于世界上最伟大的艺术和文学作品中，也存在于最持久的科学理论和机械发明中。

思维工具具有前语言和前象征的特征，其中最典型的就是身体思维，即通过肌肉、肌体和皮肤的感知而产生的思维。在找到语言或公式进行表述之前，很多创造性人才都能“感觉”到想法的出现。身体感知、肌肉动作和情感都成为那些更正式的想法的跳板。例如，运动员和音乐家想象动作的感觉，物理学家和艺术家在身体里感觉树木、电子和工具的张力与动作。移情与身体思维相关，很多有创造力的人都描述过在学习中“忘我”的状态，将自己与研究对象联系起来。演员学习将所扮演的角色融入为自身的一部分。科学家、医生和艺术家都表演“变成”另一个人或一种动物、植物、电子或星体。另一种根植于空间经验的工具是立体思维，它是将平面对象想象成三维或多维的能力，从地球到外太空，穿越时间甚至改变世界。作为最不被认可的思维工具，立体思维对于机械、雕塑、视觉艺术、医学、数学和天文学都非常必要，具体地说，是涉及将一组维度中的图画转换为另一组维度中物体的所有活动。

到这里，我们所总结的思维工具就是前面说到的主要工具。没有哪种工具是完全独立存在的。身体思维不能完全独立于形象化；类比要依靠识别模式和形成模式，而模式化又要靠观察来进行。但是，我们可以独立地一样样地去学习和实践这些工具。但最后四种却很明显是融合且依靠主要工具的更高级工具。物体和概念的系统化需要结合立体思维、抽象化、类比和操作或身体技巧。诗人和作家根据早期作家的作品来确定自己的风格；艺术家以小的草稿和草图来为大作品做准备；舞蹈家用真人来编排自己的舞蹈；医生通过在专门的人体模型上试验来学习程序；工程师在工作模型上测试他们的想法。游戏是另一种综合性工具，尤其是依靠身体思维、移情和演出及建模。游戏会在努力中产生一种童真的乐趣，是对传统程序、意图或“游戏规则”的不敬。开玩笑地挑战科学、艺术或技术的局限性就为了看看会怎么样，这是新奇想法产生最常见的一种方式。

转换是另一种综合性工具，它是思维工具之间，以及想象力工具和交际形式语言之间转换的过程。在真实生活中，我们意识到思维和身体不适的问题，但必须用语言、动作或相对应的方式，或者作为一种发明来有逻辑地表达出其解决方法。从感觉到交际需要很多步骤：将问题转换成形象或模型，通过仔细观察或实验找出模式，从模式中抽象出最重要的材料并对其进行模型化处理，再用移情或者演出来进行多种解决方式的扮演，最后找出能够表达出看法的最佳语言。转换式思维将其他工具以一种可行的方式编织成一个功能性整体，有技巧地将它们相互关联起来。

最后，也是最重要的，综合能够完成整个想象力工具的组合，因为理解总是具有综合性质的，综合了很多种体验方法。综合思维有两个基本组成部分：联觉和综合。联觉是指多种感觉之间产生相互作用的心理现象。对声音的感觉可能引起对色彩的联想；对味道的感觉可能唤起触觉感知或者记忆。综合也意味着知识的融合，观察、形象化、移情和其他工具都有机地一起工作（但不像转换思维中那样按顺序进行，而是同时发生），如记忆、知识、想象力、感觉等成为一个整体去理解问题。描述扭矩的等式在开门时成为一种带有扭矩感觉的内容。我们对这种联结躯体和精神、感知和感觉的理解方法叫作 synosia，这也是思维工具教育的最终目标。

关于这十三种工具我们必须提出六个要点。第一，我们强调要让那些有创新能力的人来描述他们的思维过程。艺术家布伦特・柯林斯是典型的内省型个体，他能够从这些想象工具的角度清楚地理解自己的创造过程。在他将等式数学模型转换为雕刻的想法时这样说道："我完全按比例做了（二维）模板……雕塑的整个数学逻辑关系都可以从模板本身读出来。但事实上有很多审美选择……模板只是作为我自然要遵守的空间逻辑的一种导向。利用常见的木工工具并自然地运动，我能够逐渐感觉到并看到其栩栩如生的内涵……其中，线形模式成为抽象化的内容。"布伦特利用立体思维、建模、身体思维、形象化、抽象化、综合思维等工具去想象、去创造，很多人都是这样做的。

第二，要感谢那些提出想象技巧的人。一个世纪前，弗朗西斯・高尔顿在那些他称为"天才"的人身上做了很多研究。他观察到很多与他同时期的突出人物都愿意用眼睛去观察，用身体来思考，并将结果转化为想法，如将数学模式转化为视觉模式。高尔顿的作品以及很多心理学家在其作品的基础上形成的作品，为创造性思维的某些方面提供了很有价值的观点。我们对现今及过去的创新者的研究，实际上是在高尔顿的创新概念基础上的进一步扩大。本书所述的工具正是那些创新者所使用过的工具。

第三，我们认为这些思维工具可以将幻象与现实之间的沟壑填平，并综合两者创造出新的理解。冶金家西里尔・斯坦力・史密斯也是一位人文学家、艺术家，他认为思维工具的性质就是为真实的、想象的和创造出来的东西创建互通的桥梁。形象化、识别模式和形成模式以个人对外部世界的认知为基础，使人们疏通感知能力，产生史密斯所称的大脑和事物间的“共享双重性”。史密斯认为，“形成模式、综合和转换的原则在事物和人类大脑中看起来是一样的，如果适当利用，它们可能会提出一种视觉隐喻，这种隐喻能够将物理学与地质学、生物学、社会历史及中间的艺术联系起来并互相起到明示的作用。”至此，思维工具很明显是统一的。

第四，我们并不是对这些工具做任何认知意义上的声明。这些工具并不被看成与生俱来的“智慧”，也不依此作为教育追踪的设备或认知“领域”中特殊大脑功能的象征，它们也并非内化在大脑解剖区域或一些神经联系组中。思维工具就如同其名称，工具，就像撣子、刀、锉刀、刮片、搅拌器一样，是大家都可以用得到的。只要不断进行练习并有决心，每个人都能够有些技巧地学习和使用。我们希望这些工具可以和其他分析工具一起使用，如逻辑、分析工具、交际工具。我们的工具会为其他认知工具起到补充的作用而不是取而代之。

第五，就像厨房用具的使用并不保证在烹饪上有什么创新一样，对思维工具的精通也不保证在科学、艺术或任何其他领域中一定会有所创新。创造力并非一蹴而就。但无论是大厨还是思想家都无法在不经实践和设备操作的情况下就产生新想法。思维工具是创新中必需的内容，但像其他行业的工具一样，必须有单独甚至特殊的视角才能产生创新成果。

第六，尽管人们可以在工作中或家里使用这些工具，但这些工具最重要的作用仍然是在教育领域。我们的教育体制是对自身认知和创新理解的象征。如果我们无法理解创新思维，就不能寄希望于教育体系中产生创造性人才。相反，一个社会如果理解了创新的本质，就能够在教室中培养出人才。确实，我们想让这些工具被用来培养出智慧与想象力并存的人才，将大脑中的知识与身体的知识相融合，详细地说明艺术家、科学家、舞蹈家、工程师、音乐家和发明家思考和创造的方法，以便让最出乎意料的惊喜点亮我们的生活。

这是最不可能的狂想任务吗？也许吧。知识正以越来越快的速度变成碎片，理解变得越来越稀有。斯诺的两种文化现在已经变成了上百种非交际文化。科技靠神秘甚至有魔力的“黑匣子”来进一步发展。尽管可用的信息越来越多，但我们理解和使用的却越来越少。如果社会找不到让大多数人可以使用综合性理解的方法，那么信息革命不仅无用，甚至还会成为对人类文明的一种威胁。

正如米洛在《神奇的收费亭》中所学到的，只有不去尝试才是失败。米洛经过与无知恶魔无数次的斗争中幸存下来，最终团结并且解救了韵律公主和理智公主，以及词汇城邦和词汇之王、数字城邦和数字之王，从而使得整个智慧王国团结在一起。用米洛能理解的话说，我们也可以这样做，将幻象和现实结合起来，通过思维工具的媒介来形成知识。我们的目标也不比米洛远大多少，但显然要更困难。但如果我们在对的位置去推门，它会打开的。

03

观 察

所有的知识都来源于观察。我们必须先准确地感知前面的世界，才能识别行动的模式及抽象化的原则，并在事物属性间做出类比，创建行为模式，从而创造新成果。因此，在阅读本章之前，先来测试一下观察的技巧。打开电视机描述一下你都观察到了什么。我们找的不是细节，比如谁在哪个节目中对谁说了什么，而是描述一下电视机本身的特点。试着去忽略那些显而易见的东西，如屏幕、塑料机身、按键开关等最明显的属性。做下记录，并大致总结一下你的观察。阅读本章之后，看看再做这个任务会有什么不同。

大多数人都将观察与视觉感知等同，通过视觉感知的东西虽然浅显，但却很重要。在图 3-1 中你看到什么？第一眼看，你可能认为这是一堆没有特点的干草。但仔细看一下，这幅图片作为插图出现在一本视觉现象方面非常有名的书里——《动物王国中的隐藏色：对于通过颜色和样式来伪装的解释——雅培·塞耶尔发现概要》（*Concealing Coloration in the Animal Kingdom: An Exposition of the Laws of Disguise Through Color and Pattern: Being a Summary of Abbott H. Thayer's Discoveries*）（杰拉德·塞耶尔，1909）。正如书名所示，图片中显示的正是动物的伪装。左上角有一点看不太出来的黑色小东西可能是一只眼睛。右下角黑色的一小片可能是尾巴的影子。尾巴影子的左上角有些东西比较明显。把这些因素放在一起，就可以看出一只鸟——具体来说是一只雷鸟（松鸡的一种）。

图 3-1　动物伪装示例

再说说为什么没有马上看出这只鸟？它在伪装，这并不是借口。经过说明之后你可以看得很清楚，所以观察不仅是看。事实上，引人注意的是，虽然人们在有历史记载以来就看到过伪装的动物，但却没有人真正总结出一个概念。杰拉德·塞耶尔的父亲雅培·塞耶尔（天使和女性画家、业余自然历史学家）很是花费了一些心思才理解了伪装的意义。雅培·塞耶尔对进化论做出的贡献是巨大的，足以让他与查尔斯·达尔文、阿尔弗雷德·罗素·华莱士（自然选择法则的共同提出者）、亨利·贝茨、弗里茨·米勒等人齐名，共同列入阐明自然选择基础法则的名人堂。雅培·塞耶尔还发明了军事伪装。

被动地看和主动观察之间的差别还让现代艺术家制造出了更多的惊喜。贾斯培·琼斯画的物品（日常用品如手电筒、灯光、国旗等）之所以成为他的绘画对象，正是因为我们平时很难“看见”。琼斯说：“让我感兴趣的正是这一点。在某一时刻我意识到某些在我们周围的东西是我们不会看的，但却对它们的形态、用途等十分认同。这种认同是不用看的。你知道一面旗帜的样子，但你却很少去观察它的表面看到底是由什么材料制成的等。事物的这一点让我很感兴趣，我开始致力于这方面的工作，看看我会如何去观察那些已经习惯看到的东西，但我却不会去观察。”琼斯的美国国旗系列由很多恐怖的鬼魂组成，还有细致的纹理表面。

通过强调并改变我们非常了解的一种物品，她强迫我们再去看一下，去思考看到的东西。

正如琼斯所提出的，就算是艺术家也要学习如何观察。如果学会了看和仔细观察的差别，很多人都能够回忆起属于个人的一个重要时刻。对于艺术家乔治亚·欧姬芙来说，这一时刻出现在她高二那一年。当时，她的美术老师将一株十分漂亮的紫色天南星带到教室。老师高高地举起那株天南星指出它形状和颜色的特点，整个植株有好几种绿色，从花朵中苍白的灰绿色到叶子的深绿色。老师掀起紫色的外围让她们看里面的东西。之前她见到过很多花，但这是她第一次记得去细看……老师让她们开始看东西——是仔细地看细节。这当然也是欧姬芙第一次注意到生物的外形和颜色，从此也让她在绘画中注意到这一点。

这一节课上得如此深刻，以至于欧姬芙不断地去观察各种花朵、景色，甚至摩天大楼。当然，她是以其他人从未用过的视角去观察。在欧姬芙生命的最后阶段，她将所学到的观察总结为几句话："仍然以一种其他人没有用过的方法来看一朵花，真的，它太小了，我们没有足够的时间去观察——看也需要时间，就像交朋友一样需要时间。"（其作品见图 3-2）

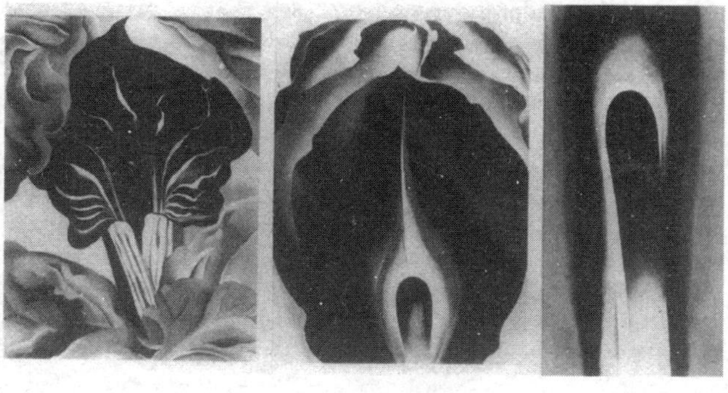

（a）天南星 2 号　（b）天南星 4 号　（c）天南星 6 号

图 3-2　乔治亚·欧姬芙 1930 年的作品

欧姬芙的话对于任何领域的观察都很适合，正如诗人、艺术倡导者赫伯特·里德说过的，观察"也几乎成为一项需要掌握的技巧。确实有一些人生来就能够集中精力去观察，而观察后的记录还需要手眼协调。在大多数情况下，眼睛（以及其他感知器官）都需要训练，观察（直接感知）和符号记录中都需要"。这种训练则需要生物学家康拉德·洛伦兹所说的“瑜伽修行者的耐心”。

这种耐心造就了一个又一个伟大的艺术家。抽象派著名画家巴勃罗·毕加索在还是孩子的时候就学会一丝不苟地将所观察到的东西画下来。“我记得父亲对我说过的，‘我很愿意让你成为一名画家，但你要在画得很好的情况下才能开始画油画，而那是非常难的’。然后他给了我一只鸽子脚去练习。之后他过来看我的作品并提出批评。”毕加索的父亲是一位擅长画鸽子的美术老师，他让儿子一遍遍地画那只脚。毕加索接着说：“最后那一天终于来了，他允许我去画任何我喜欢的东西……我 15 岁的时候就能画脸、人物和非常大的构图作品，而且常常是没有模特的，因为通过练习画鸽子脚我已经学会了如何抓住线条的秘诀，甚至是裸体人像。”通过学会观察一样事物，毕加索掌握了观察和描述所有事物的关键。

不管是过去的还是现在的艺术家，都明白人工设备一定是观察力必不可少的部分——反之亦然。事实上，很多人认为手不能画的东西，一定也是眼睛看不见的。这个观点是亨利·马蒂斯提出的，他在巴黎的大街上自学画路过的行人，他和一个朋友坐在街头在几秒钟的时间内试着画出行人的侧影，以训练人物线条绘制技巧。他们强迫自己快速发现人物姿态、表情特点。由于马蒂斯了解到位，其观察能力得到老师欧仁·德拉克罗瓦的表扬。德拉克罗瓦说过：“如果你无法在一个人从五楼坠落地面的时间内抓住他的形象要点并画出来，那你就永远也画不出里程碑式的作品。”文森特·梵·高（其作品见图 3-3）的目标同样是能够收放自如地画画，可以随心所欲并挥洒自如地表达。梵·高的一些代表作的创作时间仅为一个下午，这充分证明了他所培养出的敏感性和创作能力。

写作也需要敏锐的观察力。卡明斯曾描述自己是“太阳底下狡猾的观察者”，卡明斯的朋友约翰·多斯·帕索斯说，卡明斯在镇上散步的时候会写下很多话，或者在小纸上画下很多草图。小说家萨默塞特·毛姆同样认为“对于作家来讲一定要不停地去研究人”，他的意思不仅是指研究人的外表，还要研究人与人之间的对话和行为。他建议：“你必须有准备地去听上几小时转述的二手信息，以便最终能够抓住那些暗示或者随意评论所揭露出的东西。”确实，根据作家路易丝·摩根的说法，毛姆是人性的“猎手”，他以一种科学家做试验的态度与人互动，以便获取更精确的信息，“他非常有礼貌，懂得如何体贴他人，并有着过人的智慧，在天主教的人类利益观的指引下，这些品质在他身上又是那么和谐”。

图 3-3 文森特·梵·高的《妇女采摘橄榄》

我们不会对观察力对作家而言的重要性感到吃惊，因为作家创作的那些“看起来真实”的情节来源于他们如何回应他人话语、姿势和行为方面的广泛观察所积累的知识。读者对于感知的刺激也取决于自身对于感知的意识。作家不仅感受经历，还要观察和分析。小说家达夫妮·杜穆里埃曾这样描述她在十几岁时进行的一次不愉快的对话，她在那时突然意识到她是在两种意识层面上进行操作，一种是对话层面，另一种则是观察层面。

> 在 18 岁时，在自己没有意识到的某个大脑空间，一定有作家的萌芽在观察、思考，大脑没有进行相关的思考，但可能记录下一个对自身状态不满并暂时为年轻伴侣感到心烦的女性（她的女教师）的各种心情。这些想法的种子与其他东西都不同，它们可能需要 5 年、20 年或者更长的时间去发芽并破土而出，加上后来的观察，这些东西最后会与那些以前读过的书结合在一起，形成一个故事或者一部小说。

杜穆里埃的自传集事实上也有好多事情是她看见过，或者记忆中的，后来变为小说细节。比如，十几岁时对年纪长她许多的巴兹尔·拉斯伯恩爵士的爱慕被写进了小说《蝴蝶梦》(*Rebecca*) 当中；她的家乡成了小说中的曼陀丽庄园，而在真实生活发生在附近的一次沉船灾难也出现在小说的一些情节里。

观察也是科学的基石。就像乔治亚·欧姬芙一样，很多科学家都认为科学的秘密在于时间和耐心。解读了蜜蜂语言的卡尔·冯·弗里希认为自己观察的能力来自“悬崖间数小时一动不动，观察所能看到的一切生物，比如在水面下湿滑的绿色石头上和石头缝里看到的生物。我发现奇迹般的世界可能会自动向一位耐心的观察者展示那些路人看不到的东西”。康拉德·洛伦兹研究了鹅、鱼等动物并揭示了它们的生活状态，根据多年的研究经历，他也评论了观察的重要性：“这是一种令人愉悦的需要。那些有此需要的人会愿意观看或者并养育动物。要真正了解动物及其行为就必须从美学角度欣赏动物之美。这能够让你有长时间看动物的耐心，这样才能看到一些（别人看不到的）东西。”其他科学家，如哈佛大学的地质学家纳撒尼尔·谢勒也接受过像毕加索一样的训练，他们强迫自己观察一个物种，直至一些初看不明显的状态变得明显，比如一些鱼的两侧鳞形不同。

但光是看，就算很耐心地看，也是不够的。在图 3-1 中，耐心地看的过程中要知道看什么或者找什么。考古学家埃尔温·西蒙斯说过，寻找化石的真正技巧是敏锐、透彻的识别力：“这是在随机背景下的观察……在我们寻找化石的埃及沙漠中，沙漠表面都覆盖着各形各色经历多年风蚀留存下来的石头，这叫作荒漠砾幂或砾漠。在这种背景下（受过这方面训练的人），可以观察到某一根带有牙齿的骨头。这就好比具有敏锐观察力的人可以快速浏览一本书，迅速找到一个只出现过一次的词语。”生物学家贾德·戴蒙是热带鸟类方面的专家，他认为任何想要做这方面研究的人都必须学会“在大树上找到与树叶动作稍有不同的鸟类”。任何曾经去森林里观察过鸟类的人，在田野里收集过昆虫的人，或者在岩石上寻找过化石的人，都会明白他和西蒙斯所要表达的这一点。就像德拉克罗瓦、马蒂斯和凡·高一样，科学观察者必须学会瞬间就看到事物的本质。

但无论是科学还是其他领域的观察都远远不只利用视觉。作为科学家的戴蒙很大程度上也靠听觉来进行观察：“在新几内亚的热带树林里，你能听到大多数鸟类但却看不到它们，所以你就要擅长靠听声音来判断鸟类。因为我懂点音乐，所以恰好能够听得懂鸟类的声音。有一天早晨我带两个同事去雨林里……我们天亮之前就出发了，在早上 7:30 之前我们就已经找到 57 种鸟了，但我们还一只鸟都没有真正看到。”如果这件事很难相信，那么想一下作曲家奥利维埃·梅西安，他将鸟的歌声融入音乐中，他能够一下子听得出法国本土的 50 种鸟类的声音，经过一点思考和相关知识查询就能够听出来自全世界的另外 550 种鸟类的声音。大多数人通过学习都能够辨认出至少 57 种不同的乐器，也能在电话上听出朋友的声音。专业的音乐家甚至能够辨认出同一种乐器不同个体的区别。视觉有某种障碍的人，比如戴蒙在茂密的丛林里，常常可以做得更好。18 世纪小说家亨利·菲尔丁有一个名叫约翰的兄弟眼睛看不见，他是地方的行政法官，据说可以仅凭声音辨认出 3 000 多名罪犯。

失去一种知觉确实可以让其他知觉显得更加灵敏，虽然其本身的敏锐度并没有变。如果我们学会利用那些经常被忽略的感知刺激，在精力高度集中的时候会形成一些新观点。生物学家海尔特·弗尔迈伊的整个职业生涯很好地诠释了这一点。弗尔迈伊小的时候就看不见了，所以不得不依靠其他知觉。他这样写道：“这些知觉传达的信息意味着一些东西，虽然之前我常常忽视。我的世界并不是漆黑无望的，它还像以前一样有火花出现，但现在是以声音、味道、形状、材料等形式出现。事实上，虽然我看不见，但这些知觉形式一起为我描述了一个生动的世界。”家人和老师都鼓励弗尔迈伊培养一些爱好，弗尔迈伊开始对贝壳产生了浓厚的兴趣，并决定成为一名职业贝壳学家。弗尔迈伊现在是加州大学戴维斯分校的一名教授，常常去非洲、南美洲和南太平洋等地的海滩做研究工作，他因为进化论的研究成果闻名于世。

从一开始，弗尔迈伊就意识到他的职业选择需要很强的观察技巧。他曾经提到过，“很多东西可以从书本上学到，但那样学到的知识难免会受到其他人的影响，而自己到野外亲自观察得来的知识则是独一无二的”。弗尔迈伊用触觉代替视觉进行观察，他认为，手的触觉尤其适合用于观察大多数像贝壳这样大小的物体，而且还常常会形成用眼睛观察得不到的观点和看法。

弗尔迈伊的同事阿尔弗雷德·菲舍尔记得普林斯顿大学教授罗伯特·麦克阿瑟的一次讲座，那天，麦克阿瑟用两只鸟的标本来举例。这两只鸟的标本看起来完全一样，虽然它们一只来自美洲，一只来自非洲——进化生物学家称其趋同现象，但是弗尔迈伊却可以通过触碰轻易地把它们区别开来。弗尔迈伊称麦克阿瑟的例子“没有一点相像之处，两只鸟的喙和脚完全不同，而且羽毛的质地也不同”。他的一个高中老师就曾经“强烈地感受到我们应该通过收集毛绒玩具而知道鸭子、天鹅、猫头鹰、鹰、苍鹭、鸥还有其他鸟类的形状和特点”。视觉的客观性先说这么多。

弗尔迈伊发现贝壳中的秘密只有通过触觉才能揭示出来。一个视力正常的人在看到热带贝壳时会先注意到它们明亮的颜色和特别的图案，而冷水性贝壳则显得单调朴素；但弗尔迈伊却观察到热带贝壳的质地近似白垩，而冷水性贝壳则坚硬光滑。像费舍尔所说的，弗尔迈伊其实是用与其他人不同的方式来感受贝壳：“我们的眼睛主要从两个维度来看，而弗尔迈伊的触觉观察则是从三维角度进行的，这种角度给了他一种不同的但往往是有利的视角。”这样的例子给我们警告，不要过分依靠某种感觉作为观察的基础。

幸运的是，很多学科都会培训非视觉观察技巧。19 世纪作曲家罗伯特·舒曼认为耳朵对声音的敏感度不仅能通过音乐培训来开发，多听日常的声音也有好处。他向那些在音乐上能有所发展的学生写道：“要努力区分音调和音高。试着找出铃声、敲击玻璃的声音、布谷鸟的叫声都有什么样的音调。”就像日常观察对艺术家有用一样，听觉观察也可以为音乐家提供新的音乐视角。作曲家乔治·菲利普·泰勒曼推荐研究民间音乐家的即兴演奏，因为“观察力敏锐的人可以在一星期之内从其中得到足以享用一生的想法”。很多作曲家，包括佐尔坦·柯达伊、贝拉·巴托克、乔治·格什温、阿隆·科普兰和达律斯·米约等，都会观察民间音乐家，不仅这样，他们还从民间音乐的主题中发现自己都没找到的音乐潜质。因此，斯特拉温斯基提出，音乐本身，尤其是现代音乐迫使我们区分听到的东西与听本身，就好像现代艺术让我们去看而不仅只是看到。“这让听众变成倾听者，让他们与音乐建立了积极主动的关系。”听着的大脑就像看到的大脑一样，必须积极地参与到观察中。

意料之中地，看和看到、听和听到能够在舞蹈和其他表演艺术中的被动动作和主动动作中找到相应的区别。现代舞蹈的先锋多里斯·汉弗莱认为编舞者必须要对“肢体和情感行为热衷地观察”，一定要有“好的眼力和敏锐的耳朵”才能创造出“近距离观察收集到的肢体形象”。玛莎·格瑞艾姆也同意这种说法，他认为舞蹈家的艺术灵感建立在听的态度上，要全身心地去听。舞蹈编导阿尔温·尼克莱斯说，这并不是一项在工作室里能练出来的技能：

> 最终分析表明，舞者是动作敏感度、感知性和技巧执行方面的专家。这不是单纯的移动，而是一直在路上。这种差异如果通过两个人从亨特学院走到42街和纽约百老汇的例子能够说得更清楚。其中一个人可能完全没有意识、感受到旅途就已经到达目的地了，因为他全心全意想着最终的到达。他就是从一个地方到了另一个地方。而另一个人可能眼睛更明亮，心里也更清楚，观察和感受着所有他经过的东西。那么，他不仅是在移动，他是整个人在运行。

演员兼导演康斯坦丁·斯坦尼斯拉夫斯基和理查德·波列拉夫斯基提出了相似的观点，认为戏剧专业的学生必须（用波列拉夫斯基的话说）学会“在日常生活中注意一切不寻常、非普通的事物。这会打造起……他感知和肌肉方面的记忆……能够激发演员灵感唯一的东西就是对于他日常生活中持之以恒的热忱观察”。

嗅觉和味觉也可以在观察中扮演重要的角色，这样的例子在香水调配师、味觉治疗师、红酒鉴赏师、烘焙大师和主厨等人群中更为明显。还有很多职业也会使用到这些感观。任何一个面包师都可以闻出酵母的香味。正如细菌学家约翰·凯恩斯所说的，他的职业里细菌群体味道的吸引力不是那么明显：“这个味道不错。当你一早进入实验室的时候就是这种家一样的味道在欢迎你。”事实上，很多微生物可以仅凭气味就辨认出来。一位法国微生物学家就因为能够在培养皿旁边嗅一下就能通过气味认出不知名的培养对象而在同事中闻名。如果你能辨认出真菌发霉的味道和坏鸡蛋的臭味，那么就已经亲自做过这样的嗅觉辨认了。还有如普里莫·莱维这样的化学家能用鼻子辨认出化学物质。莱维有一次这样自嘲，“我很高兴我的鼻子学得不错”。生态学家汤姆·艾斯纳也同意这样的说法，他通过闻出昆虫有时美妙、有时刺激的化学物质交际和防御系统而做出数次新发现。他开玩笑说，“我其实就是一个鼻子，身体是附在鼻子上的”。值得注意的是，艾斯纳的父亲是一位香水方面的专家，教会他“以香味为基础”的嗅觉观察的重要性。

艾斯纳甚至承认在小时候见到陌生人时都先要闻一下，有很多内科医生会将此方法用于诊断，比如位于费城的莫奈尔化学感官中心的那些内科医生就会这样做。味道可以作为很多医学情况的线索，如压力（会增加体味）、宫颈感染、糖尿病酮症（呼吸出的味道像丙酮）、肾病（患者的呼吸会有鱼腥味，这来自氨类合成物）等。我们忽视这些信息的话是非常危险的。

味觉也可以作为诊断方法。古代的内科医生会尝患者的脓汁和尿液，这种做法使我们在几千年前就知道糖尿病患者的尿液是甜的。现在的医生可以通过简单的化学测试就确认这一症状，但正如细菌学家贝弗里奇在《科学调查的艺术》（*The Art of Scientific Investigation*）一书中所述的，这种古老的方法仍然有效。曼彻斯特的一名内科医生在病房里授课的时候带去了糖尿病患者的尿液样本并用手指蘸着尝了一下，接着让学生重复他的动作。学生勉强照做了，尽管表现出痛苦的表情，但也承认味道是甜的。这名医生笑着说："我这样做的原因是要教会你们观察细节的重要性。如果你们用心地看就会注意到，我用第一个手指蘸了尿液但舔的却是第二个手指！"

当然，今天的内科医生不会再通过品尝体液来进行诊断，但有意或无意中、在实验室内外，味觉有时还会起作用。一位考古学家声称，可以通过破碎的石头粉末来确认任何罗马水渠的年代（因为她都尝过了）。化学家都是在偶然将糖精和阿斯巴甜等物质溅到嘴里时或者舔了手指时发现它们有多甜的。

最热忱的观察者会利用所有感观信息。事实上，最伟大的看法往往来自那些懂得欣赏的人，日常事物令人惊奇，充满了美。有多少次你走进到浴盆里却没有注意到水面上升？阿基米德正是注意到这一点才将水与密度联系起来。有多少次你钉东西却没注意到它发出的声音？毕达哥拉斯正是听见铁匠敲击声音的差异才将物体的长度与音高联系起来。又有多少次你看着天空想知道为什么它是蓝色的？正是这个问题让 18 世纪物理学家约翰·丁达尔发现天空的颜色是灰尘和其他物质经过光的散射所形成的，他发现了我们今天使用的一些测量空气污染和水纯度的技巧。

生物化学家阿尔伯特·圣捷尔吉通过同样很平常的观察发现了维生素 C："我觉得我可能是受到了颜色想象的引导。我现在还是很喜欢颜色，它们为我带来一种童趣。我开始时问自己这样一个问题——香蕉在受损之后为什么变成棕色？”结果其实是因为植物中含有一种叫作多元酚的合成物，这种物质与氧气发生反应会形成棕色或黑色——跟结痂的颜色差不多。这种观察让圣捷尔吉注意到了下一个内容：“你看，有两种植物——受损后变黑的和没有颜色变化的……为什么有些植物受损后没有颜色？”答案就是那些植物中含有维生素 C，一种像糖一样的合成物，能够阻止氧气将多元酚氧化成棕色或者黑色等保护性合成物。如果想估计哪些水果中含有维生素 C，可以看它们受损后是会变色（如香蕉），还是不会变色（如橘子）。

在日常生活中得到重要发现的不仅局限于科学领域。当代艺术中也有很多成果是对日常现象中的价值进行重新审视思考的结果。斯坦尼斯拉夫斯基说过，真正的创造者可能在平凡和普通的东西中有能力找到值得注意的东西。摩斯·康宁汉在其开创性代表作中研究了小范围动作，这些动作都是从工作室窗外的大街上观察到的，而这些都是大家在开始做一个大一点动作之前要做的。就算是有点别扭的动作也有要去发现和探索的表达之美。舞蹈家安娜·哈普林表达出了这一观点的逻辑极限：“在我通过动作与人进行交流时，每个人对我来说都是一位舞蹈家。”马克·莫里斯用日常动作编排出舞蹈，如嚼口香糖的动作、大摇大摆走路的动作、青少年在篮球场上运球的动作等。莫里斯让我们意识到每一个动作都有一种美，所有东西都有一种不太明显的意义。

勒内·马格利特已经成为经典的作品“图像的背叛”（1928—1929）也明确地说明了这一点，他的这幅作品中有一个烟斗，上面写着“Ce n’est pas une pipe”（这不是烟斗）。这种明显的矛盾会让人注意到这样一个事实：这幅画并不是它本身，就好像这个单词“烟斗”本身也不是烟斗一样。几世纪以来，西方艺术已经将视觉陷阱的现实主义看成目标，这种视觉陷阱是指二维的图像与三维的现实完全一致。但是视觉形象只是一种标记，并不是自然本身。马塞尔·杜尚的“现成品”（不变的物体，如雪铲和尿壶）是一种更为震惊的艺术再观察。他的艺术品告诉我们，要多留心观察身边的事物。多思考那些你本打算思考最少的内容。很多人都认为杜尚的物品仅仅是对上百年的艺术技巧和发展的一种嘲笑。杜尚本人则认为自己是想再一次让画为人的思想服务。如果你用心的话，就能够理解他的意思。在他之后，有很多艺术家（如贾斯培·琼斯、克莱斯·奥登伯格等）都让我们将旗子、叉子、盘子、汉堡包、棒球棒、茶袋渍作为物体而不是日常物品来看待（作品见图 3-4）。

图 3-4　克莱斯·奥登伯格（1966）所作的“茶袋渍”

“我常常在喝茶时扔掉袋子，留下的就是‘茶袋渍’……我总是试着在艺术之外和我所从事的艺术之间建立一种联系。”

观察及以某种方式对所观察对象进行的渲染实际上是思想的作用。除非我们知道看什么以及如何看，否则无法集中精力。正如哈佛大学心理学家鲁道夫·阿恩海姆在他的《视觉思考》（*Visual Thinking*）（1969）一书中所说的：“被称为思考的认知操作并不是大脑在感知过程之上的特权，而是感知本身的必要组成部分。”试想一下，一天，一个人（假设他叫鲍勃）准备去跑步，他去找他的名牌白跑鞋。在衣柜旁边的地板上他看到了黑色的正装鞋、人字拖、舞蹈鞋、拖鞋……可就是没有那双白色跑鞋。很明显，不用想他也知道自己肯定是把跑鞋放到其他地方了。但放在哪了？正当他要去找衣柜、床、沙发下面的时候，却一下子想起来了：他在找白色的东西，但鞋底是黑色的！鞋子立刻出现了，就在他放着的地方，当时他对于找白色东西的认知却是隐形的。他认为鞋的“样子”影响了他观察的能力。

大脑的预想可以改变我们的其他认知感观。在旧金山探索科学博物馆出版的《攻击科学》（*Zap Science*）一书中可以找到一个简单的例子。在这本书的第三页上可以看到一幅比萨饼的图片，比萨饼上面插着一个可移动的塑料，上面写着“神秘味道，撕下并替换”。这幅图片会让大多数人想到比萨饼的味道。但正如书中所说的：“它闻起来并不像比萨饼是吧？它闻起来像……像……像……你怎么会想不到答案？因为我们将大脑的‘电线’搭错了。我们放了一个比萨饼的图片但闻起来却是巧克力曲奇的味道。这让你的头脑混乱了。”事实上，所有看到比萨饼图片却闻到曲奇味道的人都会感到恶心，尽管他们对于单独的比萨饼和巧克力曲奇都很喜欢。大脑中的预期中和了认知，这种“中和”除了在视觉上起作用之外，同样在触觉、味觉、嗅觉和听觉上都起作用。

因为控制“身体感觉”的“大脑感知”会偏斜过滤我们感受到的东西，所以客观的观察是不可能的。正如小说家约翰·斯坦贝克和生物学家爱德华·里基茨在书中对于墨西哥科尔特斯海的海上生活的描述那样：“我们知道所看到、记录和建构的东西会被扭曲，因为首先，所有的知识模式都会被时间、种族的压力所扭曲，其次我们个体的性格也会对其产生影响。”就算是写一本非小说类的书籍，他们也明白对于“事实”的版本也像其他小说一样，事实成为感知的对象。毫无疑问，这本书也是一样。我们对于思考中有意义部分的观察一定已经经过我们自己大脑偏见和经历的过滤。

所以观察是一种思考，而思考也是一种观察。因此，实践观察的目的就是将感观经验与头脑意识尽可能紧密地联系起来。正如雕塑家贝弗莉·派帕所说的：“我可以画任何东西，但画画不能让你成为艺术家……艺术在你的头脑中。重要的是，你以何种方式思考何种内容。”相似地，生物化学家圣捷尔吉也提出，发现存在于每个人看到的但却没有人想到的内容里。观察让感知有存在的意义。

因此我们一定要训练大脑去观察，就像我们对于眼睛、耳朵、鼻子和手的训练一样。训练的方法来自最伟大的虚构观察者：夏洛克·福尔摩斯。他是会拉小提琴的侦探，像个完美的艺术家一样看一眼就能够记住整个场景或者人。由内科医生阿瑟・柯南道尔爵士创造的福尔摩斯，其原型是作者卓越的病理学教授爱丁堡皇家医院的约瑟夫・贝尔博士。贝尔据说是一个与福尔摩斯一样具有广泛知识面、超强视觉敏锐度和推理能力的人物。因此值得注意的是，柯南道尔在书中写道，华生在“希腊翻译员案”中对福尔摩斯说“按你对我说的，你的观察能力和推理能力是因为你自己的系统训练”。读者会知道这是真的，因为华生在很多小说和故事中都解释过，福尔摩斯不遗余力地学习了很多东西，从烟草和墨水的种类，到毒药及土壤，更不用说他能够找到的各种犯罪心理了。他的大脑随时都准备着观察眼睛所看到的东西，就像贝尔教授对于病理学的集中研究能够让他诊断出疾病和死亡病例不寻常的病因一样。但福尔摩斯提出不同意见，他回答华生：“从某种程度上是这样的，但事实上，我在这条路上是靠流淌的血液，有可能是遗传我的祖母，她是法国艺术家韦尔内的姐妹。血液中的艺术有可能以最奇怪的形式出现。”

确实，柯南道尔“艺术会训练观察技巧”的说法中有一些内容值得注意。正如赫伯特・里德在他 1943 年的经典著作《艺术中的教育》（*Education Through Art*）中记载过的，莫里斯・布朗和戴安娜・科赞尼克在《艺术制造和教育》（*Art Making and Education*）（1993）中也进行了例证，视觉艺术教学一直以来都从某种程度上由于对不断提高视觉意识的实用性而受到肯定。一些当代艺术家，如贾斯伯・琼斯，在今天仍然给予艺术这样一种角色：“艺术活动的一部分是运动，是一种让各器官都保持活跃的活动，无论是哪种器官，如大脑、耳朵等。而我们希望通过这些器官的敏锐，通过对所出现可能性的尝试……处理生活的各种感官可以对可能发生的事情处于随时准备好的状态。”

个人解释也肯定了这一观点。路易丝・摩根曾这样评论艺术家、小说家温敦・刘易斯：“你的画一定对你的写作有所帮助。”刘易斯这样回答：“一定会有帮助，当你像我这样两种都做的话，思考塑料和图画物品的习惯一定会对作家的艺术有所影响。首先，我看见了！第一件（也是最后一件）我会做的事就是用我的眼睛……手艺人的艺术以最完整的角度来说是一种科学研究——它对作家会有帮助。任何训练头脑密切观察的东西都应该这样做。”弗拉基米尔・纳博科夫做出了类似的评论，他的绘画学习对他从事动物学及文学方面的研究产生了巨大的影响。他这样回忆他的绘画老师对他产生的影响：

> （绘画老师）让我尽量回忆那些曾经看到过上千次但却从未仔细看过的东西的细节：街上的路灯、邮箱、家里前门毛玻璃上郁金香的设计图案。他试图教会我在道路两旁的林荫中没有树叶的细枝间找出几何比例，在视觉交换的体系里找出几何比例。这需要一种对线性组合的准确感知能力，这一点我在年轻时没能做到，但到了中年时期，真的是对绘画老师充满感激。我不仅在我哈佛大学比较生物学博物馆7年的职业生涯中将这种能力应用到蝴蝶生殖器绘画中……也许还会应用到一些特定的文学创作中。

我们据此总结出，很多诗人和小说家都在视觉艺术方面接受过训练，这并非偶然，威廉·布雷克、歌德、威廉·梅克比斯·萨克雷、切斯特顿、托马斯·哈代、布朗蒂姐妹、米哈伊尔·莱蒙托夫、阿尔弗来德·罗德·丁尼生、乔治·杜·穆里埃、白修德、托尔金、布鲁诺·舒尔茨、路德威·白蒙、亨利·米勒和卡明斯均是如此。即使作家对于艺术的兴趣仅限于形式和风格的观察而不积极主动参与，也会受到相应的影响。诗人罗伯特·洛威尔说过："研究与诗歌紧密相连，而我就是从那里开始的。"

无数的科学家都认为艺术是培养观察能力的一种方式，强调"不画出来就无法看到"这样一个主题。正如伟大的跨世纪神经解剖学家卡哈尔所解释的："如果我们的研究与自然历史等相关的物体有关，观察时就要带有蓝图；因为即使不考虑绘画所带来的其他益处，描述一样东西也至少可以帮助我们集中注意力，促使我们概览现象的全部内容……所以说所有伟大的观察者都擅长绘图不是没有道理的。"弗朗西斯·西摩·哈登爵士完全同意这个说法，他不仅是当时领先的解剖学家，还是英国皇家画家与铜版雕塑家学会的创始人。哈登让他所有的解剖学生学习艺术（当时的艺术家也要学习解剖学），进而提高观察和操作两方面的技能："眼睛能将各种缩写看成构成疾病的'相'（总体外表特征）的标识，经过精确肖像训练的手也能提高用刀的精确性和安全性。"

确实，很多伟大的科学家都接受过形式艺术训练，如路易·巴斯德、约瑟夫・李斯特、弗雷德里克・班廷、查理斯・贝斯特、阿尔伯特・米切尔森、劳伦斯爵士、亨利・布拉格爵士、玛丽・李奇、德斯蒙德・莫利斯、康拉德・洛伦兹和伯特・荷尔多布勒等。尽管今天科学家和医生的绘画课程比过去要少见得多，但其作用仍然得到了广泛认同，用内科医生埃德蒙・佩里的话说就是："看诊医生的手艺要从眼睛开始——眼睛是他必不可少的诊断工具……看诊医生和艺术家在对于特殊视觉意识方面是统一的。他们都能看到，但对他们来说来说，所见必须超越外表。正如保罗・克利所说的，'艺术并不会让看到的东西更多彩，而是拓宽了可见范围'。看病的医生则必须看到现象背后的本质，以了解病人生病的原因。"

艺术训练在观察上所带来的好处并不仅限于绘画。文学创作和阅读对于那些工作对象是人的职业人士来说很有价值，如社会学、法律、医学专业。内科医生约翰・斯通认为很多作家精通医学和写作，如阿瑟・柯南道尔、弗朗索瓦・拉伯雷、安东・契诃夫、约翰・济慈、索默塞特・马海姆、克鲁尼和威廉・卡洛斯・威廉姆斯。很多内科医生，如奥立佛・沙克斯和乔纳森・米勒，也是很优秀的非小说作家。斯通提出："内科医生和作家的工作都来自同一个来源——人和人的相遇、人们和他们难忘的故事。而他们的作品也都依赖于各感观的技巧性应用。比如福尔摩斯，其成功在于观察的力量。……文学确实能够有一种实验功能……医学的耳朵必须经过适当的训练才能听到故事——医学历史毕竟只是短篇故事。"内科医生兼诗人杰克・库汉说："我认为写诗能够让我成为更好的医学工作者。诗歌的创作建立在观察和反应方式的基础上，这种方式能够提升我与病人之间形成诊疗联系的能力。"

观察技巧还能够通过音乐研究来改进。回忆一下，贾德・戴蒙将他能够辨认鸟叫声的能力归功于音乐训练。其他鸟类观察者通过一遍又一遍地听鸟叫声录音来训练耳朵，然后又不断地比较和对比直到能够听出鸟类叫声最细微的差别。确实，"彼得森田野指南"的出版商也出了几部《以耳观鸟》(*Birding by Ear*)(这是一种录音材料，教大家如何仅凭叫声就能辨认出鸟类)。大量研究表明，耳朵要经过训练才能达到像眼睛观察得那样准确。音乐家告诉我们尽管有的人生来音高就很好，但他们仍需不断练习。而音乐评论家知道只有通过听无数的演奏并且不断地进行对比、对比、再对比，才能观察出伟大演奏家和普通参赛者之间在风格和质量上的细微差别。在对内科医生进行的研究中，甚至发现那些能够通过听诊器或者触诊（摸病人的胸部或者肚子）得到最有用信息的医生都曾经有过音乐训练或者积极练习听力技巧。有些心脏病医生会在开车的路上听各种心脏异常的高保真录音来提高诊断能力。

这种“艺术提高科学观察力”的公式也会反过来起作用。作家和艺术家也常常会从对自然历史、医学或者解剖学的研究中受益。索默塞特·马海姆曾主张过:“对作家的教育中没有什么比医学研究课程更有用的了。这不仅能够在最原始状态下和门诊中看到人的本性，还会得到作为作家所需要的知识，这样做的很重要的作用是使作家不会在这个阶段对生命的一个方面无知。”诗人玛丽安·穆尔布在林莫尔学院时主修生物专业，也认为她的科学训练对她的作品有所影响：“实验研究影响了我的诗歌？肯定有影响。我觉得生物课（主课、辅课和组织学）令人欣喜。事实上我想过要研究医学，那些看起来没有意思的精确性、陈述的简洁性和逻辑性、绘图还有确诊等，会解放（至少会启发）我的想象力。”

出于以上原因，我们提倡在所有科目的课堂里加入观察练习。所有学生都需要培养感观敏锐度。有一些博物馆将自然或人工物品隐藏在由布盖住的洞里，再让参观者观察并通过触觉进行确认，这样的练习也可以改编一下在家里或者课堂上进行。蒙上双眼我们也可能通过触觉或者嗅觉找到东西，就好像海尔特·弗尔迈伊所做的那样，观察树皮、树叶、花朵、种子、树上的坚果、鸟的羽毛、贝壳、不同种类的布、按钮，以及很多其他种类常见的物品。我们可以通过很多方式来判断小盒子里装的东西，比如估计重量，在盒子里滚动、反弹和滑动物品，以及听摇动盒子时发出的声音。我们可以通过闻和品尝草药及调料来学习而不用看到东西本身。另一个简单的练习就是闭上眼睛，然后仅凭声音判断周围发生了什么。在黑暗中走路也会让一个人更有空间感和触摸感。听电视而不是看电视，或者反过来，关掉声音看电视，这都是很好的观察教育体验；其实我们看到的或听到的常常是毫不相关的。

收集东西是另一个提高视觉观察的好方法，无论你收集的是邮票、硬币、昆虫、纽扣、棒球卡片、明信片、书、照片、印刷品，还是画。真正严肃的收藏者会学着细致地区分收藏品的差别和品质，因而训练眼睛和头脑获得知识并进行评估。你还可以通过收集下列物品来训练其他感观：让人摸起来感觉很好的石头、贝壳、羽毛、骨头、纺织品、毛线，还有自来水、钢笔。你可以在后院、树林或动物园里录下来鸟或者其他动物的叫声。或者收集一些来自城市的声音，以及民歌、摇滚乐、爵士乐等乐曲。用心记住在香水柜台或杂货店闻到的味道。当然，学会以味道和气味来辨别出奶酪、巧克力、咖啡、茶或者酒并不是件容易的事。

我们还需要记住日常事物的细微差别。就好像一位演员向斯坦尼斯拉夫斯基或者波列拉夫斯基学习时，要集中全部精力，选择一个物体，注意它的样式、线条、颜色、声音、材料的特点、气味，可能还有味道。然后将这个物品拿走，并一样样地尽可能多地回忆细节。写出或画出你感受到的内容。回头再观察一次。斯坦尼斯拉夫斯基写道："这样的努力会让你更细致、更有效地观察，以便能更好地欣赏和鉴定观察对象的品质。"或者像毕加索和夏勒那样，一遍又一遍地观察和描述同一件物品，经过一段时间（几天、几周或者几个月），会通过练习提高你的视野。

接下来我们回到开放式练习，描述一台电视机。看一下你的笔记，自问你第一次错过了多少东西。你的描述都是看得见的吗，就像对大多数人一样，还是你觉得可以看得更广阔一些？你观察电视机的声音了吗？按下按钮、开关时发出的"啵"的一声，在屏幕上有静电时闪出的小雪花？通过敲击不同的地方你可以说出电视机不同的材料和质地吗？还有气味，电子释放出像臭氧一样的味道？还有热的电子部件发出的味道？你感觉到电视了吗？不同部件的质地有什么差别？当屏幕开关产生静电时你注意到你胳膊上或者头发上的毛发是怎么竖起来的吗？声音混响觉得怎么样？你能通过触摸来区别按钮的不同操作吗？在你看电视机的时候离它有多近？近到可以看清形成图像的红、绿、蓝色小点吗（手指蘸一点水碰一下屏幕就能形成微型放大镜）？你是否注意到由对角线划分的屏幕高度非常接近黄金比例（0.616：1.000）？你看到在关掉电源时屏幕上的形状和颜色如何被扭曲和改变吗？如果一台电视机从五楼的窗户掉到地面，那你是否能敏锐到在那么短的时间里记录下这些东西？

非常常见的一件物品，如电视机，都有这么多需要我们去感受的内容。只有通过很多新的方法去耐心地观察，才能发现那么多的可能性。艺术家兼舞蹈编排家奥斯卡·施莱默在 1942 年时意识到（当时他已处于生命的最后阶段）：观察是一项回报多于付出的技能。“我最近完成了一系列画，受到我在周围观察到的事物的启发：从我的窗户看到邻近窗户的景象，在晚上天黑透之前（9:00—9:30）发生的事情。当夜晚降临，内在的米色、橘色、棕色、白色、黑色都有一点痕迹，这时的光学效应非常漂亮。我经历过自然神秘作用所带来的陌生感，我也观察到随着时间的推移，人会不断学习用新的、不同的视角去观察。”如果教育的目标之一是让学生成为终身学习者，那我们对于观察技巧的练习还要什么更好的方法呢？

04

形象化

查尔斯·施泰因梅茨虽然不如亚历山大·格雷厄姆·贝尔或者托马斯·爱迪生那样有名，但他对现代生活的影响却不亚于那两位。施泰因梅茨是发电机和变压器的发明者，他还发明了其他电力分配设备。正是因为他的存在，贝尔的电话、爱迪生的灯泡才能成为常见的日常用品。在通用电气中了解他贡献的同事都亲切地将他称为“最高法庭”。因为在他们看来，连他也解决不了的问题就没有解决方法。所以在 1894 年有两位工程师带着一个连续工作了几周都没有解决的难题找到了他：“有一个直径为两英寸的小棒，在其中间钻一个两英寸的洞而将之平均切成两半，那么切出的部分体积是多少？”这个问题很重要，因为对任何在意费用的公司来说，在贵金属上钻洞都意味着浪费材料，也就是有金钱上的损失。

就像故事中所展开的那样，这两个人期待着施泰因梅茨能够在桌子前坐下来，拿出纸，画几个图，然后开始一系列计算。他们知道，他最关心的应该是决定从这个孔里取出部分的形状，而这也是他们解决不了的问题。这不是一个球，也不是一根简单的棍子，而是一种菱形。不知道形状就不可能算出它的维度或者体积。施泰因梅茨的同事非常相信他，但尽管这样，当“最高法庭”吸了几口雪茄告诉他们答案时他们还是非常惊讶，施泰因梅茨说：“先生们，答案是 5.33 立方英尺。”令人惊讶的是，他用大脑就看到了整个过程——洞的形状、维度，还有接下来的计算，如图 4-1 所示。

图 4-1　施泰因梅茨想象出的形状和洞

施泰因梅茨有一种超凡的形象化能力——将不在眼前的事物想象出来。他与其他取得伟大成就的人都有这样的能力，比如他的同事兼竞争对手尼古拉·特斯拉，特斯拉发明了第一台变流发动机和发电机。他在自传中提到：“我一有什么想法就立刻在头脑中开始想象。并且在大脑中改变结构、改善，同时进行操作。对我来说，是在想法里运行涡轮还是在店里测试都没有差别。我甚至能注意到它是否平衡。”最近，回转稳定器和轮船飞机相关设备的发明者埃尔默·斯佩里也提出了相似的说法：“看着天空，他（特斯拉）就可能突然拿起本子放在胳膊上，另一只手拿着铅笔开始画……‘就在那，你没看见吗！在你看到的东西那画一条线。’”

发明家詹姆斯·洛夫洛克以提出地球是一个单联通的有机体这一概念而闻名，他也是一位视觉形象方面的高人。洛夫洛克对于综合系统的兴趣开始于他发明了能够分析由生活过程引起的大气改变化学成分的超敏感设备。像特斯拉一样，洛夫洛克将他的成功归功于视觉想象力：“我想要做的是早上 5 点钟起来（这也常常发生）想想发明，然后在我的头脑中以 3D 形式设计，作为一种建构。然后我用这种设计来做实验……翻转过来，然后说，‘如果有人这样做会怎么样？’然后在我早上起来吃早饭的时候常常可以坐到椅子上，将封蜡模型摆成一条直线，因为我已经做完大部分实验了。”

无数研究已经发现视觉形象化和机械方面的成功之间存在着极高的联系，这并不奇怪。历史学家布鲁克·辛德在他 1981 年的《仿真与发明》（*Emulation and Invention*）一书中描述了视觉形象化的作用，该书是对萨缪尔·摩尔斯和罗伯特·富尔顿发明过程的检视（二人都是优秀的专业画家）。在《机械和心灵之眼》（*Engineering and the Mind's Eye*）（1992）一书中，工程师尤金·弗格森提出非语言形象化在发明中普遍起到了最重要的作用，正如亨利·佩特罗斯基在他《由设计到发明》（*Invention by Design*）（1996）一书中所提到的那样。确实，形象化让所有行业的人都受益。

心理学家现在认同三种基本视觉思考者。要确定你是什么样的视觉思考者，先试着想象一个三角形。尽可能让你的头脑中形成一个图形。你怎么做到的？有些人无法在头脑中"看到"三角形，只好在纸上画一个，或者在桌子上用手画一个。有的人需要闭上眼睛，因为看到的东西显然会干预他们的视觉想象力。而他们闭上眼睛之后，他们就能在眼皮内侧"映射"出一个三角形。在你这样画下三角形的时候眼球动了吗？有个别人睁着眼睛就可以想象出三角形的形象，将三角形的形象强加到他们看到的形象上。这些人中的一小部分还能够让三角形改变大小、颜色和角度；他们能让三角形扭曲、跳跃，并且穿过其他形象。施泰因梅茨和特斯拉显然属于最后这一种。

当然，想象三角形是比较容易的，而对于那些想尝试一下施泰因梅茨和特斯拉想法的人，就要想想需要大脑构建三维视觉形象的其他问题。

A．什么物体从上面和侧面看都是圆形的？

B．什么物体从上面和侧面看都是方形的？

C．什么物体从任何角度看都是三角形的？

如果你的答案是球体、立方体和正四面体，你的起步就是正确的。继续努力！

D．什么物体从上面看是圆形的，从侧面看是方形的？

E．什么物体从上面看是方形的，从侧面看是三角形的？

F．什么物体从上面看是三角形的，从侧面看是方形的？

G．什么物体从上面看是圆形的，从侧面看是三角形的？

下面，对于那些真正熟练的视觉思考者，再来些复杂的形状。

H．什么物体从上面看是圆形的，从一面看是圆形的，从另一面看是方形的？

I．什么物体从上面看是三角形的，从侧面看是圆形的？

J．什么物体从上面看是圆形的，从一面看是三角形的，从另一面看是方形的？

如果你的想法是这些物体都存在（包括最后一个），我们会在本章结尾时提供一些可能的答案。事实上，H——作为一种一面看起来是方形的，另一面看起来是圆形的物品——是描述施泰因梅茨要想象出来从另一物体中钻出来的部分。原物体是圆形，钻孔也是圆的，但顺着原物体插入的垂直部分却是方形的。我们强烈怀疑施泰因梅茨能够很轻易地解决这个问题是因为他玩过我们前面说过的这种游戏并且知道答案。

通过视觉化不同混合形状的东西，如方形、长方形、圆形、椭圆形和各种多边形，你可以了解每一种存在的基本几何物体。如果你喜欢这样的内容，就可以试一下更复杂的视觉化问题，比如马科斯·韦特墨在他《生产性思维》（*Productive Thinking*）（1959）一书中提出的那些问题。如果你觉得这些问题已经很难了，也不要感到绝望。尽管一些人比其他人在视觉形象化方面更有天赋，但所有人都会从这样的练习中受益。所以，尽管你需要先画下或者构建这些形状，但练习这些问题都会培养你的视觉化能力。练习得越多，就越能分享并了解无数发明家、数学家、物理学家、艺术家、作家和舞蹈家的视觉思维过程。

视觉化从其最广义角度来讲，是很多领域最常见的思维工具。确实，在科学家和发明家的职业成功与视觉思维间存在着确切联系。作为科学家视觉思维领域方面的先锋研究者，安·罗最著名的一个研究对象（很可能是她的丈夫乔治·盖洛德·辛普森）像动画片一样看到了自己脑中的所有演变过程。诺贝尔奖获得者、生物学家弗朗索瓦·雅各布在每天清晨都会通过大脑来重塑他的房间，然后是房子，之后是附近，最后是整个世界，而这一过程他都是躺在床上闭着双眼完成的。药理学家、诺贝尔奖获得者詹姆斯·布莱克爵士说，思维的焦点“是一种想象力感观，完全开放且形象化。这是我生活中必不可少的一部分。我会像个疯子一样白日做梦……你可以在头脑中想象那些（化学）结构，转换、打滚、移动等”。另外一位诺贝尔奖得主化学家彼得·德拜认为自己只能用图画来思考。理查德·费恩曼也提到了在头脑中所展开的视野。他在一次采访中这样说：“全部都是视觉化的（我完全能看到）答案的特征。我猜这可能是画图的一种灵感。”费恩曼致力于精化视觉形象来提供问题的答案，而这些都是在将他的解决方法转化为数学等式之前。同样，来自哈佛大学史密森天体物理中心的天体物理学家玛格丽特·盖勒也说过：“我认为并不是所有的科学家都要有一种视觉形象化，但我确实有。没有视觉形象化我是无法解决问题的。这也是我解决问题的方式。”

对很多人来说，包括科学家在内，成为一个好的视觉型想象者与艺术相关。例如，盖勒说：“我总体上也是一个视觉型想象者。我很容易意识到周围环境中的视觉线索。我的视觉记忆力也不错，观察力很强。所以这与我的总体方式分不开。我对视觉艺术很感兴趣。我认为，如果我不成为一名科学家，那么我很可能做一些跟设计有关的工作。”像盖勒这样具有较高视觉能力和艺术兴趣的人在科学家中并不少见，正如我们在第 3 章中提到的那样。事实上，在一次对 40 个科学家的研究中（其中包括一些诺贝尔奖获得者）发现，对艺术的爱好、视觉思考能力与科学上的成功有着极高的关联度。那些在科学领域视觉敏感性高的人在艺术方面的造诣通常也颇高，科学与艺术相辅相成。

所以各种艺术家对于视觉形象化的依赖也不足为奇。这一点在画家身上体现得尤为明显。画家通过颜色、线条、形状来表达自己，但也不是所有画家都像乔治亚・欧姬芙那样明确地指向这些因素在头脑形象中的作用。在会见摄影师保罗・史特兰德后不久，欧姬芙就写信给他：“我认为我看东西和你拍摄东西的方式是一样的。将史特兰德的画放在我脑子里，这难道不是很有趣吗？”安塞尔・亚当斯的整个拍摄过程也完全取决于对最终打印效果的想象。但艺术中的视觉形象化并不一定与图画表达相联系，可能是关于移动或者话语描述的视觉方面。根据美国舞蹈编导安娜・沙克罗的说法，舞者的视觉形象化“之于动作”，就好像画家的视觉形象化“之于颜色、线条和面”。玛莎・葛兰姆的无数个学生（安娜・沙克罗就是其中之一）都将她的教学与作曲描述为“充满意象”，这些都是为了“唤醒想象”并“指导动作的质量”。斯图亚特・赫德曾与葛兰姆共事多年，共同从事研究与教学工作，他记得葛兰姆曾督促学生看法国电影《Farrabique》，那是一部关于法国家庭农场上发生的生与死的故事。她尤其想让学生注意到植物生长的静态顺序。她说：“观看它们如何朝着太阳盘旋生长，生命是随着一条盘旋的路径流动的。”很快学生就注意到螺旋在很多技术动作中的突出作用，并将其引入其他动作中。

视觉形象化也是作家思维的重要工具。诗人斯蒂芬・斯彭德将创作诗歌的过程描述为突破“形象逻辑”，他发现自己诗歌的开头往往是“一段非常生动的记忆，常常是视觉形象化的，这表示记忆可以通过集中的写作语言实现”。像我们在第 1 章中讨论过的，这样的意象派思维在诗人中很常见。屈莱顿则宣称“视觉形象化本身就代表着诗歌的高度和生命”，但空想家塞缪尔·柯勒律治在给一位朋友的信中这样写道，“一篇文章也可能在没有形象思维的冒险情况下写就”。西格夫里·萨松说：“以图画思考是我自我表达的自然方法。我一直都是忠实的视觉作家。”再后来，普利策奖获得者唐纳德·穆雷通过将自己当成“试验小白鼠”，发现自己不是一直认为的“语言思考者”，而是“意象派的，先是看到过程，然后记录下语言”。

很多小说家都是视觉思考者。查尔斯·狄更斯认为他只是“看到了”那些故事，然后写下来。同样地，田纳西·威廉斯也说《欲望号街车》（*A Streetcar Named Desire*）的产生始于单个的形象：“我就是想到了一个女性青春后期的形象。她独自坐在窗边的椅子上，月光照在她绝望的脸上，她被打算要结婚的人放了鸽子。”弗拉迪米尔·纳博科夫有一种图像式记忆，这让他能够在学生时期只用几分钟就完成阅读作业。后来他可以逐渐地想象生活的每个方面，从他儿时妈妈让他去跑腿，到笔下角色的行为和情节的开展。

确实，正如第 3 章中所讲的，对于非职业作家或业余艺术家来说，并不能够预见到一本书的内容。比如，萨克雷在做笔记的时候就不仅用一般的记录方式，还会用到铅笔和画笔，布朗蒂姐妹也是这样，还有安东尼·德·圣埃克苏佩里、爱德华·李尔、乔治·杜·穆里埃、温敦·刘易斯、劳伦斯和托尔金。切斯特顿则真的将想表达的内容用卡通形象画了出来，如“愤怒的绅士和他的受害者”中的插图（见图 4-2）。另一位艺术作家亨利·米勒在规划《南回归线》（*Tropic of Capricorn*）的早期阶段，以图表的形式将书的主题和事件列出来。玛丽安·穆尔在上大学的时候立志成为一名画家，后来发现自己更愿意写诗歌和剧本，尤其是在“能够看到场景”之后。视觉形象化显然已经超越了单纯地看到几何形状，而到了重新塑造人和环境的层面。

很明显，发明家、科学家和各种艺术家都认为视觉形象化是一种重要的思维工具。但视觉形象化只是形象化众多种类中的一种。霍勒斯·巴洛、科林·布莱克莫尔和布兰达·威斯顿·史密斯在《形象与理解》（*Images and Understanding*）

（1990）一书中提出，形象可能不仅以图画的形式感知和交流，还可以用很多非视觉的形式进行："艺术家、设计师、工程师都面临一个同样的古老问题，如何将事实和想法从一个人的思想中传递给另一个人——这些大脑中的灌输是如何完成的？那就是使用形象——不仅以图画和表格的形式，也有文字、图例，甚至音乐和舞蹈的形式。"我们不仅能够用思想的眼睛来看，还可以用思想的耳朵去倾听，想象气味、味道和身体的感受，这些感观图画中的一种或者全部都可能与形象的想象和交流有关。换一种说法，如果用眼睛去观察，我们就形成了一种视觉形象。如果用手去观察，我们就形成了一种触觉形象，同时还有手的位置、动作等形象。如果我们用鼻子去观察，我们就形成了一种可能在科学、艺术发明中起主要作用的味觉形象。我们能够观察的东西就能够想象出来，能够想象出来的东西就能够形象化。

图 4-2　"愤怒的绅士和他的受害者"（切斯特顿的故事插图）

尽管人们会在工作中用到很多不同的形象，但很少有记录非视觉形象化能力的研究，尤其是针对气味和味道的。偶尔会有像查理·特洛特或者皮埃尔·艾玛那样的大厨指出一道菜"做好之后的味道"是在做完之前的想象中就完成了。艾玛说："我在制作一个蛋糕的时候，将味道与材料都放进我的头脑里……在出炉之前我就知道它的味道。”正如纳博科夫所说，有的作家偶尔也会发现“小说中的真实想法”来自“非常真实的感观，比如饼在舌尖融化的感觉，或者脚下人行道的粗糙感”。这种气味和味道形象化例子的贫乏只意味着我们通常会将视觉突出，在想象力中放在这些感观之前，我们在观察时也是如此。而非视觉形象化思维在身体形象化中要强烈得多，这里顺便也提一下，在第 9 章中研究的听觉形象化也同样如此（见图 4-3）。

图 4-3　听觉形象化的一个例子（汤姆·泰晤士作）

决定视觉形象化能力的简单“测试”同样可以应用到听觉形象化当中。你能“听到”爱德华·蒙克画里的尖叫吗？当你读到“一闪一闪亮晶晶”的时候能听到点什么？语言会让你的思想里产生声音吗？你能听到特定的旋律吗？现在试着在头脑中听到一连串的音符：“哆，来，咪，发，索，拉，西，哆。”你听到的是默读的吗？你需要哼唱或者唱歌才能开始吗？毫无疑问，你是在一个相对安静的环境里读书。你觉得你能在开着收音机的房间或者一个热闹的聚会上仍然听到一连串的音符吗？如果你几乎没有“纯正”的听觉形象化能力，需要哼唱歌曲或者在乐器上弹奏才能在头脑里重现声音或者节奏，那么你和我一样只是普通人。正如阿隆·科普兰所指出的，“外行对于没听到的声音形象进行形象化的能力总体来讲还是相当差的”。我们当中很少有人能够读懂乐谱或者在头脑中就能听到音乐。一般的音乐家可能创造出弹奏过的内部音乐形象，而没接受过音乐培训的人可能听到的更少。

但有些人却能够听到音符及同音符一起出现的文字。有些人，比如那些能够看到三角形改变颜色、运动的人，则无论是正向还是反向演奏都能够听懂乐曲，而且无论以何种音调和节奏来演奏都能听得出来。确实有一些在听觉形象化方面技巧极为高超的人可以在头脑中听到完整的交响乐曲，就好比好的发明家可以看到整个机械一样。沃尔夫冈·阿玛达耶斯·莫扎特说过："整个曲子，尽管很长，但几乎完整地装在我的脑子里，以便我随时对它进行研究。它就像一幅图画或者一尊美丽的雕塑。我也不是在想象中一部分一部分地连续听，而是一起听到全部内容。"

贝多芬常常被拿来与莫扎特做比较，人们认为贝多芬的作曲方式更慢、更教条、更单调，他只能用笔纸来作曲。贝多芬说过："一旦产生什么想法，在写下来之前我会一直琢磨，常常是很长一段时间……我改动很多东西，放弃一些，然后一遍遍地尝试，直到我满意；然后我在头脑中开始阐释作品的宽度、窄度、高度和深度……从每个角度去听和看面前的这种形象，就好像被做成了（一尊雕像），而剩下的就是写下来的过程。"贝多芬对于头脑想象力的精通完全解释了他如何在几乎失聪之后还能够创作出伟大的乐曲。尽管他的耳朵已经无法感知声音，但他的大脑还能听到。确实，声音上的形象化其实就是所有作曲中要完成的任务，无论曲作者本人是否听到自己作品被演奏出来。美国作曲家亨利·考埃尔说："世界上最好的乐器就是作曲家的大脑。受过训练的作曲家可以随意地听出许多同时演奏的乐曲中音调、音质的细微差别，乐曲的各种和谐与不和谐。他们不仅能听出乐器或者多种乐器合奏的声音，还能听出几乎无法在任何一种乐器上演奏出的声音。"

声音思维也解释了一流音乐家的"默练"——他们在大脑里想象如何演奏音乐，就好像运动员在大脑里想如何排练他们的动作一样。钢琴家阿里希亚·德·拉罗查说过，当她在机场等候飞机的时候，"我的大脑完全填满了音乐，我听到我要演奏的曲子，我在练习，每个音符，每个小节，每个和声，在练习我的左手"。而出于差不多相同的原因，大卫·巴·伊兰也在一架无声的钢琴上练习。他说："要知道我在无声练习的时候大脑里是能够听到音乐的。"而舞蹈家玛莎·格拉汉姆也用差不多的方式深深地沉浸在音乐中练习舞蹈，"不播放音乐，而能用身体感受到，也能用大脑听到音乐"。

格拉汉姆说得很清楚，大多数的形象化内容实际都是多感官的。舞蹈家会表现在头脑中听到的音乐，像德·拉罗查和巴·伊兰所做的那样。美国作曲家乔治·安太尔在 20 世纪 30 年代自称“好莱坞的坏男孩”，他说大脑中的形象和梦想是他许多音乐作品的主要来源。他的梦境中出现的飞机和大型工厂的特定声音在他的作品《机械芭蕾》（1924）中以飞机螺旋桨、电风扇、警报、电子铃音和其他机械设备声音的形式出现，而这些声音都用于创作“音乐”。斯特拉温斯基的作曲也以具体场合或者动作的细节形象开始。他回忆道：“在创作《彼得鲁什卡》一曲时，我的大脑里有一幅手偶的图片，它突然被赋予生命，像恶魔一样考验着管弦乐队的琶音连续性，而管弦乐队则回之以暴风般的小号声。就是在到达高潮时形成的可怕声音让可怜的手偶悲伤而暴躁地倒下了。”在他为著名芭蕾舞团经理人谢尔盖·佳吉列夫创作一首波尔卡舞曲时，斯特拉温斯基将他的朋友想象成“穿着晚礼服戴着高顶帽的马戏导演，挥着鞭子赶着坐驾”。在《彼得鲁什卡》和波尔卡舞曲两首曲子中，斯特拉温斯基都明确地陈述了音乐主题与他的观点并行，同时也为作曲提供了基础。

对很多音乐家来说，视觉和听觉形象化都需要在大脑里储存整个乐曲。男高音歌唱家卢奇亚诺·帕瓦罗蒂在国家公共电台上的一次访问中承认：“我更多时候都是对大脑中的音乐进行研究，这比在钢琴上演奏的或者真正演唱中学到的更多……你必须看到音乐，你必须看到一段乐曲中存在的困难，所以你就要把这些东西放到你的大脑里，从图像角度来讲，看起来必须像它所表达的内容一样。”相似地，乔治·安太尔也有这种在听到音乐的同时用思想的眼睛看到音符的能力，这种能力在莫扎特、贝多芬以及许多其他作曲家身上都存在。在一次去北非的旅行中，安太尔在听当地民歌表演时写下了乐谱。他这样解释：“听对我来说就是用音符的形式去看。我只需要听到一段曲调，无论节奏或旋律多么复杂，我都能用思想的眼睛看到并在纸上写下来。”将“声音”形式的音乐转化成音符常被外行人看成奇迹，反之亦然，将音符转化为“视觉”上的音乐对外行人来说也很神奇。作曲家阿尔蒂尔·奥涅格回忆，他最常被问到的问题就是：“你看着音符就真的能听到乐曲吗？”对大多数音乐家来说答案都是肯定的。事实上，柯普兰认为，“在实际听到音乐之前想象音乐的能力正是将专业人士与业余爱好者区别的最主要因素。在一些特殊情况下，天才几乎可以完成不可能的任务。亨利·考埃尔实际上比起听演奏来说更喜欢读乐谱，因为头脑中的声音已经完全在他的掌控之中，而这种掌控的程度已经超过了在现实生活中对于演奏的掌控”。

事实上，这里并没有奇迹。音乐家和作曲家发展他们的这种听觉—视觉能力与世界各地的儿童和成人学习将声音与文字联系在一起的方法几乎相同——都是通过日常练习。确实，学习阅读对于一般的听觉形象化来说是一种很好的模式，因为几乎所有人都是在大脑里“听到”自己的声音在朗读纸上的文字。作家通常在这方面的技巧相当不错，比如诗人艾米·洛威尔所说的，“我总能听到文字，即使在对自己阅读的时候也是这样……在写作中，我常常停下来将写出的东西大声朗读出来，尽管这可能并非必要，但这些文字仍然清晰地在我的脑海里被读出来”。田纳西·威廉斯在内部语言方面又提高了几个层次，他将自己创造的舞台角色以不同的声音和说话方式想象出来：“我的内耳很好。我非常清楚一件东西在舞台上是如何发声的，以及将如何表现。我写作就是为了满足内耳和它的感知要求。”威廉斯将他的这种意象发挥到了极致，常常将他在剧本中所创作所有部分都表演出来。他说：“我在写作的时候，所有东西都是可见的，其生动程度就好像（它们）在充满灯光的舞台上。而同时我边写作，边将台词说出来。我在罗马的时候，我的女房东以为我疯了……‘噢，威廉斯先生疯了！他在屋里边转悠，边大喊！’”她不明白威廉斯为什么要将头脑里的经历表达出来。

科学家也会在思维中将视觉、动觉和听学形象化结合起来。我们在第 1 章曾经提到过爱因斯坦的思维在很大程度上依靠视觉和动觉的形象化，但他好像也很依赖听觉形象化。他的很多亲属都回忆说，他经常会在物理方面遇到困难时去拉小提琴或弹钢琴。他的儿子这样写道：“每次他在工作中感觉走到了死胡同或者遇到了困难，就会到音乐中去避难，而通常这样就可以解决他的困难。”他在提出相对论时常常会从深入的思考里出来，弹钢琴，写几个音符，然后再回到他的研究中。他的女儿玛亚记得有一次他从钢琴上起来大声喊：“现在我明白了！”他甚至告诉他的朋友——著名日本音乐老师铃木镇一，“我就那样通过直觉想到了相对论，而音乐正是这种直觉背后的驱动力。我父母让我 6 岁的时候就开始学习小提琴。我的新发现正是音乐感知的结果”。事实上，爱因斯坦将他的钢琴称为“我的老朋友，我会与它交谈、歌唱，都到了我通常不会向自己承认的地步”。

同样的多种形象化也在理查德·费恩曼的作品中出现。当被问及他解决问题的技巧时，费恩曼列出了视觉形象化，当然还有动觉形象化，“声学”（我们称为听觉）形象化，也像田纳西·威廉斯一样，他也提到心里与自己交谈，也出声地讲出来。家人和同事常常听到费恩曼嘟囔、哼哼没有意义的词，哼唱或者将嘀嗒声和哎哟声说出来，同时他将物理直觉和等式转化成声音。假定他能够以某种方式听到也能感觉到物理的节奏，这种方式与他曾经是一名热情的小手鼓鼓手有很大的关系。

我们说假定，因为即使我们知道形象化在很多创新型个体上起着重要的作用，也不一定知道每种情况下都是怎么进行的。形象化主要是一种个人对视觉、声音和其他感观的速记，这种感观从现象的现实性表征到特征性抽象化和感观联想。同时，不同的人都不同程度地依赖于形象化。在一些情况下，特定种类的形象化对于个人思维方式非常关键，以至于他会特意选择一些能够依靠那种思想技巧的工作去做。天体物理学家玛格丽特·盖勒说：“我必须有一个视觉模型或者几何模型，否则我是无法工作的。那些无法实现的问题我不去碰。”这种形象化倾向大概也能够解释其他发明家的风格和优势。

事实上，盖勒根据她的形象化能力对问题进行选择的现象在她的同行中十分常见。物理学家彼得·克鲁瑟斯也是一位视觉形象者，他与那些“图形”者和“数学”者之间存在着广泛的区别。那些更偏向于数学的物理学家不具备克鲁瑟斯称为“物理直觉”或视觉趋势那样的能力。实际上，艾伦·莱特曼和罗伯塔·鲍尔在他们名为《起源》（*Origins*）（1990）一书中说，接受过他们访问的知名天体物理学家中有近一半意识不到自己使用了视觉形象化。在物理科学的不同领域中，比如量子机械学，领先的业内人士实际上并不提倡视觉形象化。弗里曼·戴森曾在此领域中将严格的象征方法比作流利地习得一种新的正式语言；一个人只有不再试图将量子机械翻译成其他感知形式或者“语言”时才真正弄懂了量子机械学，他会直接以数学方式去理解，这种方式与音乐家不用管弦乐队的帮助就能“听到”音符是一样的。

科学中对于是否以视觉形象化进行思考的现象直到至少一个世纪之前才由亨利·庞加莱注意到。庞加莱在科学创造性方面进行了大量的创作，他举了四个同事的例子，维尔斯·特拉斯、乔治·黎曼、索菲斯·李和索菲亚·柯瓦列夫斯卡娅，谁才是 19 世纪的数学家，并提出他的观点：“特拉斯会将每样东西都带回到系列及其分析转化的思考中……你可能看完他的书都找不到一个数字；相反，黎曼则会马上用几何来帮忙，一旦掌握他的概念，那么每个概念都是让人难以忘记的一种形象；李以图画来思考，而柯瓦列夫斯卡娅女士则是一位逻辑学家。”数学中的这种形象化和非形象化的差别直到今天仍然存在。费恩曼曾特意将代数问题转化为几何问题，并自问：“有没有方法能看到这些问题？”相反，天文学家弗雷德·霍伊尔则承认自己不是一位很好的视觉学习者，他说：“我需要用代数的方法来做所有的几何题。”（关于代数与几何思维的讨论，详见本章附录。）

庞加莱意识到个人形象化的偏好对于教授数学和其他理科科目时有着重要的启示作用。他这样写道：“在学生中间，我们注意到一种类似的差异，一些学生喜欢通过‘分析’来解决问题，另一些则通过‘几何’来做题。第一种学生无法‘在空间中看到’，而第二种学生则很快就厌倦了长计算而变得不知所措。这两种思维方式对于理科的进步都十分必要。”事实上，这两种思维方式对所有学科都十分必要。有的人用几何方法来做代数题，还有人用代数方法去做几何题；如果有些人用等式来感受现实世界，另一些人则用图画去感知。如果这些图画能够将视觉与听觉结合起来，再加上嗅觉和味觉以及身体的感受，那么我们就可以很好地补充通常只是以多种形象化手段来教授知识的抽象教育法。

每个人都应该广泛地学习更多的形象化技巧，并争取机会尽可能地精通。幸运的是，形象化技巧可以通过练习来学习和提高。在爱因斯坦曾经就读的坎顿学校里，学生会像练习语言里的 ABC 一样去练习视觉思维技巧中的基础。学校创始人约翰·裴斯泰洛齐认为，视觉理解其实比所有其他教育形式都更超前。他还在其经典的说教小说《格特鲁德如何教育她的孩子》（*How Gertrude Taught Her Children*）（1801）中提出文字和数字必须在视觉化基础之后牢固地与之前已经建立的视觉化基础联系起来。年轻的爱因斯坦正是在那里学会了现代科学家称为“思维实验”的东西：明白地看到和感受到一种物理场景，操控其构成元素，观察其改变，所有这些都是在大脑中想象出来的。

其他的创新型人才也都不同程度地受到父母或者家庭环境的鼓励来练习形象化技巧。玛格丽特·盖勒的母亲培养了她的艺术爱好，她的父亲则让她学会如何看到三维图像。而诺贝尔奖获得者、化学家佩特·米切尔的形象化技巧则是在他哥哥的工作室里通过创造东西的兴趣练习出来的。他说："当我还是个小男孩的时候，总是愿意做一些小发动机和小东西。我觉得正是这些帮助我成长为一个思考型的人，让我思考那些形状间的关系。当然，这也是我在化学研究中一直保持的……你关注的是原子空间中的关系。"这样的童年经历在那些知名的科学家和发明家中十分普遍。不是每个人都能够拥有像斯坦梅茨或者特斯拉那样超凡的潜质，但都能从形象化技巧的发展中受益，这种发展是指亲自动手做的艺术或者手工实验，或者头脑练习。

这样的练习即使在童年之后也可能十分有效。阿拉巴马州欧佩莱卡奥本大学的机械专业学生在每学期开始时都接受视觉思维能力测试。该测试会清楚地将学生划分为几何型或视觉型以及分析一代数型思考者。所有学生都会接受二维和三维图画以及投射技巧的集中课程。在课程结束时，那些本来是分析一代数型思考者的学生在视觉思维能力测试中也能像原来"自然"视觉思考者一样得到高分数。这些结果及其他一些大学（如伍迪·弗劳尔斯任教形象化技巧课程的麻省理工学院，及罗伯特·麦克金姆任教视觉思维的斯坦福大学）中相似的测试结果，都表明任何一种在设计、手工、绘图、绘画或者摄影方面的正式训练都可以提高成人的视觉技巧。

有时将抽象概念具体化思维的简单挑战也很有效。加州理工大学的生物学家詹姆斯·邦纳从化学教授罗斯科·迪克森那里第一次学到如何将科学场景视觉化："他告诉我们一点，而且每天都告诉我们，'你们必须理解你们在做的事情'。……如果我们在计划什么，那么必须看到这在实际中代表着什么。突然，我就学会了如何将抽象的问题具体化，或者将等式之类的意思具体地视觉化。"很多文科方面的教师也用相似的方法来训练学生的视觉想象力。纳波科夫建议说："好的读者对于艺术来说像好的作家一样必不可少，他们必须在读的同时积极地'看'；他们必须将房间、服装、作者笔下人物的行为方式都看出来。"我们可以通过细致观察视觉、听觉、本体感觉，以及其他日常感观来学习这样去做。毕竟，想象力还是由经历产生的。

听觉形象化技巧也可以通过实践来学习。罗杰·塞欣斯提出一个人以大脑来理解一篇文章的程度会随着他音乐技巧的提升而不断提高："我认为经历对于成熟而有经验的作曲家和年轻的初学者来说意味着完全不同的东西。随着他在练习和想象力上不断地成长，经历会越来越占据压倒性的优势，并且越来越能够成为创新中必不可少的内容。"哈罗德·萨佩罗建议那些即将成为作曲家的人，如果要提高听力技巧可以这样开始，想象那些著名曲子中的伴奏，再与原著的结果进行对比。这样的训练可以练习大脑的"耳朵"和"眼睛"。

另外，根据诗人艾米·洛威尔的说法，听那些朗读出来的诗歌和文学作品也可以提高形象化技巧。这可能是儿童听故事可以提高智力的原因之一。听诗歌、故事可以塑造儿童的内在声音，并将眼睛从书中解脱出来，这样他们就可以专心去创造感观形象。其实，听到朗读出来的文学作品在任何年纪都是不错的主意，无论是有人读给你听还是从磁带里听。虽然电视、电影、电脑动画能够给我们提供非常棒的听觉和视觉"图画"，但同时也有相应的危险，那些完完全全依赖这些预先构造的形象会导致他们失去或者从来没有开发过那些自己去想象的能力。

有趣的是，以数学或者科学语言进行的听力练习也可以提高练习者的形象化能力，这里诺伯特·维纳，控制论（信息科学理论）的发明者，受益颇多。在还是孩子的时候，他就得了严重的眼病，有六个月的时间无法阅读。"父亲先是教我数学，代数和几何都有，这些教学都是通过耳朵进行的，接着就是化学。这一阶段对耳朵而非眼睛的训练，很可能是最有价值的一部分训练，因为这种训练强迫我要在大脑里做数学题，从说出来的角度去思考语言而不再是写出来的练习。"当然，没有人会推荐你通过患上这种严重的疾病来提高形象思考，但可以考虑一下学习一种视觉科目而不去看它的符号能得到的好处。想一下曾经在纸上画过的几何图形，现在在大脑里画一下。当这种形象和感觉在形象化中与描述其特征的术语联系起来时，就唤醒了一种更深层次也更为广泛的理解。如有必要，听力练习可以换成身体和大脑的描述，来提高其中的联系。

我们这里所建议的内容都是为了鼓励教育中的形象化，从低年级开始到学校教育的最后阶段，这些内容还全部适用于个人的自学训练。无论是年轻还是年老，我们都可以像提高观察技巧一样致力于提高我们的形象化能力。步骤很简单。

第一步，划分一下你个人对于视觉、听觉和其他形象的使用。你是否只用思想的眼睛去看“我的钥匙忘在哪了”这样的问题？你是否会像看电影一样去想象正在阅读的一个故事，你好像正在扮演其中的角色，或者正在收音机上听别人讲这个故事？如果你想象有一根香蕉、一些雪，或者一只猫，你能看到、听到、闻到、（甚至）品尝到所有这些味道吗？

第二步，宠爱自己。天马行空地去想象。如果你喜欢视觉形象化，那么重新想象一些你最喜欢电影里的画面；更好的是，重新写一遍之后再“重新看”这部电影，这样它就是最完美的而且完全属于你。再试试动手完成视觉谜题。如果你喜欢声音形象化的思考方式，试着用大脑去记住和聆听，听你最喜欢的歌曲或者协奏曲中的节奏及和弦。

第三步，学习一门艺术。但这并不是只去学关于音乐、舞蹈、画画或者烹饪的技术，而是学习去作画、作曲或烹制美食佳肴。在很多这样的活动中，形象化都是动手过程中的一部分。如果你不用颜色去思考，就无法为自己的画作选择一种颜色；如果你不用声音去思考，就无法在钢琴上弹出一段旋律；如果不去思考哪些菜与鸡肉搭配更适合，也就无法做出一道好吃的鸡肉。在做之前努力去想象这些过程，并在之后努力记住。最后，想出各种借口去使用你的内在眼睛、内在耳朵、内在鼻子、内在触觉和身体感觉。让其他人用语言为你讲出数学或者科学问题；在读剧本时练习听不同的声音、看不同的面孔；在听音乐时注意你有什么样的感受和想象。像其他技巧一样，形象化也会随着不断的练习而变得更强、更快。

但形象化技巧变强却有一点不好：技巧越好，越容易在将形象直接呈现给他人方面变得吃力，这种通过另一种媒介来转换的需求十分痛苦。这也是为什么相对于现场音乐表演而言亨利·考埃尔更喜欢配乐的衬托，同时也解释了爱因斯坦为什么认为通过数学来正式表达他的想法相当（用他自己的话来说）“困难”。最原始概念的即时性和完整性，随着伴随的形象、感觉和情感的出现而消失、减弱或被扭曲。很多创新型人才都因此提出需要一种更直接的交流方式。对于艺术家马克斯·比尔，答案是一种新形式的艺术：“大脑中的概念还不能跳过语言媒介根据我们的理解直接进行交流，虽然最终可能经由艺术的媒介变成这种形式。因此我假设艺术会成为一种直接传递想法的工具，因为如果通过图画来表达这些，那么就不存在违反原意的风险了。”

作曲家查尔斯·艾夫斯对艺术能力甚至音乐艺术能起到这样的作用则不太乐观，他认为：“天哪！音乐为什么不能以它存在的方式传达给另一个人，不需要经历一系列声音、胸腔、弦线、线、木头和贝司这些东西？”小说家玛格丽特·德拉布尔想象出了一种梦想机：“能够记录下梦里的图像，这样我在醒来的时候就能够想起那些故事。”尼古拉·特斯拉也有同样的想法，他这样猜想：“应该可以做到将感知到的任何物体形象都投射到屏幕上并且可以看到。这样的一种进步会对所有人类关系有着革命化的影响。我相信这一奇迹可以并将会在不远的将来达成；我还要说我已经为这一问题的解决提供了很多想法。”

无数的科幻爱好者已经很好地描述了这种图像融合的思想，如《星球大战》（*Star Trek*）中的“共感”，以及探索替代性虚拟经历的《末世纪暴潮》（*Strange Days*）。但无论好坏，还没有谁能够将这样的科学幻想变成科学现实。我们仍然还是处于那种要通过其他媒介才能解读大脑中形象的“原始”阶段，不管这种媒介是文字、音乐、动作、模型、图画、表格、雕塑，还是数学专著。也许我们不该抱怨，对于直接形象化能力的缺失，我们还欠缺一个相对应的表达工具世界。

几何形象化问题解决方法如图 4-4 所示。

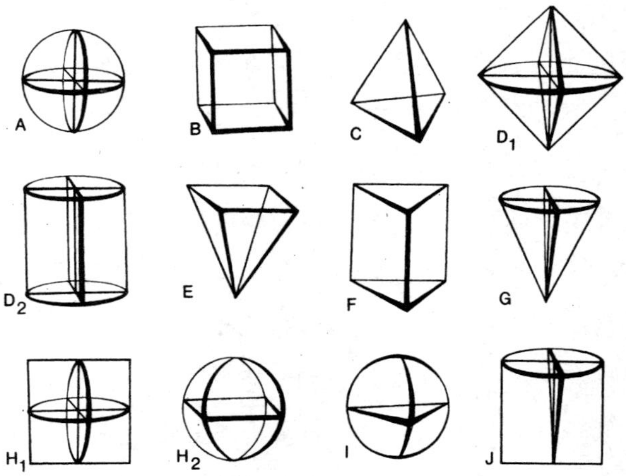

图 4-4　几何形象化问题解决方法（注意有的问题有不止一种解决方法，你可能会发现更多）

附录　关于代数与几何的思考

费恩曼说要以几何的方法来对待代数问题，霍伊尔说要用代数方法来看待几何问题，这样的说法我们要如何去理解呢？举个具体的例子来说明。

有一个经典的语言问题是说一个人划船时帽子掉到了河里，这条河以每小时 3 公里的速度向下游流动。而他向上游行进的速度是每小时 2 公里。他是在帽子掉进河里半小时之后发现的。如果他这时开始掉头以同样相对于河流的速度向回滑行，要多久之后才能取回帽子呢?

这个问题的代数方法是将关键参数抽象化，然后建立一个等式来解出未知数。帽子是掉下之后以每小时 3 公里的速度移动 0.5 小时，所以它向下游移动 1.5 公里。因此这个人在发现帽子丢的时候与帽子之间的距离是 2.5 公里。他掉头滑行。如果向上游滑行速度是 2 公里/小时，那么他与河流的相对速度应该是 5 公里/小时，所以如果他以同样速度向下游滑行，他的总速度应该是 5 公里/小时加上河流速度的 3 公里/小时，就是 8 公里/小时。而同时帽子仍然在以 3 公里/小时的速度向下游移动。将此人取回帽子的时间设为 t，那么他要取回帽子所花费的时间是（8 公里/小时）t=2.5 公里+（3 公里/小时）t，这个人和帽子之间的距离加上他划船追帽子时帽子移动的距离。解出等式可以得到（8 公里/小时）t−（3 公里/小时）t =2.5 公里，也就是 t=0.5 小时。

这个问题的几何方法则是对全过程的视觉化想象。一个好的视觉形象者就会发现这类问题可以用一个简单的相对论技巧就能够解决。不去想象一个人划船向上游移动，你可以将小河想象成一辆快速前进的火车。假设你在走过那些与火车朝同样方向前进的汽车时不小心掉了帽子。你走了 30 秒才发现帽子丢了。然后你向回走，在找到帽子之前要不停地经过那些汽车。如果你一直保持速度不变地行走，要花多长时间才能走完这段距离？很明显是 30 秒。火车或者河流在与地面相对移动这个事实与物理问题并没有关系。将河流看成一列火车，将船上的人看成在河流/火车上快速行走，这样就像前面一样得出了我们这个问题的答案是 30 分钟。

虽然代数和几何方法都可以清楚地得出相同的结果，但所用方法却完全不同。代数学家可能会抱怨几何学家没有证实他们的答案，因为没有明显的计算或者定理。另外，几何学家也可能会抱怨代数学家在答案十分明显的时候还非要去计算。大多数人都只喜欢一种方法而完全不愿意使用另一种。

爱因斯坦和费恩曼的难题就是他们的想法是从几何学家角度进行的，却要对以解析、代数的形式得到的结果进行交流，以满足物理证明的需要。霍伊尔的问题则是其代数公式对于像盖勒那样的视觉几何学家没有明显的意义，盖勒的天文物理研究是用来测试她的理论的。很少有人能够自如地在两种方法间转换，但这样的转换常常是新突破的核心内容，也是我们要在第 14 章——转换中所要扩展的内容。

05

抽象化

在现实生活中，抽象化事物司空见惯。人们都曾观赏过抽象派艺术作品，都阅读过书刊文章的摘要，还会将想法和理论称为抽象化概念，因为它们并不具备完整而具体的客观存在形式。然而，人类对于抽象化的思维过程却知之甚少，大多数抽象化思维的产物也并未得到认可。下面的这项挑战可以帮你更好地认识到上述情况的真实性。请先把这本书放到一旁，并充分调动想象力，对橙子进行抽象化提炼，方式越多样化越好。然后，以同样的思维方式对人类进行抽象化提炼。当你绞尽脑汁完成了这项挑战之后，再继续本章内容的阅读。

如果你对这项挑战感到茫然无措，既不知从何入手又不知怎样深入，请不要灰心沮丧。因为根据过往的经验判断，即使对于专业的艺术家、作家及教师来说，要完成这项挑战也并非易事。虽然他们能辨认出具有抽象化特征的事物，却无法解释抽象化特征的形成原因，更谈不上进行极具想象力的抽象化创作了。大多数人对于上述挑战的解答都会落入视觉抽象化的窠臼：橙子就是涂满橙色的圆圈；由线条勾勒而成的简笔画或者无躯体部分的笑脸则代表了人类。甚少有人从其他方面入手对橙子或人类进行抽象化提炼，如从运动、听觉、味觉或触觉方面，更不用说从上述两个对象的化学构成或者它们分别在生物链中所扮演角色的角度进行思考了。也几乎没有人选择绘画之外的其他媒介手段进行抽象化提炼，如音乐、舞蹈、文字或数字，虽然它们与绘画具有相同的表达功能。显而易见，抽象化是一种不易理解的思维过程。

也许下面这些名人的例子可以更好地帮助你理解抽象化思维过程。首先，我们以毕加索和他的一幅作品为例进行说明。1927 年，他为正在做毛线活儿的情人玛丽·泰雷兹·沃尔特画了一幅速写（见图 5-1）。这幅速写完整地记录下当时的情形，包括正在作画的毕加索本人，甚至包括他作画所用的那块画布。这也是毕加索最喜爱的绘画主题之一，即通过绘画作品本身来表现绘画的过程。尤其值得一提的是，寥寥几笔看似杂乱无章的线条就勾勒出了玛丽·泰雷兹的肖像。毕加索的这种抽象化思维过程是非常具有启发性的。他究竟要表达什么呢？

图 5-1　《画家和模特》（*Artist and Model*）（巴勃罗·毕加索作品集，1932）

几乎与此同时，物理学家查尔斯·汤姆森·李斯·威尔逊拍摄了一组有关于亚原子粒子的照片（见图 5-2）。尽管大多数人理所当然地认为粒子在照片中所呈现的应该是一团团杂乱无章的聚合体，但事实上威尔逊的照片所呈现的内容与毕加索绘制的玛丽·泰雷兹的肖像有着异曲同工之妙：照片中的粒子轨迹呈现为一束束具有立体效果的螺旋花纹，看起来像一堆形状怪异的弹簧。这些照片最终为威尔逊赢得了诺贝尔奖。但是，这些图像究竟与原子有怎样的关联呢？

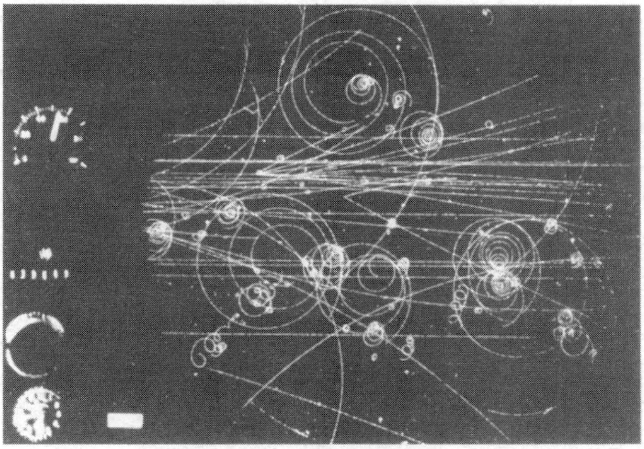

图 5-2　气泡室里的粒子轨迹（1970）

作为毕加索的粉丝和艺术追随者，爱德华·埃斯特林·卡明斯在几十年之后也进行了极具毕加索风格的高深莫测的创作，只不过其作品的表现媒介由线条变成了文字。以下就是他的诗作：

孤　I
（一片　l（a
树　le
叶　af
飘　fa
落　ll
了）　s）
零　one
零　l
iness

显而易见，卡明斯的诗歌与毕加索的画作和威尔逊的照片具有相似的抽象性，其理解难点就在于这些作品都是通过简单至极的形式进行表达的，乍看之下似乎没有结构可言，理解起来也无从下手。只有当受众从画家、科学家和诗人的角度了解他们的专业追求，才能明了这些作品的真正内涵。卡明斯的这首诗歌与毕加索的画作《画家和模特》在抽象化方面具有惊人的相似性，只不过他采用的表达方式是文字，就如同打雷是闪电的声音表达形式一样。与此同时，威尔逊的照片也可以理解为卡明斯的诗歌及毕加索画作的后像表达形式。上述三者的共性就在于，他们都是经过观察和思考之后，在各自的领域里去除所有其他元素而保留了唯一至关重要的因素。他们分别将繁复的视觉性、物理性及情感性概念缩减至最为直观凝练的意象，通过这种简洁性阐释了纯粹的力量。换言之，他们都是在使用抽象化的思维方式进行创作。

物理学家维尔纳·海森堡将抽象化定义为“从单一视角对某一个或某一类事物进行分析研究而摒除该事物其他所有属性的可能性。抽象化的本质在于从研究对象的所有属性中筛选出那个在特定视角下最具代表性的特性”。这个定义可以广泛应用于各个学科，毕加索在阐述抽象派绘画的目的时曾说：“以裸体画为例，我并不想把裸体原样照搬到画板上，而是只保留胸部、手足或者腹部。然后找到合适的方式将这些部位描绘出来——仅此而已。”换言之，毕加索旨在筛选出那些能够形成认知的最小化视觉刺激元素，只将这部分元素呈现在画板之上。如果说海森堡探寻的是自然科学的法则，那么毕加索探寻的则是视觉语言的本质。

理解毕加索为玛丽·泰雷兹所绘制的这幅抽象画的关键在于：他所做的抽象化是筛选出模特的某一种相对隐性的属性而非保留其全部属性进行绘制。在这幅画中毕加索选中了模特所处的空间而非模特本身。这是由于当时玛丽·泰雷兹正在做毛线活儿，那么毕加索所要呈现的就是一个动态的模特而非常规意义上的静态写生，这也是解读这幅画的重中之重。玛丽·泰雷兹手中的棒针翻动飞舞，她还要时不时地调整一下毛线团的位置，如果毛线团掉到了地上还要弯腰去拾起来，她还要不时地参照一下针织图样。因此，毕加索只是运用线条勾勒出玛丽·泰雷兹的头部、手肘、肩膀及身体在这个特定空间中运动的轨迹，就好像他在玛丽·泰雷兹身上粘贴了发光标记，随着她身体部位的运动而在空间中留下了一连串的线条。需要指出的是，其他领域研究动态规律的人士也是采用这种抽象化的方法进行记录的（详见下文）。动态模式通过此种方法的抽象化提炼之后就形成这种复杂深奥的图画。一方面，毕加索作品中那些现实主义的自画像及肖像画表明他完全有能力通过现实主义的手法为玛丽·泰雷兹绘制肖像画，这幅抽象画只是说明他并不想采用这种因循守旧的手法进行创作。另一方面，毕加索的这幅抽象画只是独辟蹊径地以更为有趣而出乎意表的方式展现了玛丽·泰雷兹在那个特定空间的真实运动状态。毕加索试图通过这幅抽象画传递这样一种信息：现实主义的手法表现的是那些未经思维过滤的表层现象。绘画时不仅需要用眼睛看，更需要动脑思考！这样才能找到那些隐藏于事物显性属性之下的隐性特征。要用心去感受这个世界！

用心感受这个世界也是理解威尔逊照片的关键所在。在这个案例中，首先要介绍一下威尔逊为了捕捉照片里那些奇特意象所运用的技术。为了研究云这种物质的构成，他发明了一种名为云室的设备。简言之，威尔逊在一个附有活塞的特制盒子内部使水蒸气呈现出饱和大气的状态。一旦拔出活塞，盒子内部的水蒸气就会因为气压和温度的降低而凝结。作为一名物理学家，威尔逊的研究重点在于能够形成云这种物质的最佳环境。然后他很快地发现离子（带电粒子）极其有助于云物质的形成。之后他发现类似电子和质子这类亚原子粒子一旦通电就会促使云室内的水蒸气凝结，并且使这些微小的水滴留下运动轨迹。如果将整个云室放置于一个强磁场之中，就可以通过亚原子粒子在强磁场中的扭曲方向判断出其所负载的是正电荷还是负电荷。如同毕加索所描绘的是玛丽·泰雷兹在特定空间中的动态轨迹一样，威尔逊照片所呈现的也非粒子本身，而是带电原子片段在强磁场中所留下的运动轨迹。从上述两个案例，我们可以推断出物质的物理属性和动态属性，其不同点在于威尔逊的实验结果是以提取物而非肖像画的形式呈现的。

卡明斯诗歌所表现出来的抽象化非但不亚于毕加索的画作及威尔逊的照片，而且与后两者具有很强的相关性。作为中国表意文字拥趸的毕加索曾经说过："如果我生长在中国，就会成为一名作家而非画家。我会用汉字来绘制图画。"威尔逊的盛名也有赖于其促使亚原子粒子在云室内壁上"书写"自身的运动轨迹，同理，卡明斯能够赢得诗人的美名很大程度上是由于能够运用文字来进行"绘画"。值得一提的是，他使用的还是英语这种字母文字，而非汉语这样的表意文字。

理解卡明斯的这首诗歌，不仅要从文字入手，还要从这些文字所构成的意象来思考。首先，这首诗歌以小写字母 l 开头，也是整首诗的第一行，而这个英语字母又与阿拉伯数字 1 具有相似的形状。这种兼具字母和数字双重意义的表达形式就是卡明斯这首诗歌的精髓所在。他还对这首诗歌的文字排列结构做出了独具匠心的安排，并为自己这种具有抽象化特质排列结构的诗歌写作命名为"诗歌画”。也就是说，读者在理解这首诗歌时不仅要阅读文字所表达的内容，还要同时理解其独特的字母排列结构所构成的图画。然后说说括号内的文字“一片树叶飘落了”。由于卡明斯采用了一个字母占一行的排版结构，就迫使读者的目光在阅读时不停地上下徘徊，从而将这些纵向排列的零散字母连贯成词语和句子。这样一来，读者在获得字面意思的同时，也同时获得了类似观察树叶从上至下飘落时的视觉体验[卡明斯还将这种需要读者在阅读诗歌时不停上下游移目光的写作技巧应用于其他诗作中，可参见其诗歌《草蜢》(*Grasshopper*)]。其次，这首诗歌的第七行出现了单词“one”。由于其文字意义是“一”，可以理解为是对开篇大写字母 L 所兼具的数字意义的重申；第八行再次出现了小写字母 l；最后一行则出现了字母组合“iness”。值得一提的是，如果将此处的小写字母 i 替换成开篇的大写字母 I，即“I-ness”(其中 ness 在英语中是表示名词的后缀)——从字形意义上“I”也表示“一”，这个字母组合的文字意义就是单个、孤独。同时，它的排列结构也形象地表现出一片树叶脱离树干独自飘落的意象。最后，将这首诗歌中第一行的小写字母 i，第七行至末行的单词 one，小写字母 i 及字母组合 iness 连贯起来进行阅读(略过括号里的内容)，则形成了单词“loneliness”，意为“孤独”，即一片树叶告别树干上众多其他的同伴独自飘落的孤单意境。需要指出的是，卡明斯在进行诗歌创作时经常自创新词。从这个意义看，只截取该首诗歌括号后的部分进行阅读，新词“oneliness”(“一”的名词形式)的词义为“一人独处”。纵观整首诗歌的文字排列结构，其图像形状再次形成了阿拉伯数字 1。换言之，该首诗歌的总体文字排列结构从图像意义上再次重申了主题“单一”“孤独”和“一人独处”的隐含意义。由此可见，卡明斯运用精简至极的文字传达了深厚的意义。

奇怪的是，尽管所有抽象化的表现形式都精简至极，但毕加索的画作、威尔逊的实验照片及卡明斯的诗歌之所以堪称抽象化佳作，就在于此类作品都能通过精简至极的形式表达出事物隐性的属性和关联，同时还能传递出新颖多样的见解和意义。此外，经验表明，越是精简凝练的抽象化作品，越难以理解或创造，同时越能够传达出重要的见解。数学这门完全由抽象物造就的学科就是这方面最为恰当的例子。由于数字的概念打破时间、地点的限制而被广泛应用于各类事物，因此，被称为人类抽象化思维的最高级表现形式。数字化操控可以完全脱离现实的束缚。正因为如此，计算机才能在当今世界获得如此广泛的应用。“空无一物”可以抽象化为数字 0。计算物理学家保罗·迪拉克认为，“任何领域的抽象概念都可以用数学加以解决，在这方面没有任何一个学科具有如此的优越性”。数学家飞利浦·戴维斯和鲁本·赫什则直言抽象化本身“就是智慧的体现，甚至是智慧的代名词”。

科学理论和原理就是抽象化思维强大而富有洞察力的体现。例如，万有引力场内的任何物质都可以抽象化为质点（拥有客观物质所有质量而又无穷小的点），不论该物质的形状、尺寸、密度、颜色、质地、稠度及构成如何。比如，物理学家可以把老鼠的腿部抽象化为一根弹簧，而老鼠的身体就是置于这根弹簧顶部的一个质点，再通过特定公式的运算就可以准确得出这只老鼠可以跳多高（见图 5-3）。同理，诸如速率、加速度、温度、密度之类的抽象概念也可以打破空间的限制从而被广泛应用于世间万物。如同毕加索为玛丽·泰雷兹绘制的抽象派肖像及威尔逊捕捉的亚原子粒子的运动轨迹，科学理论和原理的抽象化处理对象依然是物质的那些隐性属性。科学家在进行抽象化思考的时候同样需要打开“心灵之眼”去感知这个世界而尽量略过肉眼所能看到的事物表象。

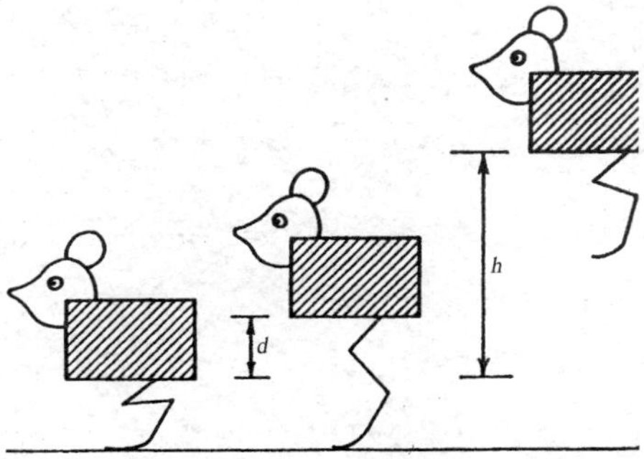

图 5-3　弹跳哺乳动物的抽象化表现形式

如此说来，语言的运用也是抽象化思维的体现。诸如爱情、真理、荣誉和职责之类的词语所指代的都是非常抽象的概念。书写能力就是从冗长的相关文本中提炼出类似的抽象词语，再将这些词语连接成语句。文学的抽象性显然更为复杂，如同塞缪尔·约翰逊所言：“诗人的任务……是观察某一个群体而非其中的个体；

是描述事物的共有属性和宏观体现。……（为达到上述目的，诗人）必须忽略掉那些不具备群体共性特征的细微差别。”小说家薇拉·凯瑟指出，大量的文学作品就是通过抽象化表达而非直抒胸臆的方式使主题获得了意在言外的韵味。她认为：“不妨这样说，文学的创造力就在于那些未曾直接言明却又能被读者感受到的情愫。上乘的小说、戏剧及诗歌必须使读者获得如下的体验，如无可名状又若有似无的感受、富有深意的弦外之音、词句所蕴含的情感色彩及事实或行为所造就的心理氛围。”她还总结道：“文学艺术的最高境界就是文字简化的过程……事实上，这也是各种一流艺术处理手法的精髓所在，即先找出该事物的普遍存在形式，再区分出那些无碍于保留事物整体性的细节。”

肢体语言也是抽象化思维的一种具体体现。事实上，肢体语言在打破文化差异所带来的界限方面与代数有着异曲同工之妙。当口语交流失效的时候，人们往往会诉诸肢体语言进行沟通。面部表情、打手势以及肢体动作还可以表达内心深处的想法。人们还创造了诸如看手势猜字谜之类的游戏来测试肢体语言的表达能力，当然一般人的水平并不高，因此，马歇·马叟那令人叹为观止的哑剧表演才会赢得众多掌声。人们还会自掏腰包去欣赏各种以艺术语言为媒介的演出，如日本能剧、西方的芭蕾舞剧或者现代舞剧。在此类艺术表演中，往往是通过手势或者动作来传达抽象性的意义。玛莎·葛兰姆认为其舞蹈作品《阿帕拉契亚之春》（*Appalachian Spring*）的主要特质就是高度抽象化的舞蹈语言。奥斯卡·施莱默则在写给朋友奥托·迈耶的信中说道：“我发现抽象化的思考反而能使人更为敏锐地感知现实世界。”纵观包括舞蹈在内的所有学科，只有抽象化的处理过程才能直达研究对象的本质并同时简化相关概念，从而释放出如雕塑家亨利·摩尔所说的那种“极致的直观性和凝练感”。

这种至关重要的直观性在日常生活中俯拾即是。人们可以将伟大的交响乐及流行歌曲进行抽象化处理，然后以吹口哨的形式表现出来，而这种抽象化处理就是将散落于繁复乐章中的主旋律提炼出来的过程。人们还可以将一本刚刚读过的好书简化为一篇短小扼要的总结。而当人们试图从《电视指南》（*TV Guide*）或者报纸的剧情简介中找到自己喜欢的电视节目时，就是在直接享用抽象化思维的产物。人们也是依据报纸杂志上那些高度凝练的内容提要来确定是否要阅读一篇文章。学生们在学习古典文学的时候往往需要借助那些专业书摘作者的专著以提前了解这些大部头的基本内容。比如，阅读类似《克里夫笔记》(*Cliff Notes*) 这样的著作就可以对莎士比亚戏剧有一个基本的了解。讽刺漫画也是对现实生活的一种抽象化处理，同理可见人们的姓名缩写。历经岁月积累下来的经验和智慧可以凝练为寥寥数语的名言警句，比如“小洞不补，大洞吃苦”，这再次体现出语言的抽象化能力。

由于上述的抽象物（数字、词语、手势）在日常生活中司空见惯，反而显得无甚特别之处。事实上，大多数人的抽象化思维水平只停留在知其然不知其所以然的层面。如同我们在面对自己无法解决的难题时会寄希望于“我的孩子知道怎么办”。我们往往忽视了这样一个事实：虽然大多数人可以学习如何使用一种抽象物，却极少有人能够创造出一种全新的抽象物，如发明一种新的算术方法、发现一套新的自然法则、创造一种新的速写方式、开创一种新的手势语或者描述人类情感的本真状态。要实现上述突破实非易事，所以可供人们使用的抽象物还非常有限。毕加索曾经反复提及自己在揣摩如何运用简单、直接的方法进行绘画时所经历的痛苦。他不得不从零开始一步步地学习这种由繁入简的抽象化过程。爱德华·埃斯特林·卡明斯的笔记也显示了他是如何穷尽心思地尝试以取得那种凝练效果的。如此说来，观察并传达客观世界的复杂和困惑是多么简单的一件事情！

确实如此，对于任何一门学科来说，抽象化都非易事。许多著名小说家（如耳熟能详的马克·吐温和厄内斯特·海明威）都曾经为自己手稿的繁复冗长而专程向编辑写信致歉，他们表示如果时间充足，能够将其作品长度减半。温斯顿·丘吉尔曾说自己可以用 5 分钟准备一天的演讲，却得用一天的时间去准备一个只有 5 分钟的演讲。诗人埃德温·阿林顿·罗宾逊步入老年之后将创作重心从短诗转移到长诗写作，究其原因，他说道，“我已过了花甲之年，创作短诗太耗费心神”。如上所述，写作的本质是学习如何识别出那些多余的词句并加以删改，而非练就堆砌辞藻的本领。教师普遍认同，相对于那些具有一定基础知识的学生来说，零基础或刚入门的学生更难教，因为基础知识很难简化并掌握。与之相似，精简至极的科学论文往往因为篇幅过于短小精悍而显得无关紧要。但是科学论文的写作是极具挑战性的，哈佛大学生物学家乔治·瓦尔德在拜读了诺贝尔奖得主阿尔伯特·圣捷尔吉一篇极具个人代表性的、简洁明快的科学论文之后向其感叹道，“这篇论文是如此短小凝练，你在写作的过程中一定汗流浃背”。

瓦尔德的话正中要害：繁复事物的表征往往趋于简化。这不仅适用于科学论文的写作，同样适用于科学原理的应用。各个自然学科的基础教学阶段就充分体现出这个饶有趣味的现象：初中生所使用的自然学科基础教材所采用的往往是那些如雷贯耳的大科学家的研究成果，如伽利略、牛顿、达尔文、巴斯德、孟德尔、居里夫人、沃森、克里克。但是，只要稍加思考就能明白这种反差的个中缘由。按照常理推断，自然科学发展历程中的那些重大发现应该是复杂难懂的。但事实上，这些重大的科学发现却以简洁至极的形式表现出来。物理学家、发明家米切尔·威尔逊在半个世纪前曾写道：“让我来告诉大家如何成为一名伟大的科学家。你无须弄明白那些复杂深奥的事物。与之相反，你只要能够把它们从大千世界中分辨出来，然后在某个瞬间顿悟，找到这些繁复表征下隐藏的那些朴素真理。你所要做的只是挖掘自己提炼朴素真理的能力。”

基础理论都源于那些朴素真理。如同卡明斯的诗歌可以从大写字母 I、小写字母 l 及阿拉伯数字 1 进行多方面阐释一样，基础理论都具有阐述的多样性和应用的广泛性。通过简化手段完成的抽象化思维过程旨在找出人类认知及大自然之间的那些连接性和关联性。但是透过客观世界的繁杂表象找到其中蕴含的朴素真理绝非易事。如同毕加索所言，“极端抽象化的作品才是对客观世界的最佳反应”。维尔纳·海森堡也曾写道：“发掘事物普遍性的过程就是抽象化的过程。更确切地说，这两者之间是成正比的，因为越发丰富的个体多样性，才越发能够成就精准的普遍性。”理查德·费因曼在其笔记中言简意赅地指出，“繁杂表象—简洁法则……需要做的只是剔除那些非必要的因素”。

了解什么是抽象化及其重要性还远远不够。我们还需要去学习如何在纷繁复杂的表象下找到那些朴素真理。如何才能达到这样的目标呢？所幸的是，我们还可以从个中高手留下的只言片语中找到这个问题的答案。大多数人在探索抽象化方法时所犯的错误就是从直接略过客观事实着手。由于非写实性奥普绘画得名的艺术家布丽奇·黎蕾指出，真实的客观存在才是抽象物的基础。作家、艺术学讲师布莱恩·罗伯森曾对黎蕾说道：“我很喜欢格特鲁德·斯泰因在其小说《艾丽斯·托克拉斯自传》(*The Autobiography of Alice B. Toklas*)中的一句话，‘我喜欢那些赏心悦目的风景，但我享受它们的方式是背对其而坐’。我认为这也是众多抽象派艺术家揭示大自然的最佳方式。”黎蕾则幽默地回答道：“她透露天机，应该拉出去枪决。”观察自然风景是艺术家进行抽象化的第一步，也是最为重要的一步。黎蕾的绘画目标是“在脱离那些能够激发观者情绪具体事件的前提下唤醒观者的感情认知”，但即使对于此类艺术家而言，也需要先行体验并理解情绪活动，然后才能对其进行抽象化处理。

毕加索也曾告诫其同行，“画抽象画必须从客观现实入手……总要以某种现实为依托。此后再将现实的蛛丝马迹剔除出去。无论如何，这与事物的本质并不发生矛盾，因为抽象化处理之后留下的反而是事物最不可或缺的特质。也就是说，现实的客观存在才是画家的出发点，才能激发画家的灵感并调动画家的情绪”。毕加索不仅是这么说的，也是这么做的。毕加索颇负盛名的系列版画作品《公牛》(*The Bull*)(见图 5-4)中的第 1 版就是一幅以现实主义手法绘制的公牛形象。然后他将公牛的现实主义形象进行了多次平面化处理。在进行平面化处理的过程中，他渐渐发现公牛身体各个部分的外部轮廓最能体现其形体，于是只保留了这些局部性轮廓的线条。然后，他又将这些明快的轮廓线条做了删改，最终只留下了公牛的外部轮廓线条。虽然只有寥寥数笔，却保留了公牛形象的精髓。以公牛的头部为例，第 1 版中那些复杂翔实的笔法在最后一版中全部消失，公牛的头部被抽象为一个无足轻重的小圆圈。但观者还是能轻而易举地看出这是一只公牛的形象。毕加索认为公牛形象的表现重点在于牛角之类的简洁特征而非公牛头部的尺寸和形状。这些本质特征在前几版的现实主义创作阶段还未显现出来。此外，如果说毕加索在这个系列版画中凸显的是牛角这种隐性特征，那么兰迪·罗森 1978 年出版的《画册》(*Prints*)中收录的罗伊·利希滕斯坦的作品则侧重表现了公牛的其他特质。同样以公牛为表现对象，利希滕斯坦采用有别于毕加索的方法进行了抽象化处理，从而揭示了牛角之外的一些隐性特质。

注：顺时针方向从左上图开始分别是第 2 版、第 4 版、第 8 版和第 11 版。

图 5-4　巴勃罗·毕加索《公牛》(1946)

作为一种思考技巧，抽象化的用途也是多种多样的。正如上述两位画家采用不同的抽象化手法表现公牛的形象一样，采用不同方法对同一个客观存在或概念进行抽象化处理所彰显出来的隐性特质也是不尽相同的。艺术家对同一对象的哪个特质进行观察和简化处理左右着其作品之间的差别性。例如，画家阿尔斯沃茨·凯利 1973 年的作品《红色和黄色三角形》(*Yellow with Red Triangle*)就很好地诠释了其对于色彩和平面化手法的侧重。在这幅作品中，一个稍大一些的浅黄色斜长方形连接着另一个稍微小一些的红色等边三角形。当被问及这幅精简至极的抽象画的灵感来源时，凯利说道："我看到工作室附近一幢建筑，对其进行抽象化处理后就产生了这两个平面图形。那幢建筑的斜面屋顶简化为画中斜线上的黄色长方形，而侧面的屋顶窗就简化为画中的那个红色三角形……对于目所能及的事物，我观察思考的侧重点都是这两者之间的关系——形式和色彩。然后我在将这两者简化到至极。"尽管每位画家所持的观点和立场不尽相同，但是他们的观察、描摹和绘制都是以"客观现实而非个人臆断"为基础的。对于凯利来说，抽象画的本质就是揭示其观察对象的形式与色彩之间的最简化关系。

亨利·马蒂斯则采用了另外一种极具个人风格的方式进行抽象化艺术创作。其晚年深受慢性病的困扰，卧病在床从而不得不放弃绘画创作。尽管如此，他还是惊喜地发现自己可以灵活地操控剪刀，并最终成为著名的剪贴画大师。其蜗牛组图（见图 5-5）很好地阐明了他的抽象化方法。与毕加索类似，马蒂斯完全能够驾驭现实主义的表现方法来表现蜗牛，但他通过剪裁开创了一种全新的抽象化方法。他的灵感来自大胆的想象：如果沿着蜗牛壳上的纹路将其剪开，再铺展成平面会怎样？此外，他还曾尝试用互相咬合的纸团来表现蜗牛的形象。不论是平面化还是立体化的剪纸作品，马蒂斯都是着眼于蜗牛壳进行艺术创作的。

图 5-5　亨利・马蒂斯 1952 年、1953 年剪纸作品《蜗牛》（*The Snail*）的素描图样

从马蒂斯、凯利、毕加索及利希滕斯坦的创作中我们可以得出如下结论：不同艺术家可以对同一客观存在做出不同的抽象化创作，但是其共性在于都能揭示出该事物的某种隐性特质。换言之，客观现实就是所有相关抽象物的总和，而在发掘事物潜在特质的过程中，人类才能对其进行更深刻的理解。科学家也是遵循着上述程序在探索大自然的奥秘。与马蒂斯一样，“剪切”也是生物学家最为常用的一种研究方法，也就是说，生物学家所做的就是将研究对象切割成不同形状的单位以揭示该事物的基础结构。因此，19 世纪以亚萨・格雷为首的众多植物学家采用了分类目次的方法来甄别各种花卉，当然，其中任何一类花卉都不是以我们肉眼所见的常规形式呈现出来的（见图 5-6）。以菠萝为例，植物学家为了得出其在不同生长阶段的果实结构，采用了与马蒂斯处理《蜗牛》剪纸作品一样的方法：先横向剖开其表皮，再将其平铺（见图 5-7）。通过这种抽象化处理之后，菠萝果肉看似杂乱无章的井网状格子以一种隐性的有序排列模式显现出来。更进一步，数学家能够以此为基础推导出这种排列模式的方程式。当然，数学家在推导过程中还借用了斐波那契整数数列。该数列以 0 和 1 开头，以前两者相加得出下一个数字，依次类推，此数列表现为：0,1,1,2,3,5,8,13,21…这组抽象的数列已然为我们揭示出了自然界最为普遍的一种排列模式。应用于生物领域，菠萝果肉的井网排列模式就呈现为另外两组数据的比率关系，即网格小节（21 小节）出现两次重合之间所围绕其果实螺旋环绕的次数（8 次）：8/21。此外，斐波那契整数数

列还可以用来揭示松果、花卉及其他自然生物的这种抽象结构排列模式。

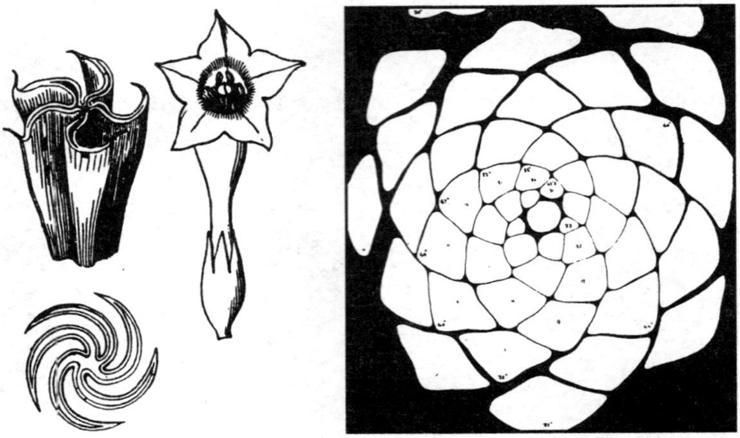

图 5-6　左图：《曼陀罗》(*Stramonium*) 植株、花冠以及花冠横截面；
右图：产中期菠萝顶冠横截面

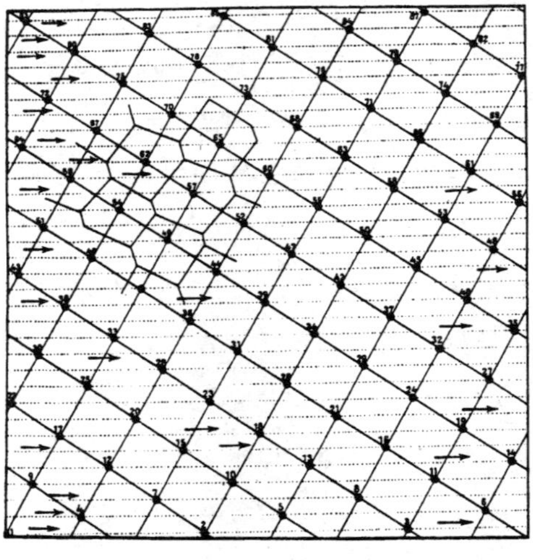

图 5-7　菠萝果肉井网排列模式分析

下述这些抽象化作品涉及发明、科学和艺术三个不同领域，说明抽象化思维方式不仅能够打破不同学科之间的界限，也显示出了很高的相似性。作为 20 世纪最为重要又具有革新性，同时对于很多人来说有些不可思议的绘画作品之一——马塞尔・杜尚的抽象画《下楼的裸女》(*Nude Descending a Staircase*) ——被视为埃德沃德・迈布里奇等人士在长达一个多世纪的时间里众多相关研究的集大成之作。迈布里奇在 1878 年着手研究一个看似简单的问题：奔跑中马匹的四只马蹄是否在某个瞬间是同时离开地面的？肉眼的直接观察是无法得出该问题的答案的。研究者对于这个问题的答案无法达成共识，而在迈布里奇提出其极具创造性的解决方案之前这个问题的各种答案也一直缺乏证据支持。迈布里奇首先想到的是需要对奔跑中的马匹进行定格拍照，这一步骤可以通过当时刚刚问世的照相机来解决。但是，如何对于奔跑中的马匹进行瞬时连续定格拍照以证明其四只马蹄是否同时离开地面的却成为难题。当时已经问世的各种照相机还无法实现这种拍摄，迈布里奇灵机一动，开创了一种新的照相方式。他架设了一组照相机，并对其进行了定时拍照的时间设置，这样，这组照相机就能以几分之一秒的瞬时间隔进行拍照。经过多次的实验，他最终得出了这个问题的答案：飞驰中马匹的四只马蹄在某个瞬间确实是全部离开地面的。而那些定格拍摄的照片为这个结论提供了佐证。

迈布里奇很快意识到自己创造的这种瞬间定格连续拍照的方法还可以用来研究其他物种的运动状态。其后，他如法炮制地拍摄了许多人体运动方面的照片，比如人体在完成体操动作、上床和下床、上下楼梯、跑步、跳跃及其他活动的状态。这些照片被收录到不同的书籍中，经过反复的重印及翻译，在世界范围内得到了认可（其中的一张照片见图 5-8）。

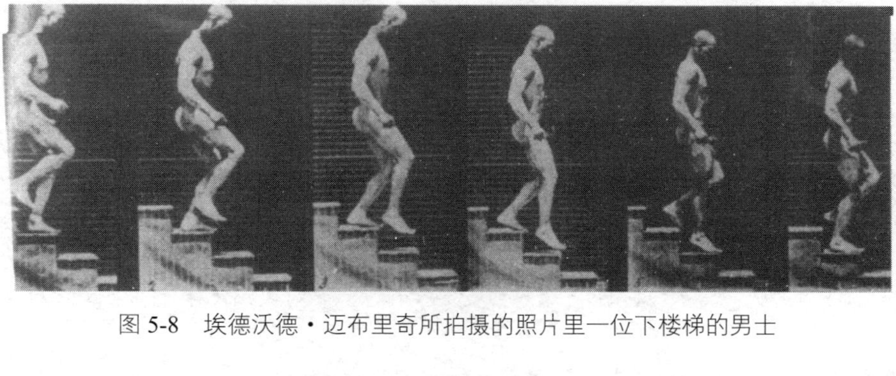

图 5-8　埃德沃德·迈布里奇所拍摄的照片里一位下楼梯的男士

但是上述研究方法还未触及抽象化思维技巧：迈布里奇只是采用新奇的方法将肉眼所见的客观事实予以记录。他只是从最精细处着手体现现实世界，但是他的这种技术却为后来者提供了一种全新的可能性。其中最为著名的要数法国生理学家艾提安·朱尔斯·马莱。作为一名在记录和分析动态研究方面饶有成就的学者，马莱很快意识到如果应用于科学研究领域，迈布里奇的摄影作品显得太过杂乱无章。马莱的研究重点是人体在运动过程中诸如骨架及关节这类关键部位所处的位置。他让模特穿着全身式的黑色套装，并在套装上的相关位置标注出白色的线条和大的圆形白点分别代表人体大腿部分的骨头结构及关节。然后他让模特在一块黑色背景前移动并对其进行拍摄，直观呈现出来的就是无人体实体的点和线的运动轨迹，这就是一种抽象化的研究方法（见图 5-9）。

身着黑色套装的男士

动态人体瞬时定格几何图样的局部

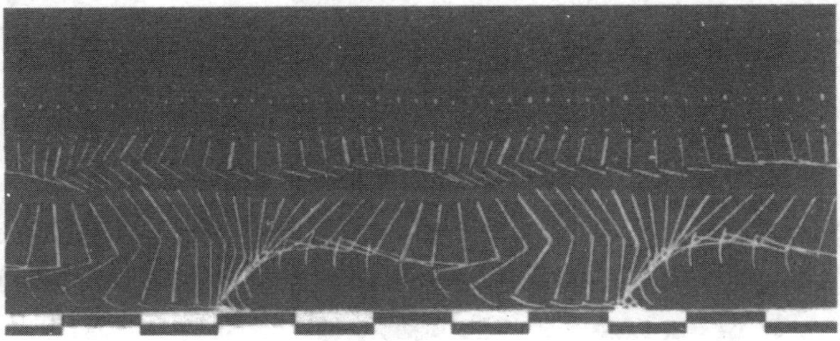

图 5-9　艾提安・朱尔斯・马莱作品

另外一位法国生理学家（也是一位业余的艺术爱好者）保罗・里奇又从马莱的抽象照片中得到灵感。他认为马莱的研究方法具有历史性的突破，为精准地研究人体动态模式中的物理动力提供了可能。他重新翻阅了马莱的照片，计算出人体在运动过程中的作用力，研究了各种动作的重力中心点、相对速率等相关问题。早在启蒙运动时期，哲学家就曾经运用带有类比和抽象化色彩的思维方式将人体设想成一个精密运转的机器。而今，生理学家利用日新月异的技术将这种想法付诸实践，得以研究人体的运动机制。他们将人类的身体抽象化为一个质点，大腿和膝关节被抽象化为杠杆，而运动则被抽象化为动力、速率及加速度。这种抽象化的研究方法跨越了视觉观察的藩篱，得以将想象中的概念转化为某种客观存在。从某种意义上说，里奇只是将威尔逊的云室照片及毕加索的《画家和模特》在生理学的领域进行了重新诠释。事实上，虽然里奇较之于前两者起步较晚，其研究成果却后发制人。具体作品如图 5-10 所示。

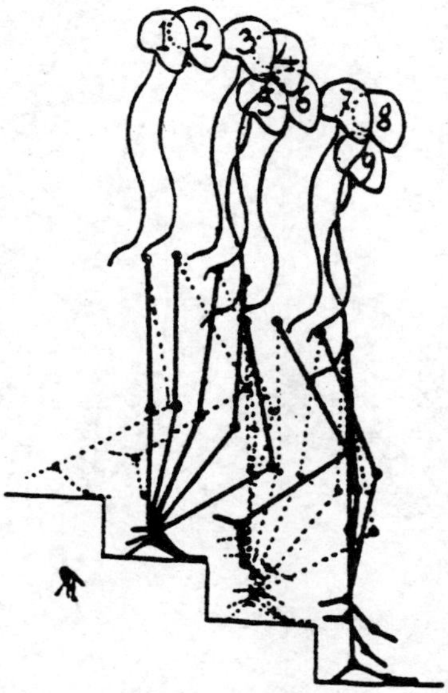

图 5-10　保罗・里奇的作品《下楼梯的人》(*Figure Descending a Staircase*)

这种抽象化的研究方法影响深远。与以迈布里奇为代表的众多生理学家一样，19 世纪末 20 世纪初的画家同样对人体动态的研究甚感兴趣。如何以一种静态的方式有效地将动态对象呈现在画布上呢？迈布里奇的作品显然在这方面提供了一些线索，而画家则在生理学家的研究成果之上进行了更为大胆的探索。其中最具代表性的人物就是马塞尔・杜尚，他用作品挑战了绘画界这个看似不可触碰的雷区。杜尚收集了迈布里奇、马莱和里奇不同版本的作品集，而他们的研究方法也对杜尚产生了显而易见的影响。杜尚的绘画作品《下楼的裸女》的最终定稿就是最好的说明（见图 5-11）。可以将杜尚的这幅作品与其灵感来源，即里奇对于下楼梯的人体所做出的分析，进行对比。对比结果显示，如果观者对于杜尚这幅画作的灵感来源及创作蓝本一无所知，那么就会觉得这幅画太具有颠覆性，甚至令人费解。而一旦将杜尚的这幅作品置身于上述相关领域的研究成果之中，他的这幅抽象画不仅极具深意，而且是水到渠成的。

图 5-11　马塞尔・杜尚 1912 年的作品《下楼的裸女》

由于与杜尚同时代的画家明晰这幅抽象画的创作背景，所以他们不仅能够理解这幅画的创作原理，甚至还能对这种手法进行模仿。因此，其他画家也开始采用多种影像重叠这种手法对动态人体进行绘制，如意大利画家贾科莫・巴拉、翁贝托・博乔尼，以及俄罗斯画家卡济米尔・马列维奇、纳塔利娅・冈查洛娃。毕加索也曾在自己的系列版画作品中尝试这种创作手法。时至今日，这种通过静态二维图画来表现动态的方法已经变得非常普遍，甚至经常出现在连环漫画和广告中。迈布里奇和马莱等人在运动状态领域的深入研究对我们如何观察这个世界产生了深远的影响。事实上，许多技术方面的发明也得益于这两位先锋人物在摄影领域的创新。以电影工业为例，摄影机的问世使快速连续地拍摄同一系列照片并使其连续地投射成像成为可能，其结果就好似这组照片可以连续地“动起来”一样。麻省理工学院教授哈罗德·艾格顿发明了定格摄影机，使快速移动物体的瞬时影像定格拍照成为现实。动画电影制作者则发明了“动态影像捕捉”技术。与迈布里奇在模特套装上标注白色点、线的方法类似，动画电影制作者在演员身体的重要部位上设置了传感器，这样他们就可以通过传输至电脑上的空间信息做出极具写实性的动画形象。舞蹈编导摩斯·康汉宁则将这种方法全盘照搬到自己的舞蹈作品《两足动物》（*Biped*）中。在这个舞蹈作品中，舞者佩戴着动态捕捉传感器，以此将自己的舞蹈动作传输到电脑上，再通过电脑将这些信息转化为动画影像后投射到一块透明的幕布上。与此同时，舞者就在这块幕布后面跳舞。这样就形成了真实的舞者与其经过抽象化处理后的动画自我共舞的情形。

《下楼的裸女》这幅抽象画的创作过程表明，抽象化的思维程序不仅可以在不同学科之间表现出高度的一致性，还可以在不同学科之间产生共鸣和互动。当艺术家发现了一种全新的抽象化表现手法之后，科学家和技术专家可以从中获益。反之，当科学家或工程师发明了一种崭新的抽象化研究方法时，艺术家也往往迫不及待地将其应用到自己的创作中。从抽象化思维的角度来看，科学实验和科学原理与艺术领域的抽象画和抽象派诗歌并无二致。不论是科学家还是画家、诗人，无非是通过摒弃那些表现为不同形式的无关变量，进而从一个庞杂繁复的系统中找到其本质属性。如此说来，不论是科学实验还是艺术创作，都只是提炼抽象化思维成果的一种形式化程序。

准确来说，由于抽象化思维方式所具备的这种共性，学习研究某一特定学科的抽象化方法对于理解其他学科的抽象化思维成果都具有启发性。以写作风格条理清晰、精简凝练而著称的阿尔伯特·圣捷尔吉认为，科学论文写作领域的楷模当属生物化学家奥托·瓦布。当被问及练就如此凝练写作风格的“诀窍”时，瓦布答道，“我只是反复写了 16 遍而已”。圣捷尔吉接受了这项提议，并进行了实践："第一稿，我只是将自己所想的不假思索地全部写了下来。然后我将第一稿放到一边，一个月之后在不参看第一稿的前提下完成第二稿。对照前两稿，有诸多不同之处，我就按照此法再写一稿。直至我完成了第十六稿，才发现没有什么可以改动的余地了。"在圣捷尔吉反复重写的过程中，那些对于其论述无关紧要的字句渐渐消失，最后得以保留的就是紧扣主题的凝练内容了。

这种类似簸去糠皮的写作方法也可以应用于其他领域的文字描述。下面将以本书作者之一（米歇尔）针对同一主题的三个不同版本稿件为例进行详细阐述。其中第一稿（Ⅰ）充斥着其初步的观察和想法；经过初步的删减和修改，第二稿（Ⅱ）将侧重点放置于描述相关的视觉影像和想法；最终，作者从第二稿中选取了一个观点并做出了深入阐述，从而形成了精简凝练的第三稿（Ⅲ）。

水蚀石观察报告

Ⅰ

观察对象是一块表面光滑的湖心石，其表层有一块圆形的凹陷。直观上看来就好像那里面藏着另一块石头，又好像一个圆形的坑洞里呈现出另一种颜色的凸起。此外，这个浅灰色的圆形腐蚀区域里还泛着些微的深灰色。从某个侧面看去，石头表面有一个类似洞穴或孔口的深坑。这个深坑看起来像某种单细胞生物或变形虫的化石标本，其细胞核处于中心位置，其他"部分"以波纹状留存在细胞质中：水波是如何在石头表面留下这些图案的？这块石头还没有我的手掌大，其背面也有着不同形状的纹路，这些线条组成的形状既像南美洲或非洲的地图，也像一把斧头，还有点类似回旋镖。对于这些纹路的形成我一无所知。

Ⅱ

在这块手掌般大小的石头表面有一块圆形腐蚀区，像月球表面的坑洞及恒星上的冰冷物质，其形状呈现类似某个未知区域的地图，或者海洋深处某古老物种的化石标本。这些现象是如何形成的？

Ⅲ

这个变形虫化石标本完整保留了其细胞核和其他细胞质成分，全部构成成分为石头。

文字描述越精简，就越需要融入一些诗歌写作的技法，这是因为每个字都要传达更多的意义。这不仅适用于文学创作，也适用于科学论文的写作。许多科学家都意识到了这一点，即技术性词语及概念往往都具有诗体语言的凝练性。西里尔·欣谢尔伍德在其 1956 年的诺贝尔获奖感言中说道，自己是从化学的角度来研究时间与变化的，但是在呈现其研究结果时，其研究重心却从“自然科学转移到了诗歌创作；由于自然科学的第一要务就是尽可以能地接近真理，那么其本身已经具备了诗歌化的元素”。其他一些科学家也因揭示了化学中的诗歌化概念而得名，如西里尔·欣谢尔伍德的同事，同时也是诺贝尔奖得主的罗尔德·霍夫曼，以及汉弗莱·戴维爵士。约翰·厄普代克的许多诗歌作品也是在探索科学和诗歌的中间地带。与之类似的还有琼·迪格比和鲍勃·布瑞尔所编辑的诗歌及散文优秀作品集《排列》(*Permutations*)(1977)。

圣地亚哥·雷蒙·卡哈尔认为科学观察的抽象化表现与艺术领域的抽象画作品具有高度的相似性。作为一名极具艺术天分的神经解剖学家，一方面，卡哈尔自幼学习绘画，并在 20 世纪初完成了西班牙第一幅彩色摄影作品；另一方面，他所有的大脑解剖分析图样都是亲手绘制而成的。大多数人读到这儿，都认为卡哈尔会把他在解剖过程中所看到的原样照搬到画板上，那人们就大错特错了。卡哈尔对自己手绘解剖图样的过程做出如下解释：他会花费一上午的时间来准备来自众多不同解剖对象、针对其脑部或脊髓某特定部位的切片标本，并按照不同部位依次对其进行观察；吃过午饭之后，他会将自己还记得的部分画出来。然后，他会将自己绘制的图样与实体标本进行对比；在得出二者的不同之处后，再重新依照记忆进行绘制，如此不厌其烦地重复上述步骤，直至他依照记忆所绘制的图样反映出那些为数众多的片段样本的本质特征，对这一部位的分析图样绘制才告一段落。只有通过如此反复修改提炼而来的图样才能反映出人类大脑某特定部位的解剖切片所具有的普遍特质，而非某个个体脑部切片的具体呈现（解剖学通过抽象化手法得来的普遍性是以每个个体存在的独特性为基础的）。图 5-12 为圣地亚哥·雷蒙·卡哈尔的手绘图样。

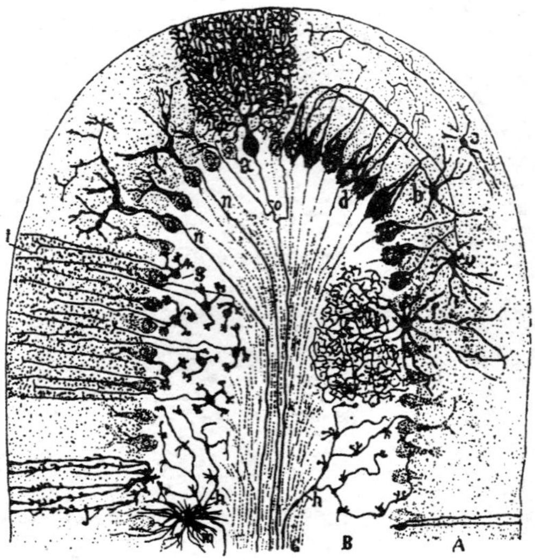

图 5-12　圣地亚哥·雷蒙·卡哈尔手绘图样：哺乳动物小脑典型卷积体的横切面系统

卡哈尔的案例说明了一则古老的谚语，即科学家只是将其所看到的如实记录下来。事实上，卡哈尔的手绘图样是如此精准地反映了神经解剖学的精髓，即使时至今日我们已经拥有了完善的摄影、高超的染色及三维立体成像技术来表现脑部结构，但许多教科书依然乐于采用卡哈尔那些明晰简洁的手绘图样。照片所能表现的是某个充斥着诸多非必要性细节的个体性样本，而卡哈尔的手绘图样所展示的却是，解剖专业学生应该从各自不同的个体性样本那些杂乱无章的细节中抽象提炼的一些共性特质。马蒂斯应该也是这方面的高手，因为他在教授绘画时采用了与卡哈尔一样的方法，他曾说道："我经常跟我的学生说，如果有一天我能创办一个绘画学校，理想的画室应该有三层。只有一层有模特，身处一层的学生可以对照着模特进行绘画。进入二层的学生则要脱离模特凭记忆绘画，能不下楼就尽量不下楼参看模特。三层的学生就要完全脱离模特仅凭自己的记忆来绘画。"

数学领域新进的混沌理论发现者之一米切尔·费根鲍姆说过："显而易见的是，我们无须事无巨细地去了解我们身处的这个世界。艺术家所要完成的就是从这个大千世界中分辨出那些为数不多的重要元素，并呈现出其本质特征。我也从他们的探索中受益匪浅。"他还解释道："我真的很想搞清楚如何去描述云这种物质。但是物理学家采用的常规方法是——通过微分学来分析大量的密度测量数据——这是不对的。这显然不是普通人感知云这种物质的方式，艺术家也不会这样描述它。在如何抽象化地呈现云这个问题上，推导偏微分方程式完全不奏效。”费根鲍姆所追求的是找到一种恰当的抽象化表达方式，不论这种抽象化表达方式是抽象派艺术作品、抽象的数学公式，还是兼而有之，总之，它能够让普通人都为之感叹：这是多么伟大的见解！因此，他的很多科学实验都是在艺术博物馆里完成的。

基于上述论断，抽象化是一种思维过程，这个过程始于客观现实，再通过某种工具将那些非必要的元素进行删减以呈现出那些至关重要、出人意料的本质特征。由于抽象化思维的基本原理具有一定的共性，所以不论是画家、作家、科学家、数学家还是舞蹈家，都对客观现实的抽象化过程有着异曲同工之妙。基于此，你也可以尝试进行抽象化思考。你可以以本章讨论过的系列抽象画——毕加索的《公牛》为例，或者以《水蚀石观察报告》（*Observation on a Water-Worn Stone*）为指南。首先选定你的研究对象以及抽象化工具，然后从现实主义的角度对其进行思考，再仔细玩味研究对象的不同特质和属性，从中找到那些至关重要的元素，最后在隔开一定的时间间隔、拉开一定的空间距离之外对思考的结果进行反复斟酌。你可以尝试通过不同方式表现自己的抽象化思维成果，如用口头语言进行描述，用肢体语言进行模仿，用乐曲来表现，用散文或者诗歌来描述，还可以直接提炼出一个概念或者隐喻。你可以从自己熟知的领域着手练习，画家可以从临摹绘画开始；科学爱好者可以从简单的实验或者数学公式开始；舞者则可以从模仿真人或动物的某个真实动作开始，再从中提炼出这类人或这个物种的特质；音乐家则可以通过乐曲来表现鸟类、大风甚至一只旋转木马的特质；作家就得尝试用最少量的词汇表达最深远的感触。

抽象化思维方法的学习适用于所有年龄层。小学生可以以某个事物为对象，如一个房间、一个故事或者某一天，尝试找到这个对象的重要属性，再用一个合适的词语将其表达出来。相对年长的学习者可以以那些看似简单无奇的抽象化表现形式为对象，尝试找出这些事物或概念更为隐性的特质。学习者可以从各个领域里抽象化大师的事迹来寻找适合自己的抽象化方法，并对这些方法加以模仿和应用。你可以通过对诸如橙子或人类的反复抽象化处理来测评自己的进步幅度。你还可以对下述问题进行自问自答：哪些抽象物是你以前忽略了而最近刚刚发掘的，是橙汁、心跳，还是化学元素表？你能对这些抽象物及其他抽象物做出更进一步的提炼吗？你能像毕加索那样对某个研究对象做出长时间进阶性的抽象化处理吗？

上述问题并没有所谓的“标准”答案：只能永无止境地追求更为纯粹的简洁性及更为深刻的真理。最终，我们要找到抽象化思维方法本身的本质属性，这样就可以将这种思考技巧随心所欲地运用到任何领域。

06

识别模式

让我们以一种有趣的游戏来开始本章的学习。一只猫头鹰（owl）遇见一头母山羊（female goat）会怎样？如果一个姑娘（lassie）碰到了哈密瓜（cantaloupe）呢？请注意：这些是字谜，答案都是双关语。揭晓答案：一只猫头鹰遇见一头母山羊就会有民谣合唱会（hootenanny）了。而一个姑娘碰到了哈密瓜就会产生一个忧伤的婴儿（melancholy baby）。那如果是修道院（abbey）与香水厂商（perfume factory）的组合呢？［提示：答案的发音类似于英语中一种广为人知的乐曲——修女唱诗班（nunscents）。］

如果你觉得上述字谜都是无稽之谈，那就大错特错了。因为本章的主题是识别模式，而这些“组合”字谜之中就存在着某种模式，即一种重复的形式或设计方案。字谜作者往往是将一个多音节词进行拆分，在其中截取出两部分，而这两部分的发音又接近另外两个词。比如，“忧郁”（melancholy）可以按照上述方法拆分为“西瓜”（melon）和“牧羊犬”（collie）两个词。字谜作者再按照某种既定逻辑将这两个词与一些普通事物进行联想。这样一来，“西瓜”演变为“哈密瓜”，而“牧羊犬”演变为“姑娘”。那么一个字谜就产生了：“如果一个姑娘碰到了哈密瓜会怎样？”作为字谜答案的双关语是由题面中单词的字母重新组合排列而来的，同时表达出既出人意料又符合逻辑的全新字义，这也是字谜往往具有笑话特质的原因。如果你能掌握这种模式，那么自创字谜就并非难事了。

当然，这类字谜笑话能够成立的前提是人们在有意识地识别其中所具备的某种模式。正如心理学家彼得·克莱门斯·多德韦尔所言："人类的许多能力，如合成蛋白质、对刺激做出条件反射、过马路、选择伴侣、从众多的问题解决方法中做出决策选择等，都是以识别模式能力为基础的。"我们每时每刻都在对自己所见、所闻、所感的那些看似杂乱无章的事件进行归类重组。霍勒斯·贾德森在《寻找解决方案》中明确指出，"要感知某种模式，必须先行对接下来所要发生的事情形成某种预期"。也就是说，我们对事物进行预测和做出期待是以识别模式能力为基础的。

但是模式——尤其是笑话——往往具有欺骗性。请思考下面的问题。"大西洋"组合"泰坦尼克号"会是什么？这个问题是简单的字谜，但是如果把它们当作妙语处理答案就会另有一番趣味。"大西洋"组合"泰坦尼克号"会变得……很湿！（或者登上救生艇。）其妙处在于打破了猜字谜的既定模式所带来的惊喜。事实上，所有的笑话都是用另外一种模式来替换掉原有的模式，只用打破了对原有模式的预期才能让笑话奏效，有点类似于诱导转向法。喜剧演员（同时是数学家）汤姆·莱勒对自己用流行歌曲说唱滑稽台词的模式做过如下阐述："显而易见，这与观众的预期息息相关。选用一首多数观众耳熟能详的歌曲是非常具有挑战性的，因为已经有珠玉在前了。那么喜剧演员如何对这首歌曲加以运用呢？关键在于要打破观众的心理预期，既要让观众体会到乐曲的熟悉感，又要避开他们对于歌词的预测。正是这种创造性才能产生出人意料的惊喜感。"如果喜剧演员无法让观众建立某种必需的预期（模式一），或者观众无法感知结局所具有的某种倾向性（模式二），那么这个笑话都无法奏效。因为观众没有形成预期，就不会有答案揭晓时的惊奇感；没有惊奇感也就没有笑点可言了。

阿瑟·库斯勒在《创新行为》（*The Act of Creation*）（1976）一书中指出，笑话属性中所具备的这种模式同样适用于其他所有创造性领域，包括科学研究及艺术创作。我们从感知以及行动的普遍原则中提炼出模式，再以模式为基础做出相关的预期，然后再用我们新近获得的观察及体验来丰富这种预期。而当这些观察及体验中的某些元素都具有相似的另外一种模式时就产生了新的发现，虽然辨别出一种新型模式并非易事。意大利文艺复兴画家朱塞佩·阿尔托博托的静物写生作品就是笑话的一种视觉表现形式（见图 6-1）。乍看之下，这幅画所呈现的就是一篮蔬菜。但是，如果将其倒置，就会呈现出另外一番景象。最终，我们才能了解阿尔托博托这幅画作的玄机：原来我们只是从一个视角进行了解读。这幅画倒置后所呈现的图案与其原来的图案看似毫无相干。在这个过程中，观者经历了心理学家所说的"格式塔转变"，即相同的视觉信息传递出两种，甚至多种不相同的意义。六边形和立方体的互换现象也可以用来阐释格式塔转变理论。图 6-2 中所展示的到底是一个平面六边形还是一个三维立体的正方体，还可以挪动哪些线条让它们进行相互转换？

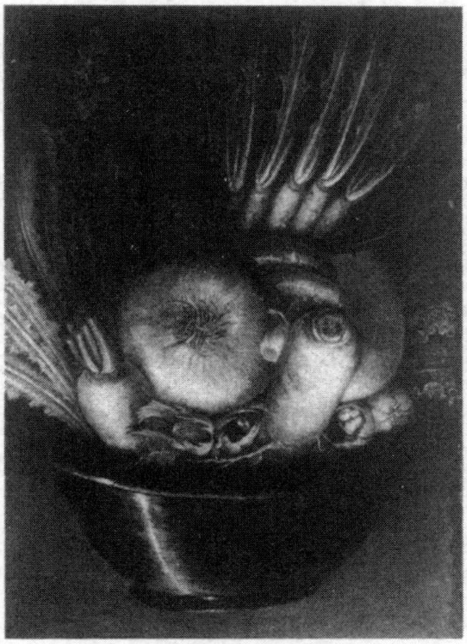

图 6-1　朱塞佩·阿尔托博托（1527—1593）《园丁》

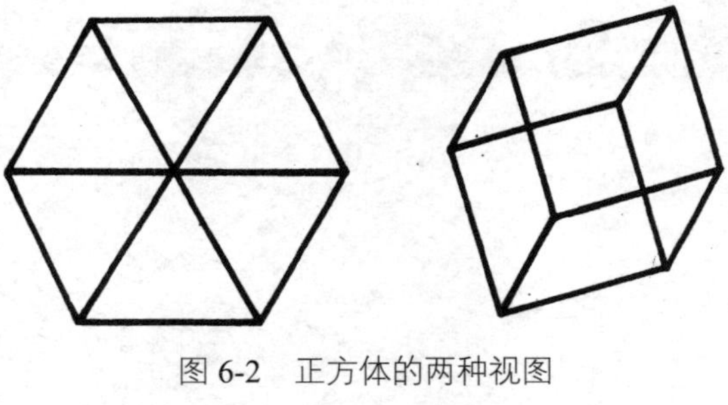

图 6-2　正方体的两种视图

作为识别模式大师之一的平面设计师摩里茨·科奈里斯·埃舍尔显然每天都在进行这方面的尝试。其子乔治·埃舍尔曾回忆道："我家楼下小洗手间的墙面花纹是由绿色、黄色、红色和棕色等所组成的不同旋涡图案……父亲就拿起铅笔，在这儿画条线，在那儿打个阴影……"就形成了一张张面孔，快乐的、悲伤的、滑稽的抑或是肃穆的。经过几个月的绘制，这面墙呈现出"栩栩如生的不同面孔"。埃舍尔对于"从诸如云彩或者木纹这种看似杂乱的图案中识别出动物的形状"也很感兴趣。埃舍尔还在自己的艺术创作中将这种识别模式的技巧应用于镶嵌画。当我们在观赏其画作中那些影像交叠的各种动物时就会明了：在这些看似杂乱无章的图形表象之下，总是隐藏着那些简洁的对称图案。埃舍尔的天分在于能够从这些规则、重复的多边形中识别出鱼儿、小鸟、蜥蜴、天使、恶魔以及其他一些出人意料的图形，并且通过其作品引导我们如何进行这方面的观察（见图 6-3 和图 6-4）。

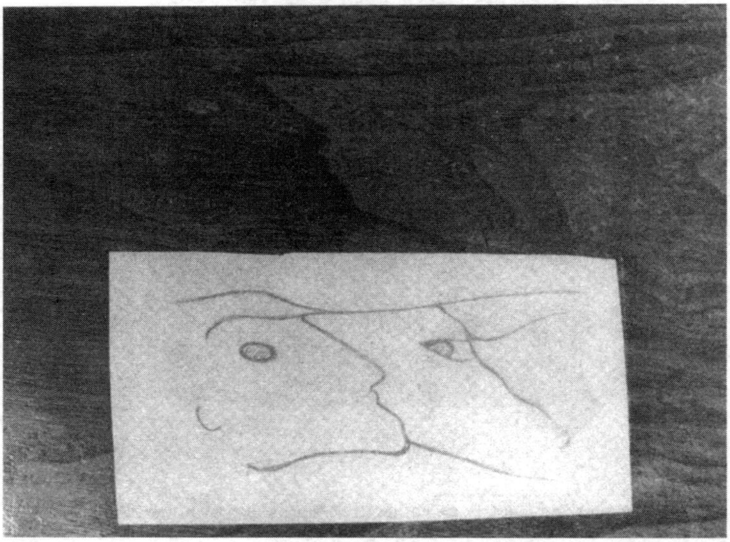

图 6-3　木纹中的互补面孔

图 6-4　罗伯特·鲁特·伯恩斯坦所做具有埃舍尔风格的镶嵌画作品《水虎鱼和龙虾》(*Piranhas and Lobsters*)

对许多艺术家而言，这种在已有图案中识别出新图案的创作手法都颇具启发。法国 19 世纪的玻璃吹制大师埃米尔·加莱就是在吹制玻璃过程中所形成的那些奇形怪状中寻找图形而进行创作的。他说过，艺术家就是“将墙纸上的大理石花纹绘制成成千上万的不同图形，或者将暮光中的云彩想象成巨大的羊圈”。超现实主义画家马克思·恩斯特有一次为了避雨而在海边旅馆里稍作停留，从而在旅馆木地板的花纹中找到了创作灵感。他在房间地板的粗糙表面上放置了画纸，然后用铅笔把地板上的木质花纹拓在纸上。他在后来写道，纸上出现了“一系列如梦似幻的对立图像，这激发出了我的好奇心和创作热情，从此我开始了不掺杂个人情绪的探索，对自己触目可及的各种材料进行这种拓片收集，比如树叶和其叶脉、‘现代主义’油画作品上那些经过磨损的笔触棱角、棉花辊上那些松散的棉絮等”。

不久之后，埃舍尔充分开发了其识别模式的天分，开创了多种颠覆现代艺术界的全新技法：擦印法 (在某种物体表面上放置画纸，然后通过铅笔或蜡笔来拓出其纹理)、刷除法 (在表面粗糙或有纹理的物体表面来回摩擦一张帆布，通过帆布上的刮痕来获取纹理)、贴花纸转动法 (仅以其中一种技法为例，先在一张画纸上随意淋上各种油彩，然后再铺上一张新的画纸轻轻地摩擦来获得图案)。罗夏克墨迹样式的花纹就是通过贴花纸转动法得来的。先在一张画纸的中心部位随意淋上墨水或油彩，再将其折叠，最后将其展开就获得了罗夏克墨迹样式的花纹。通过此种手法得来的线条、纹理及形状往往具有多重含义。事实上，由于每位观赏者的视角不同，大家从中识别出的图案和意义也不尽相同。

提到借由识别模式能力进行全新创作的艺术家，自然绕不过列奥纳多·达·芬奇。在一篇名为“如何刺激与激发思维进行发明创新”的文章中，达·芬奇建议自己及其他有志于此的人士“去看看沾有污渍或者由不同种类石块堆砌而成的墙面；如果你能从中识别出某些图案，那就是掌握了某种技巧。将其放大，你也能从点缀着高山、大河、岩石、树木、平原、大峡谷以及丘陵的自然风光中找到隐藏的种种图案。或者，你也可以把战场、动态的人物、形象各异的面孔或服装，以及所有不同物体的组合简化为完整而清晰的图形”。达·芬奇是如此看重这种极具创造性的“图案”，他甚至将此种视觉模式应用到听觉领域中。一位著名音乐家在为意大利宫廷筹备歌剧即兴创作及音乐表演时意识到，在识别模式方面听觉与视觉有着相似的灵敏度。他发现“我们能从墙上杂乱无章的污渍中找到一些怪异的形状，与之相似，我们也能从所听见的各种铃声中找到那些类似人名或者词语的声音”。

确切地说，具有悠久历史的鹅妈妈童谣就是以听觉模式识别为基础创作而成的。以其中的《圣海伦的钟声》（*The Bells of St. Helen's*）为例，这首童谣有多种不同版本，但是其共性就是通过不同的歌词让大家“听出”各个教堂钟声的不同模式：

“你还欠我五先令。”
圣海伦的钟声说。
“什么时候还给我？”
老贝利的钟声说。
“等我有钱了。”
肖尔迪奇的钟声说。
“什么时候能有钱？”
斯蒂芬的钟声说。

事实上，在各类声音中听出某种模式并不罕见，不论这类声音是有节奏的还是杂乱无章的。许多人会将电话铃声想象成淋浴花洒的水流声，或者将电子邮件的提示音联想为英语中“天哪”的惊叹声。但凡听过土拨鼠嚓咔—嚓咔—嚓咔或者山雀嚓克—咔—滴—滴—滴叫声的人，就会明白它们在英语中名字的由来。每种语言中都包含拟声词或声喻词，这类词语都是由模仿极具特色的声音而得来的。在英语中，形容溪水流动的词是淙淙，形容蛇叫的词是嘶嘶，而形容打铁时发出的声响是叮当。

日常对话和写作则蕴含了更为复杂的模式。在英语口语中，有许多双音节词，重音往往落在第二音节上；就是这类双音节词构成了抑扬格音步，即我们在再见、永别、辞行这类词语中所听到的语音模式。这种节奏之所以如此普遍，是因为它本身就是对自然界中声音节奏的一种模仿，如心跳和呼吸的节奏——扑—通、扑—通、扑—通。此外，由于句子都是由词语组成的，我们没说出一句话，随着声调的自然起伏，这句话就会呈现出抑扬格音步的节奏模式。说出或者写出一句符合重复抑扬格音步的句子确实不是什么难事，威廉·华兹华斯的诗《我孤独地漫游，像一朵云》很好地诠释了这一点。在抑扬格格律中，双音节音步的重音都落在第一个音节上，如“漫游”；在抑抑扬格格律中，三音节音步的重音都落在第三个音节上，如“在微风中”；在扬抑抑格格律中，三音节音步的重音则落在第一个音节上，如“水仙花”；而在扬扬格格律中，两个音节都需要重读，如“这里！这里！”。一旦你能够识别出格律模式，你在生活中随处都可以“发现”诗歌。

事实上，“发现诗歌”本身就是一种文学样式，即打油诗。尽管此类诗歌并不具备固定的格律模式，这类诗的作者都是有意无意地从各类散文文本（新闻报道、广告、书籍）中找出那些具有诗歌特质的句子，再对其进行重组或些微的改编以突出其诗歌特质。打油诗的有趣之处在于可以对同一组词语进行不同方式的改编或重组，从而呈现出截然不同的内在韵律模式。

宇航员迈克尔·柯林斯在其著作《承载火焰》（*Carrying the Fire*）中的一段文字就为我们提供了这方面极为恰当的素材：“我到过超乎想象的地方，也做过异常疯狂的事情……我只想说，我曾经身系绳索被吊在距离地面 100 英里的高空；我曾经在月球表面瞭望地球，并陶醉在这景色之中。我曾经看到未经任何星球大气过滤的阳光。我曾经在没有任何生物打扰的绝对静止的环境中观察没有极限的终极黑洞。”本书的作者之一（米歇尔）对柯林斯的上述文字进行了重组和编辑，创作了三首节奏模式截然不同的打油诗。第一首诗遵循的是音节节奏，诗行的长度由一组既定的音节数量来决定。第二首诗遵循的是一种跳跃韵，每行诗的重读音节数量相同，但是不必依循标准音步的规则格律。而第三首诗遵循以重复抑扬格为基础的标准节奏。

宇航员 I

身系绳索吊半空
我鸟瞰地球
从月表

我曾见太阳的
未经过滤的光
无气层阻隔

终极黑洞的
漫无边际
在绝对静止中

远离尘嚣

宇航员 II

身系绳索吊半空
我鸟瞰地球
从月表

我曾见太阳的
纯光
未经气层过滤

终极黑洞的
静止中的无极限
远离尘嚣

宇航员 III

我身系绳索吊半空
我鸟瞰地球
从月表
太阳的纯光
黑洞的不受干扰的静止
远离尘嚣

罗恩·帕吉特在其编译的《教师及作家诗歌格律写作手册》（*The Teachers and Writers Handbooks of Poetic Forms*）中告诫有志于诗歌创作的学习者，切勿通过单一的文字练习或分析来学习韵律格式。与之相反，书中指出：“掌握韵律变化的最佳方法是听听比波普爵士乐及现代爵士乐，甚至是随之起舞。相较于做脑力训练，通过调动听觉和肢体来感知并学习韵律这种技巧的效果明显更佳。”事实上，认识到诸如音乐、舞蹈以及诗歌这类不同表达介质中所含韵律的相关性是迈向识别元模式——元模式是指那些能将各种不同模式连接在一起的模式——的第一步。摄影师安塞尔·亚当斯，同时是一名卓越的钢琴家，他从少年时期就立志投身专业音乐生涯。多年后，他依然清晰地记得自己将听觉的音型模式与视觉模式的乐谱联系到一起的那个时刻。深受亚当斯尊崇的一位钢琴老师引导他将抑扬顿挫的一串音符联想为“起伏跌宕的山丘”，一件“被提起又放下的物件”，并督促他将这种联想“应用”到琴键上。亚当斯将这些付诸实践，用他的话说：“某种模式就此产生了！如果音符的排列组合是准确无误的，那么每个音符在琴键上所发出的音量与它们被‘提起’的幅度息息相关。”

对于所有伟大的音乐家而言，阅读乐谱的能力与视唱练耳的能力具有同等的重要性。只有这样，他们才能在阅读或弹奏乐谱时将这些音符转化为一连串动作，也就是将音符转化为一种动觉模式。钢琴家米莎·迪希特曾经描述过自己是如何记谱的。首先，他会找出乐谱的听觉以及视觉结构，如能够让一组音符构成和谐之音的音程。他说：“我会将零散的音符以音程的单位进行分组……关注乐谱中的谐波结构或者旋律模式。因为只有这样，我才能在手指敲击琴键的同时在脑海中浮现视觉性的乐谱主体部分，也就是借由记忆力将视觉呈现的乐谱和音以听觉的乐曲表现出来。”他这么做的目的在于充分调动自己的视觉、听觉和动觉模式，让这三者天衣无缝地呈现为一种元模式。亚当斯写道：“当这些感官有机融合在一起的时候，就形成了一种宏大却又简洁的创造性模式。这个过程也是记忆力、理解力和感知力的一种高水准表现形式。”

显而易见，调动多重感官进行观察是识别模式以及元模式的必要条件。有时还要添加一些概念分析。作曲家、指挥家伦纳德·伯恩斯坦在其著作《亟待解决的问题》（*The Onanswered Question*）中分析过相关的范例。根据伯恩斯坦的回忆，当年他还在哈佛大学读书的时候曾经有一个“惊人的发现”。亚伦·科普伦《钢琴变奏曲》（*Variations*）中有一个四连音结构，而这种结构也同时出现在许多不同乐曲的关键部位（见图 6-5）。伯恩斯坦写道：

> 这篇乐章开头部分的四连音结构[2]也是整个乐章的基本结构，即多次采用四连音结构[3]，而每组四连音结构的第四个音符往往被置换为高八度的音符[4]。此外，我还惊奇地发现此种四连音结构在转换一个曲式之后就形成了巴赫《平均律钢琴曲集（第一册）》（*Well-Tempered Clavicord*）[5]中 C 小调赋格律曲的主旋律。与此同时，我还发现如果将这个四连音结构的第一个音符进行重复一次之后再进行变调处理，就形

成了斯特拉温斯基《八重奏》(*Octet*)[6]的变奏模式。如此，这个四连音结构以不同的曲式和音调不停地萦绕在我的脑海里，连拉威尔《西班牙狂想曲》(*Rhapsody*)[7]的开篇华章也采用的是同样的四连音结构。除了这些乐曲之外，我还猛然间发现自己曾经听过的印度音乐（那时我还是个东方音乐发烧友）——果不其然地也包含这种四连音结构[8]。

图 6-5　伦纳德·伯恩斯坦所描述的乐章中普遍存在的音符结构

如果你还未在自己的领域里有类似伯恩斯坦这种醍醐灌顶式的惊人发现也无须担忧，因为也很少有人发现“咩，咩，黑羊儿，羊毛你可有”与“一闪，一闪，亮晶晶”这两句童谣采用的也是相同的旋律。我们要进行识别模式的领域也许不尽相同，但是进行识别模式的过程却有着相似性，即在某种模式还未凸显之前，我们都要先行做出相关的预期，并对已知的事物进行对比。首先，我们必须认识到音乐家对音符认识是三维立体的，就像阿诺德·勋伯格所论述的："就像我们能够很快识别出诸如小刀、瓶子或者手表之类的常见事物，不论它们摆放的位置如何一样。不仅如此，我们还能在脑海中想象出这类事物被摆放在不同位置时候的样子。同理，作曲家也可以借由潜意识跨越乐谱的束缚对一串音符进行识别。"他们拿到一篇乐谱可以正着看、倒着看，在不同层级上对其进行归纳重组，但是无论怎样处理，都不会遗失这篇乐谱的精髓。事实上，作曲家更关注的是音符之间的内在联系而非具体音符从左到右的排列顺序。

类比对于识别模式是非常有帮助的。大多数人都可以对自己的名字倒背如流（特雷弗 Trebor=罗伯特 Robert；伊莱西姆 Elehcim=米歇尔 Michele），也可以识别出英语中"狗"（dog）和"上帝"（god）这两个词有着相同的构成字母和不同的字母排列顺序。我们也可以通过重新调整一个英语单词的字母排列顺序而构成一个新的单词，如"米歇尔"可以置换拆分为词组"冰舵"（ice helm）。更进一步，我们还能发现英语单词"添加"与"蜜蜂"有着某种相关性。"添加"这个英语单词由三个字母组成，分别是英语字母表中的第一个字母 a 及第四个字母 d，后者重复出现两次。而"蜜蜂"这个英语单词也由三个字母组成，分别是英语字母表中的第二个字母 b 及第五个字母 e，后者也是重复出现两次。也就是说，只要将英语单词"添加"中的每个字母都按照英语字母表顺次下移就形成了另外一个英语单词"蜜蜂"，这种转换手法与音乐家更改一篇乐章曲调的手法有着异曲同工之处。从这两个英语单词的结构上看，其构成字母在英语字母表中的对应位置也是相同的。同理，音乐家关注的音型结构之间的关联以及不同音乐曲调结构之间的关系。

经过上述类比，即使未经任何正规音乐培训的人，只需将图 6-5 中的乐谱看成某种结构模式也可以理解伯恩斯坦所列举的例子。巴赫的 C 小调赋格律曲[5]是对伯恩斯坦所发现的既定音型模式进行变调处理之后形成的，但是巴赫保留了原来的音程，这与英语单词"添加"和"蜜蜂"的构成字母在英语字母表中有着相同的对应位置关系如出一辙。而拉威尔《西班牙狂想曲》的开篇华章部分[7]

与所截取的巴赫的乐曲有着相同的曲调，但是将组成音符的排列顺序进行了置换，就像英语单词“艺术”与“沙皇”是由相同的字母通过不同的排列顺序而形成的一样。推而广之，印度音乐就是将上述巴赫及拉威尔的乐曲保留了原来的曲调，但是对原有音符进行了拆分、置换、删除和添加的重新排列，如同将英语单词“米歇尔”拆分改编为词组“冰舵”。

说来奇怪的是，有阅读障碍的人士在处理文字和数字时就采用了上述音乐家处理音符的相同方法。大多数人在计算等式 12+12=24 时是依照直线性的顺序从左至右的分析理解这些符号来求得结果的。但是有阅读障碍的人士却不是这么做的。图 6-6 展示的是 18 位有阅读障碍的艺术家是如何分析理解“12+12=？”这个问题的。虽然大多数人将其理解为二维平面的直线性运算式，但是这些患有阅读障碍的艺术家们都是采用非直线性、多维立体方式来理解这个运算式的。他们将这个运算式里的数字通过调转方向、堆叠或重合、前后翻转、改变其字形及透视角度等手段进行分析，有的（16～18）甚至对这个运算式本身进行了超乎常人认知范围的转换。这些艺术作品不仅对研究阅读障碍症患者的视觉处理程序大有裨益，而且有利于揭示人类识别模式的原型。观察同一事物或者理解同一概念的方式是如此多种多样，而大多数人的思维却被禁锢在某个单一既定的方式之中。

但是也有少数人能够打破常规。与音乐家及阅读障碍患者一样，数学家也是感知多模式的高手。与音乐家一样，数学家也善于识别不同模式之间的关联性。迄今为止，最伟大的数学家之一卡尔·弗里德里希·高斯的故事就很好地诠释了这一点。在高斯读小学的时候，有一天老师让全班同学计算出 1～100 所有数字的相加总和。不出意料，同学们发出了抱怨声。可是高斯顷刻间就得出了正确的结果。他是如何在这么短的时间内完成这项颇为浩瀚的运算的呢？他既没有在之前进行过这种运算，也并非速算方面的高手。但是，他确实在识别模式方面天赋异禀。高斯发现如果将 0～100 这个数列（原始数列中就暗含了这个没有实际意义的数字）中的首、尾数字依次配对，其相加总和都是 100。如 100+0=100、99+1=100、98+2=100、97+3=100，依次类推，直至 51+49=100。这样只剩下数列中间的 50 无法配对。那么将 50 组总和等于 100 的数字相加的结果是 5 000，再加上数列中间无法配对的 50，其最终结果就是 5 050。就像前文所提及的笑话一样，获得这个数列所有项相加的总和不一定非要从左到右依次逐个累加。

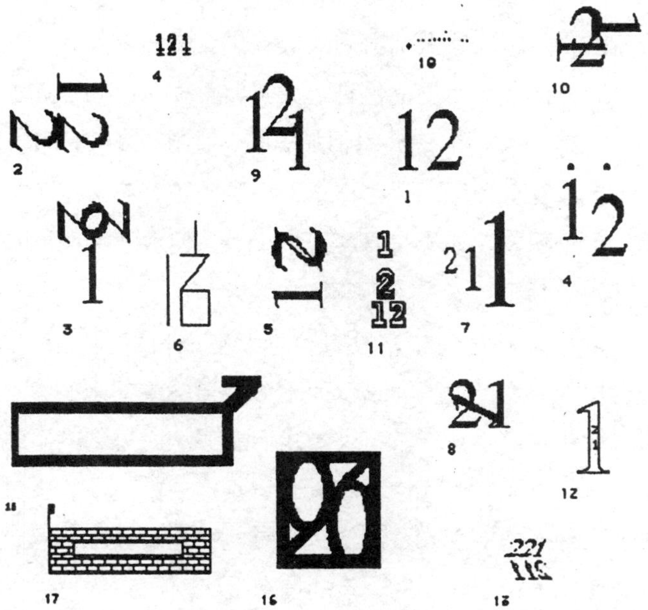

图 6-6　有阅读障碍的艺术家对于“12+12=？”这个问题的回答

更为复杂的数学问题也可以通过类似的方法进行解答。比如，无穷数列 x=1+1/2+1/4+1/8+1/16……的总和是多少？这个问题看似复杂甚至无解，但是只要对其进行灵活的改变就可以轻而易举地获得答案。假设 x 是上述无穷数列的相加总和，那么 $x/2$ 就是前一个无穷数列中各个项数的半数相加之总和，即 $x/2$=1/2+1/4+1/8+1/16+1/32……我们可以惊奇地发现这两个数列之间相似的内部结构。那么，再将第一个数列和第二个数列做减法运算，其结果为：$x–x/2$=(1+1/2+1/4+1/8……)–(1/2+1/4+1/8……)。将这个运算式进行重新整合就得出 $x–x/2$=1+(1/2-1/2)+(1/4–1/4)+(1/8–1/8)……将其中的所有项数进行减法运算后它们互相抵消，就得出 $x–x/2$=1。如此类推，可得出 x=2。借助数字排列的结构模式，我们就可以通过最少量的运算得出那个看似无解问题的答案。事实上，优秀的数学家总能找到这样或者那样的数字结构模式来解决各种各样的问题。如果只能归纳出某个具体问题的解决模式类型，那么只能说你对于数学还是一知半解。如同菲利普·戴维斯和鲁本·赫什所写的：“从某种程度上看，数学所要解决的全部问题无非是从已知的混乱中创立某种秩序，从无序的碎片中提炼出结构和不变式。”

对数学家而言，无法求证识别出来的模式是否真实才是最为棘手的问题。哥德巴赫猜想就是这方面最为有力的例证。克里斯蒂安·哥德巴赫在250多年前提出每个偶数都可以拆分为两个奇数的相加总和，比如 24=13+11。虽然至今还没有发现特例，但是也没有人可以证明这个特例真的不存在。这个数学模式是真实可信的还是仅仅是个猜想？如果是真实可信的，为何数字会有此种特质？正是这些悬而未决的谜题激励了数学家不断突破自我。

这些悬而未决的谜题也同样激励着科学家在大自然显性的混乱表征下努力寻找出一些普遍模式。大多数科学家认为不论大自然看起来有多么深奥复杂，那些基本原理和规律还是有章可循的。只要我们能够从所见到的事物中找到某种既定的模式就可以有所发现。医疗诊断就具有识别模式的特质，在进行诊断的过程中需要将有关于某种疾病的视觉、触觉、听觉、嗅觉及技术信息进行整合，并与该种疾病的已知症状进行对比。关注新的信息或者对已知的信息加以全新的利用才能在医药界有所发现。以流行病学为例——这是一门研究疾病起源及扩散的学科。1854年，约翰·斯诺博士将伦敦中部地区死于霍乱的患者居住地绘制成了一幅地图，这被公认为流行病学的开端。这幅地图表明：当时所有死于霍乱的病人都是从某一个染有毒素的抽水机处打水喝的。如今当我们回溯过去时不禁要问，在此之前为何从未有人想过可以通过绘制地图的方式来研究某一种疾病。但是也正由于缺乏相关疾病患者的死亡时间以及居住地点等数据，才导致在此之前研究流行性疾病发病模式的工作一直无法开展。

在其他领域中，地图也同样提供了一些常人看得见却无法理解的信息。毋庸置疑，历史上有很多人都发现了非洲与南美洲的形状大体相似。在人类首次完成了环球航海的壮举并大致绘制出了各大洲的地图之后，弗朗西斯·培根爵士很快就发现了这两个大洲的形状如出一辙。而在地理学上更为重要的发现是：非洲的西海岸线与南美洲的东海岸线可以拼贴咬合在一起，就像两块相邻的拼图一样。19世纪的许多地理研究者也发现了这一现象，其中包括亚历山大·冯·洪堡及安东尼奥·斯奈德·佩莱格里尼。但是，首位将这些现象加以深入研究的是地理学家阿尔弗雷德·魏格纳。他指出，地图形状可以像拼图碎片那样拼贴咬合在一起的现象不仅适用于非洲和南美洲，也同样适用于北美洲、格陵兰及欧洲。此外，他还发现虽然有大西洋的阻隔，但是这几个洲海岸线的岩层结构以及化石也相互匹配。据此，魏格纳提出这样一个理论，即地球上的各大洲曾经一度是一块组合在一起的超级大陆，他称之为盘古大陆（“意为全陆地”）。50 年后，哈利·赫斯用大陆漂移学说给地理学界带来了全新的变革。他认为是大陆板块的漂移机制将原来的盘古大陆分裂为如今我们所见到的各大洲。将这些因素进行整合分析，也引发了相关机制模式的研究，比如由大陆板块冲撞、弯曲或断裂所引发的地震、火山喷发，以及山脉的形成。图 6-7 为阿尔弗雷德·魏格纳绘制的盘古大陆。

图 6-7 阿尔弗雷德·魏格纳绘制的盘古大陆

事实上，将凌乱的碎片通过拼贴咬合复原为一幅完整图画的拼图游戏在科学家看来具有某种隐喻的意义。科学家所要做的就是将这种复原模式加以应用来解决一些理论性或概念性的问题，而非止步于类似绘制地图这种观察阶段的研究。

大自然已经就其自身的运行法则为我们提供了如此令人期待的线索（同为诺贝尔奖得主的物理学家杨振宁及胚胎学家克里斯汀·福尔哈德都将这些线索称为“拼图的碎片”）。科学家必须将这些碎片组合在一起以复原其本来的面目，遗憾的是，在复原工作之初往往毫无头绪，就像上文所述魏格纳的故事。更为困难的是，科学家所要处理的这些碎片往往来自不同主题的拼图，它们毫无头绪地混杂在一起，导致科学家们既不知道哪些碎片属于同一张拼图，也对各张拼图的完整图案一无所知。面对这样的难题，纽斯林·福尔哈德曾说过:“解决这个问题的关键在于收集到足够数量的碎片，并努力积累这些碎片之间的关联性，而不是只关注某个碎片。”所以科学研究的关键并非收集足够的数据，而是努力找出数据表层之下的关联。引月杨振宁的话说就是:“一刻不停地搜寻事物之间的关联，不论有意识还是无意识，才是科学研究的关键。不能只局限于某一个问题。如果已经积累了大量的微小联系，就要想方设法对它们进行重组，一旦找到那个至关重要的碎片，就可以把与其相关的五个碎片组合在一起了。这种填补空白的乐趣妙不可言。”一旦大量的数据和概念都呈现出了一致性，那么概念性的难题就演变为一种概念性的模式或者“图画”，科学家们将其称为理论或者自然法则。

从这种意义上看来，科学问题的解决方法与组装拼图的方法并无不同。当大量的碎片组装到一起之后，要么呈现出一个全景，要么凸显一处漏洞。但是，不论是全景还是漏洞都有各自的价值。全景为已知的数据梳理出一个新型的结构，而漏洞（依然缺失的那个空白处）也是一种助力，因为它揭示了亟待解决的问题。一旦锁定需要继续研究的领域，就可以努力找到与之匹配的解决方案了。也就是说，搜寻关联性的工作找到了明确的方向。这样我们就明确了需要解决的问题，同时也找到了明确的标准来评估可能出现的答案。几乎所有的知名科学家都认同这个道理，即“恰当地界定问题就已经找到了一半答案”。从这个观点来看，问题本身就是一种模式。

明了自身认知的空白及其存在模式至关重要，与知己所长同样重要。诺贝尔奖得主托马斯·韦勒写道:“对于未知世界的探索才是激励科学不断前行的动力。”诺贝尔奖得主伊西多尔·艾萨克·拉比说过:“科学的有趣之处在于对当下所做之事的意义一无所知。”其诺贝尔奖的共同得奖人圣捷尔吉也认同这个观点，他认为："科学研究者必须专注于人类知识地图中的那些空白点，如果有必要，就投入毕生心血来填补这个空白。"哲学家安·科尔文就将上述理念付诸实践，成为追溯人类认知空缺方面的专家。此外，亚利桑那大学医学院的外科医生马勒斯及查尔斯·维特也奉行上述信念。他们共同编纂了一本有关"医学空白的教科书"，专门用来训练医学院的学生如何提出问题并且寻找出医学地图中的空白之处。显然，这类教材在任何学科中都是非常具有指导意义的。

印第安纳大学的心理学家艾略特·赫斯特也是研究人类认知空白方面的专家，他提出了一种更为极端的概念。在其名为"心理学与虚无"（Psychology and Noting）的论文中，他指出：虚无对各个领域的研究者都是至关重要的，不论是音乐家（"寂静就是休息"）、艺术家与建筑师（负空间、实体周围的空间）、科学家（绝对真空及绝对零点）、哲学家（虚无主义）、小说家（在一件著名的福尔摩斯案件中，一只不叫的狗成为破案的关键线索），因为我们几乎对虚无一无所知。"对于空白、缺失和未发生的事物进行识别和学习是异常困难的，"赫斯特写道，"看起来，人类和动物有点过分强调已发生的事情。"比如，大家都会对占星术以及幸运饼预言成真的事情记忆犹新。几乎没有人去理会那些并未实现的预言，尽管其数量相当惊人。但是赫斯特推测，就像客观存在与主观意识相对而生或者热力学中显性的直观差异一样，从虚无中得到点什么这种"无中生有"也不是不可能的事情。关键在于借由预测，甚至模糊的直觉，先行对某一既定情形做出充分的了解，确认那些应该显现的元素，而那些应该显现而缺失的元素就无所遁形了，这也正是其妙处之所在。赫斯特认为如果将有关于空白、缺失和未发生的问题更积极广泛地纳入学术研究中，虚无将在认知、记忆及问题生成等领域成为一种不容小觑的研究工具。

如何判定某种确实存在、只是尚未显现的模式？这也是我们对虚无的一无所知所衍生的最关键的一个问题，因为如果某种模式尚未成型，即使它一旦显现我们也无从知晓。美国密歇根州立大学自然科学院成员使用多年的一个图形解锁谜题可以很好地诠释上面这个问题。这个谜题名为"理论即数据模式"，学生们要破解这个谜题，才能明白这样一个道理，即数据本身（拼图碎片）并不足以阐释其自身的意义。如图 6-8 所示，这个谜题提供了其解决方式所需的所有数据。很显然这是一道难题，因为绝大多数学生认为这个视觉谜题里根本没有任何图形模式可言。

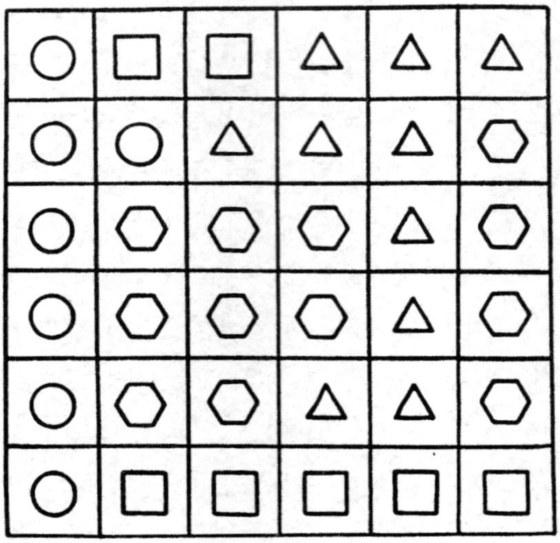

图 6-8　图形解锁

事实上，这个谜题里确实包含了一种图形模式（参见本章结尾部分），当然如果想要感知这个图形模式还需要辅助一些提示线索。其实，文化也会对图形识别模式产生一些微妙的影响。文化因素甚至会对美国人如何破解这个图形解锁谜题产生干扰。从世界范围来说，人们只会识别出那些其所处文化背景中，尤其是艺术和科学领域里广为采用的图形模式。这种模式偏见司空见惯，可以反映在各个领域里，如建筑、艺术、景观美化、城市规划、图形数据，甚至星体的天文构成。美国的印第安人就无法辨认出猎户星座或者其腰带的形状（这是西方的一个古老星座），而是从其他形状来定义这组星体的。

图形模式的认知差异也表现在游戏中。比如，跳房子游戏在世界各地呈现出不尽相同的各种形状，这并非偶然，对于破解上述图形解锁谜题也大有启发。大多数跳房子游戏的表现形式还是以视觉和动觉模式为主的。比如，跳房子游戏的板块形状在中国是以直线为主，与之类似的还有美洲、欧洲、非洲及亚洲的多数国家和地区。在英格兰则呈现出较为不同的形状，它是由 20 个正方形所组成的矩形阵列，被称为姓名床。印度使用的也是类似的网格图形。不论跳房子游戏的板块形状在上述地区有怎样的不同，游戏规则却如出一辙，玩家必须按照既定的纵向或横向直线跳出这个板块（见图 6-9）。

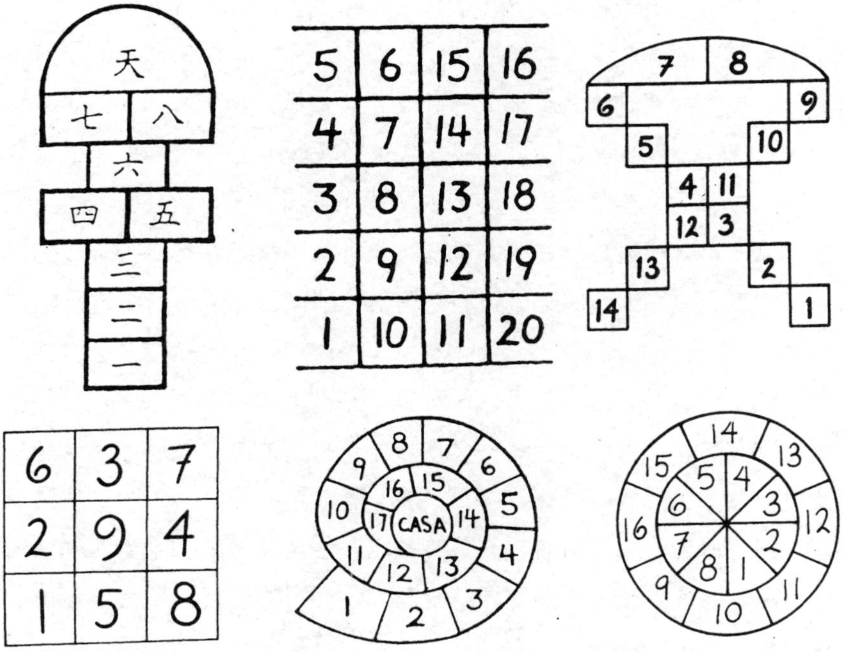

注：左上图开始顺时针方向依次为中国式、英式姓名床、意大利式、英式轮环跳、拉美及法式蜗牛图、丹麦式哈克图。

图 6-9　跳房子游戏在世界各地的板块形状

但是，有些地区的跳房子游戏却打破了这个直线形模式。本书作者之一曾经学习过怎样玩丹麦式的跳房子游戏（被称为哈克或哈克袋）。游戏板块上设有九个格子，而数字以非直线形顺序铺展开来，这样玩家就得以一种迂回的前进方向跳出游戏板块。英式的另一种跳房子游戏叫作轮环跳，即玩家需要按照圆形的前进方向跳出游戏板块。据说，这个游戏的灵感源自早年罗马侵略者的车轮形状。而在法国和一些拉美洲国家，跳房子游戏也被称为蜗牛戏（意为半旋转或者食用蜗牛），其中的数字是以螺旋状呈现的。

稍加思考就会发现，上述所有跳房子游戏的板块形状中拉美及法式的蜗牛图最与众不同。矩形、方形甚至圆形都是西方文化中极为常见的图形，在日常生活中随处可见，从建筑、桌子到晚间新闻中的图标；而螺旋状（如纽约市的古根海姆博物馆)则是十分罕见的。尽管大自然中充满了各种各样的螺旋状事物(蜗牛、贝壳、龙卷风、松果、人类头上的发旋儿),我们却对这些熟视无睹,因为在我们的人造世界中很少对这种形状进行模仿。实际上,前文提及的名为“理论即数据模式”的图形解锁谜题中所包含的就是螺旋状,尽管其网格采用的是方形。要识别出其中所包含的螺旋状,就要先撇除文化背景因素所带来的图形偏见。

文化因素对于识别模式的影响还调控着我们发明创造的内容和方式。例如,西方科学从小就教导学生们以欧氏几何的方式来理解这个世界。其实,我们常说的“三维立体”也可以表现为笛卡儿的 *X-Y-Z* 坐标轴系统,其三根轴线的每根都可与另外两根形成直角。我们所见到的任何事物都可以用这个系统进行构建或诠释。托马斯·库恩将这种坐标系称为范式,即在某一特定领域内可以被广泛应用以创建并解决问题的模式。但是,每种范式都有其自身的局限性。例如,三维模式在陆地定点范围内非常奏效,一旦应用于全球导航就不灵验了。这是由于经线和纬线是以曲线的形式环绕地球铺展开的,这与笛卡儿坐标系中的直线形延伸完全不同。还有一种极坐标系统,该系统可以在由球体构成的宇宙中确认矢量方位。因此,极坐标系统在诸如天文导航以及太空飞行等应用领域就显示出比几何坐标系统更为强大的作用。

但是,极坐标系统也无法解决几何坐标系统所未能解决的所有问题。发明家巴克敏斯特·富勒就将自己创造的网格状球顶归功于自己早年对于几何坐标系统和极坐标系统的否定。他还认为这项创造得益于自己对于四面体范式的推崇。与之相似的是,爱因斯坦也不认同欧氏几何,因为正是非欧氏几何的一种构想才激发了他的创造灵感,从而得出了其著名的相对论引力场中时间与空间变化曲线的运算式。爱因斯坦和富勒都非常明确地意识到欧氏几何只是这个世界众多呈现方式中的一种。除此之外,非欧几何、球面几何及许多其他的数学公式也都是旨在呈现空间的学科,其中每种范式都为发明家、建筑师、艺术家及其他创新者提供了一系列极具特性的模式。而其难点在于我们无法对自己并不了解的模式加以应用。将上述各种空间表现形式进行实践练习有助于提升我们的识别模式能力,这与上文提及的不同形状的跳房子游戏有着相同的功效。具体如图 6-10 所示。

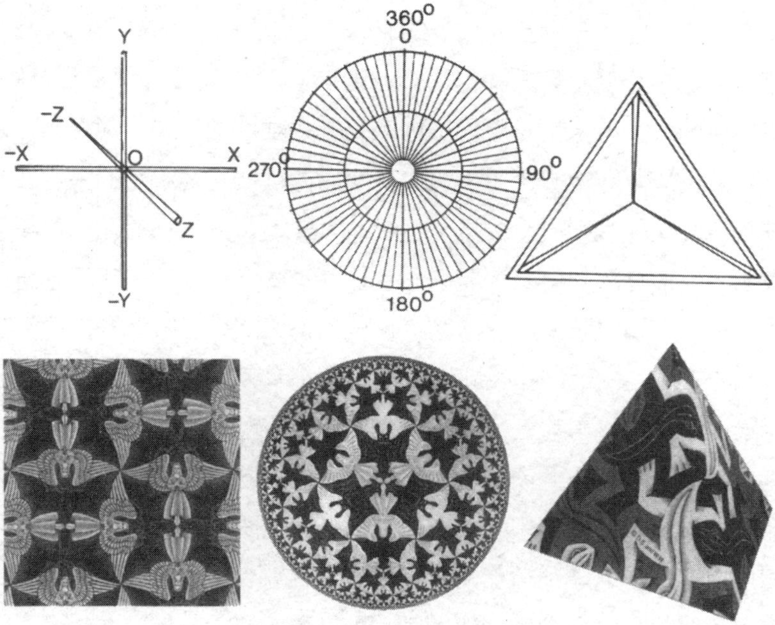

注：上排，从左至右依次为：笛卡儿坐标系、极坐标系、巴克敏斯特·富勒的四面体坐标系；下排为摩里茨·科奈里斯·埃舍尔制作对应镶嵌画。正如多丽丝·沙特施耐德和华莱士·沃克所言，在诸如四面体的立体事物表面制作镶嵌画是可以实现的，他们将其称为八面体，这也是几何学近期的一个发现。

图 6-10　各种空间坐标系统的不同表现形式

有鉴于识别模式的复杂性，应如何练习并提升这种想象性的技能呢？这是一个问题。当然，我们可以对不同文化的模式偏见好好加以利用，并且系统化地探索不同文化背景在整合感官反应方面的新奇方式，例如，如何观察、倾听、跳舞、感知及做事情。问题是我们无法识别自己从未体验过的模式，此外，想要提升识别模式能力的问题还远不止这些。归根结底，不论是面对外来文化，还是自己熟知的文化，想要提升识别模式能力都需要练习。

我们都可以通过练习来提升识别模式能力（这些练习与年龄无关）。物理学家理查德·费曼在坐在“婴儿座椅”中的年纪就已经开始学习各种不同模式了。他父亲买回来好多浴室用的瓷砖，并以做游戏的方式向他演示如何“以更加复杂的方式”来拼贴这些瓷砖。例如，两块白色的和一块蓝色的贴在一起，两块白色的和一块白色的贴在一起，以此构建出不同的图案等。成家立业后的费曼也使用同样的方式教导自己的儿子：什么是图形模式，以及拼贴各种图形是多么有趣的一件事情。这已经有一点基础数学的意味了。作为练习和提升识别模式能力的手段之一，游戏的优势在于其适用对象老少皆宜，同时游戏的难易程度跨度很大，既可以有简单的，如多米诺骨牌，也可以有一定难度的，如国际象棋。以棋类游戏为例，如常见的井字游戏、西洋跳棋及国际象棋，赢得游戏的关键在于如何在棋盘上排兵布阵，即识别棋子的排列模式。事实上，一项针对国际象棋顶尖选手的研究表明，他们高超的棋艺主要取决其识别模式能力，而非死记硬背的某些规则、具体策略，亦非搜肠刮肚地谋算每步棋的得失。人工智能的电脑程序是通过精确计算得出每步棋所有走向的胜率来决定如何下棋的。与之形成鲜明对比的是，国际象棋高手是将棋盘上所有棋子的排列方式当成一个整体来看待的，并即刻从识别出的这种模式中判断对手所采取的策略，从而决定每步棋的走势。虽然打仗不像游戏这般轻松愉快，但是成功的军事将领同样也是借助其自身不断培养出来的识别模式能力来调兵遣将的。

玩拼图游戏与自己动手制作拼图游戏（见图 6-11）一样有助于提升识别模式能力。在编写本书的调研中我们得出了众多令人惊奇的发现，其中之一就是各个领域中饶有建树的人士多数都是拼图游戏的爱好者（如拿破仑·波拿巴）或者热衷于自创拼图。纽斯林·福尔哈德，这位用完成一幅拼图来比喻自己科学研究过程的胚胎学家，就曾经娱人娱己地设计了一幅“无法完成”的拼图游戏。为数众多的数学家和物理学家也曾经自创过拼图游戏，其中许多都被收录在马丁·加德纳编写的数学娱乐书籍中。有时，在创作拼图游戏的过程中会激发出全新的图形模式。以创造出的各种魔方而闻名于世的设计师艾尔诺·鲁比克就在这方面树立了很好的典范，他教导设计专业的学生熟悉并掌握三维立体的彩色图形模式。亚历山大·弗雷和大卫·辛马斯特就从鲁比克魔方游戏中找到灵感，并以此为基础编写了有关于排列置换数学的著作《立体数学》（*Cubic Math*）（1982）。

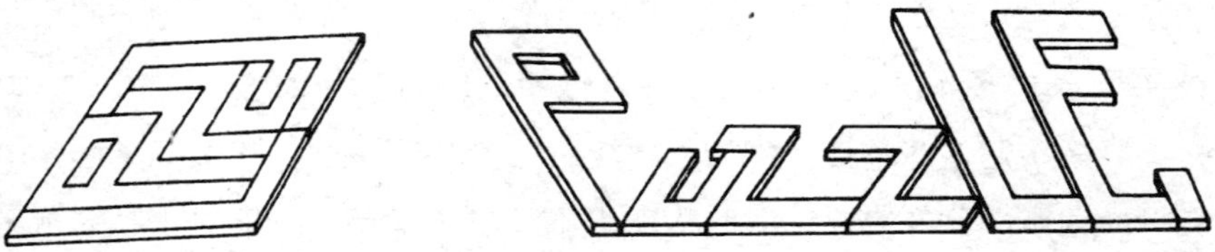

图 6-11　自创拼图

除了拼图和游戏之外，我们还可以通过在陌生环境中搜寻自己熟知的图形模式来练习并提升识别模式能力。心理学的相关研究表明，几个月大的婴儿对于类似人类脸庞的事物反应尤为强烈。事实上，搜寻与脸庞相似事物的“心理欲望”贯穿了我们的一生。1997 年，两位瑞士平面设计师弗朗索瓦和杰恩·罗伯特编辑出版了一本名为《面对面》(*Face to Face*) 的著作，其中展示了各种人造事物的图像，如钟表、门把手、收音机、手提包、照相机、开瓶器及其他种类丰富的事物。这些事物的共同点就在于其形状都类似于人类的脸庞。不信的话，现在就可以四下看看，周围就遍布着各种类似脸庞甚至人体形状的事物。具体如图 6-12 所示。

图 6-12　为何我们会在静物图像中看到类似脸庞或人体的图形

给孩子们读一些儿童故事也有助于他们的识别模式能力。例如，在路德维克·拜梅尔曼斯的《玛德琳》(*Madeline*) 中写道：“有时，天花板上的碎块看起来就像一只兔子。”另外一本儿童文学经典《牛奶洒了》(*It Looked Like Spilt Milk*) 中也列举了大量不同形状的事物，只不过这些事物都是由云朵变幻所呈现出来的。而在理查德·休斯的《牙买加的风》(*A High Wind in Jamaica*) 中，一名小女孩儿遭到了海盗的绑架，她就从自己被困船舱的木制品中找脸庞或者类似其他事物形状的花纹来打发时间。我们可以引导孩了们向埃舍尔、恩斯特和达·芬奇这些识别模式大师学习，鼓励他们从日常生活常见的事物中寻找一些图形，如门、木板、纸巾、地板、树干、窗户上的霜花，以及形状怪异的水果和蔬菜（见第 13 章）。

文字游戏这种老少皆宜的方式也有助于提升我们的识别模式能力。一流的儿童读物都力求在遣词造句上最大化地呈现出语言节奏和韵律，无论什么年纪的人都会从中体会到语言的美感。因此，我们大可以从日常会话中寻找同样的语言模式，也可以从报纸文章中改编“打油诗”。我们还可以引导幼儿学习诸如双行诗、五行诗以及俳句之类的简单诗歌格律。而青少年和成年人则可以阅读一些专业书籍来学习更为复杂的诗歌格律，如帕吉特的《教师及作家诗歌格律写作手册》（1987）或者米勒·威廉姆斯的《诗歌格律》（*Patterns of Poetry*）（1986）。还可以看看托尼·奥加德的《牛津文字游戏指南》（*Oxford Guide to Word Games*），试着自己编写一些笑话或者双关语，这也是饶有趣味的一种体验。

在享受上述种种趣味性的同时，请留意：尽力识别出一些元模式。比如，先找到一些具有类似于古典音乐韵律的现代舞伴奏曲。再把这些音乐韵律转换为诸如华尔兹、探戈之类的标准舞步，也可以将其转换为地板上的目视追踪倒影。最后，还可以将这些音乐韵律转化为语言韵律。将上述韵律模式加以总结，这些听觉、动觉、视觉抑或语言韵律模式是否与针织图案模式具有某些相似性？不同国家极具代表性的面料花纹是否在其本国的绘画以及音乐作品中有所体现？要从来自不同领域、纷繁复杂的各种模式中找到某种元模式，就得不断挖掘事物重复出现的序列或组合方式，只有不断地观察、倾听并感知才能有所发现。图 6-13 是图 6-8 图形解锁谜题的答案。

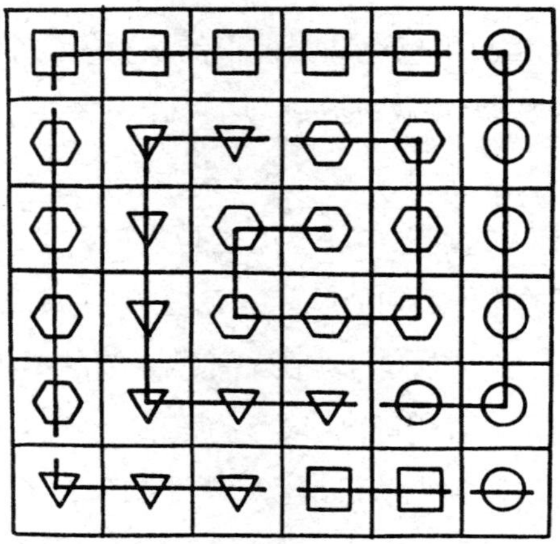

图 6-13　图 6-8 图形解锁谜题的答案

最后忠告：有时，识别模式能力的培养需要一些虚度光阴的游戏心理。弗拉基米尔·纳博科夫表示自己在儿时就可以敏锐地识别出各种模式，尤其是在晚上睡觉之前的时段。他会按照水龙头漏水“滴答、滴答、滴答”的节奏反复地打开并关上卫生间的门。“让开关门的声音完美地配合上水滴的节奏模式，”他写道，“我还会将油毡上面错综复杂的形状加以拆分，将其中某一块污渍或阴影作为观察标记点，在其周围找到类似脸庞的形状。”在此之后，他才能哼着“童谣”上床睡觉。这一系列看似拖沓而没有实际意义的行为是一种难能可贵的体验，将听觉、视觉以及语言节奏模式与行动模式交互整合为一个有机体，而其中的每种模式都是对其他模式的一种强化和放大。正是由于他日后从这种儿时体验中获益良多，纳博科夫才在自己的回忆录中奉劝道：我请求天下的父母们，切勿、切勿“催促”自己的孩子。至少，今后当你要催促晚辈、朋友或者同事时，请少安毋躁，斟酌一下后果。这就像猜谜语，看似不知所云的谜面往往能揭晓出出人意料而笑料百出的答案。虽然不论老幼，但凡做出看似拖沓而无聊的举动总是令人生厌的，但是有时却可以激发并开创出新的模式。

07

形成模式

1998 年在澳大利亚悉尼举办了一次土著人著名画家艾米丽・卡莱・肯瓦芮绘画作品的回顾展。展品中有两幅艾米丽用简单的视觉图案创作的作品：一幅画较小，是重复的垂直方向的弯曲线条；另一幅是由弯曲的线条构成的网状图案，几乎占据了整面墙（见图 7-1）。两位展馆负责人搬着小幅画，经过了较大那幅画。这时，一个奇妙的巧合发生了。我们可以从图 7-1 中看到一位摄影师拍下的这个瞬间。《纽约时报》将这张照片命名为“移动的线条”，这个标题一语双关，既指两位负责人发出的行动，又指两幅画自身。从这张照片中就能很容易地理解标题的含义。这两幅作品都是对某一线条结构的描绘，各有其规律。偶然地两幅画并置了，两种不同的规律与持画人的步伐和露出的头一起产生了更为复杂的含义。早一秒或晚一秒按下快门，持画人的腿可能就不会是相同的方向，画可能会拿歪或者在墙上的那幅画只能露出一小部分。然而照片中，一切都完美地保持对称，所以这两种移动的线条赋予了照片中所有线条新的移动方式。

图 7-1　澳大利亚悉尼一美术馆内，展馆负责人正搬着艾米丽·卡茉·肯瓦芮的一幅画经过她的另一幅画

事实上，两幅画和两位持画人共同形成一个新的合成模式是发生在一瞬间的事情。尽管合成出的模式是复杂的，但过程却非常简单。不过就是把两个或多个结构元素或功能性活动结合起来而已。将一种元素或活动以连贯的方式与另一种并置就会合成比两个元素或活动加在一起还要更加复杂和不同的模式。在“移动的线条”这一例子里，模式的形成是同时发生而且偶然的。模式的形成也可以是经过计划的、有意为之的。举个常见的例子，当我们手头没有方格纸的时候，我们通常都会用尺子和铅笔画方格图案。通过将直线元素和重复绘画这一行为相结合，每隔 1/4 英寸左右画直线，就形成了方格图案。织毛衣时形成的模式则更为复杂，两种不同的针法（平针和反针）能够以不同方式结合形成多种图案。如果两针平针两针反针进行编织的话，则会形成棱纹结构；如果一行平针一行反针编织的话，则会形成长袜那样的一行高一行低的样式。

在我们重复着一代代技术熟练的工匠们传承下来的类似于编织这种手工艺的操作和结构时，我们更加了解了如何形成模式。但本章我们要关注的是如何形成那些原创有新意的模式。艺术家、音乐家、舞蹈家、物理学家、数学家和发明家无时无刻不在用各种物质和精神的初始材料，想象并创造新的模式。他们常常发现那些模式早已存在，只不过被前人所忽视。要想理解规则通常要先学会如何创造规则。

画家吉恩·大卫，如艾米丽一样，用线条，或者按他的话来说，用“间隔”来探索模式的构成。他认为这些间隔可通过在画布上绘制线条构成网格所形成的空间来定义，也可以通过色彩或空间和色彩共同定义。“首先，我画出一些相互垂直的线，形成矩形，”大卫说，“尽管这么描述听起来比较机械化，但我会用颜色和我独有的方式去填充这些空间。我一直填充着颜色直到我认为填充的足够了就停止……这幅画存在着一个系统，一种顺序，而我是在画完之后才发现的。”

大卫的画主要靠色彩完成，所以不能在这里完全再现。请想象一下，一扇4米宽的窗户上挂着竖条百叶窗帘，一共由37个竖片构成，每片大约10厘米（4英寸）宽，长度从棚顶一直落到地面。每个竖片都被涂上了8种颜色中的一种：深蓝（B）、浅蓝（b）、白色（W）、石灰绿（l）、橄榄绿（O）、红色（R）、黄色（Y）和草绿色（G）。这些竖片按OBbWlBOBOBObBWOBOBIBWRYGWBObBOWBIBOBO的颜色顺序构成。这就是大卫1962年的画《城堡》（*Citadel*）。在这幅画中，重复出现的深蓝和橄榄绿竖条在画中非常显眼，形成了BOBO结构，中间用浅蓝（b）和白色（W）竖条间隔开。整幅画实际上是以在画中仅显现一次的三个颜色红、黄、草绿（RYG）为中心的。不像其他颜色在画中那样显眼，它们之所以是画的中心，是因为将红、黄、草绿三个颜料混合起来就是橄榄绿这个颜色。因此，将这三种颜色交叉绘制后就出现了画中的橄榄绿竖条。你可以用彩铅或者蜡笔在家中画一幅缩小版的这种彩色结构，试着去掉或改变其中一些颜色，再看看改变后的效果如何。对于这些简单的模式来说，只有改变才能使其具有独创力，从而与众不同。

大卫注意到他的艺术图案的构成与音乐的构成有相通之处。实际上，我们是有意使用“切分”这个音乐术语来描述大卫的绘画作品的，因为视觉图案也具有韵律。光效应艺术家布丽姬特·莱利也探索了线条的运动，但她的“之”字形的或者上下起伏的线条是呈现在观众眼前的。对莱利而言，用音乐类比她的作品这种做法从图案形成的过程就开始了。莱利说:“画家们通常都会意识到音乐与绘画之间的相似。我觉得绘画简单来说是对与物质世界没有直接关联的一些抽象事物进行组织，或者你可能会用‘操纵’这个词……音乐因为同时具备感官和抽象这两种特质，确实可以为绘画提供范例。”她接着说:“人们却难以避免地将自己的部分兴趣带入其他工作。人们也总是先理解那些经历过的事情。而这也是他们开始发现新事物的开端。”艺术家司徒瓦特·大卫也说:“爵士乐总会给我带来灵感，因为我始终认为它是一门艺术。所以我想，如果他们能从事爵士乐这样的艺术行业，或许我也可以，只不过我的艺术是我的绘画作品。”

这些人的看法表明，在形成模式的过程中也有模式可循:跨学科、将一个领域中极为简单的人类经验应用到另一领域。通过对比艺术家、音乐家的形成模式的过程，我们开始逐渐了解并能更好地掌握一些潜在的规则。韵律十分复杂的非洲民族音乐曾经令西方研究人士感到万分困惑，尽管非常复杂，非洲民族音乐却是由普通非洲人民演奏的，他们的音乐训练就如他们学习母语一样，只是通过非正式的模仿和社交生活学来的。这与西方社会的音乐训练方式迥然不同。在西方，各自专业的艺术家专门集中地学习作曲和演奏，听众则处于消极被动的状态。而且西方音乐在作曲时必须立刻记录下来，否则就会丢失，但是非洲民族音乐绝大多数都是听觉上的，很少有记录下来的。那么问题就在于，这些业余未经专业训练的人是怎样同时演奏出如此复杂、没有乐谱的音乐的呢？这一问题的解决会让我们更好地了解模式的形成。

音乐学家西哈姆·阿龙提供给我们理解非洲民族音乐节奏的一个重要途径，她仔细分析了上百首中非地区多节奏音乐的音频和视频并发现了一个简单的道理:通过重复敲击模式形成严格的周期结构，这基本就是非洲民族音乐的秘密所在。每个演奏者只需要掌握一系列很有限的敲击或音符，并不断重复，就像艾米丽的线条绘画作品一样（见图 7-2）。非洲民族音乐的复杂性是通过几个这种模式的叠加形成的，和展馆负责人搬着一幅画经过另一幅画时偶然形成的模式是一样的道理。

图 7-2　阿卡人在敲击 mo.kongo

你可能觉得只靠不断重复形成的音乐势必极为无聊。但事实并非如此，因为每个演奏者都在用不同的敲击模式在不同的时间间隔下进行重复。当一个演奏者在重复一个 8 拍的敲击模式时，另一个或许在重复一个 9 拍的敲击模式，而第三个人也许正在进行 12 拍的重复。这样的结果是，每个演奏者在整个演奏过程中与其他演奏者敲击的模式都不同步。整个演奏只有当所有的敲击模式都回到最初开始演奏的同步时才会重复，那么在上面的三人演奏三个不同拍子的乐曲中，回到最初演奏时的同步共需要 72 次敲击。在这 72 次敲击中，听众听到的节奏是不断变化的，尽管事实上每个演奏者只是多次地重复着自己的敲击模式。阿龙指出，这种综合模式由于每个演奏者会强调或加重不同节奏元素或进行细微改变而变得更复杂。这样，一个在细节上绝不会完全相同的作品就是在一个单纯重复的公式里因为一些元素的些许改变而形成了。阿龙以阿卡俾格米音乐举例描述用拨浪鼓、铃铛和铁条一起敲击是怎样形成不同的节奏的。Bondo 音乐是阿卡人在不同的狩猎仪式上演奏的。它最简单的模式是用四种敲击乐器根据两种不同的节奏分成两组敲打，每 12 拍重复一次。两组乐器都是在第 2、5 和 12 次敲击时不发声，而只在第 1、4 次敲击时两组乐器都会发声。一组乐器在第 3、6 和 11 次敲击时单独发声而另一组两个乐器则在第 7、10 次敲击时发声。对于如此简单的敲击模式能形成这样复杂的演奏结果是很惊人的，如图 7-3 所示。

	1	2	3	4	5	6	7	8	9	10	11	12
第一部	●		●	●		●		●	●		●	
第二部	I			I			I			I		

图 7-3　一个两部的阿卡音乐模式

阿卡俾格米还演奏另一种更为复杂的音乐模式，叫作 Yombe，用来庆祝成功的狩猎、欢迎尊贵客人、举行葬礼或者进行一般的节日庆典。Yombe 歌曲通常是 3 拍、12 拍和 24 拍的敲击模式。这三个不同拍子敲击出来的结果可在图 7-4 中看到，是一个四部的 Yombe。很奇怪，四种乐器从未在一个时间共同发声。在第 4 和 13 次敲击时所有乐器都没有发声。其中一种乐器在第 1、10、15、16、19、21、22 和 24 次敲击时发声，两种乐器在第 2、3、6、7、8、9、11、12 和 17 次敲击时共同发声，三种乐器在第 5、14、18、20 和 23 次敲击时共同发声。读者可以把上文中吉恩・大卫的条状绘画作品想象成这首曲子的视觉表现。

1	2	3	4	5	6	7	8	9	10	11	12	13	14	15	16	17	18	19	20	21	22	23	24
	●			●			●			●			●			●			●			●	
		I			I			I			I			I			I			I			I
	▲			▲	▲	▲	▲			▲			▲			▲	▲	▲	▲			▲	
*		*		*		*		*	*		*		*		*		*		*		*	*	

图 7-4　一个四部的阿卡音乐模式

如果这些例子就让你感到困惑，那么我告诉你 Bondo 和 Yombe 还是相对简单的。一些非洲部落音乐在演奏时使用十多种乐器同时演奏，每种乐器各有其节奏，产生音乐的复杂性是十分惊人的。西方音乐家们曾很难理解这种音乐，因为他们期待中的音乐是有一个主旋律的，并且按节奏单元划分开来，如 4/4 拍这种人们已知的数学模式。然而，非洲部落音乐没有可见的旋律线和节。西方人从未听过像 Yombe 音乐中 1、10、15、16、19、21、24 及 5、14、18、20、23 这种数字序列，所以对这样模式的不熟悉就直接导致对其理解和分析的困难。

我们在理解非洲部落音乐上有困难或许还有更深层的原因。在西方，每个作曲家都是在演奏前就将曲子写好了，我们听到的旋律和模式是事先计划、有意形成的。而一些部落音乐却是由演奏者灵感突发共同演奏完成的。人们听到的音乐模式，无论是当所有演奏者都停止敲击还是所有演奏者同时敲击乐器，都不是事先计划的而是偶然形成的。所有演奏者在第 4 和 13 拍都没有敲击并不是说演奏者正在想“在 4 和 13 这两个拍子我不应该敲击”，而是所有演奏者在敲击各自的节拍时巧合地在这两个拍子处都没有发声。这些演奏者可能和听众一样对出现在这两个拍子所有乐器都没有发声感到惊讶。这种惊喜也是部落音乐家创作音乐过程中的乐趣之一。

非洲多节奏音乐对美国黑人音乐的创新和从其本土草根天才那里发展起来的雷格乐、爵士乐和摇摆舞音乐都产生了不可磨灭的影响。除此之外，一些现代西方作曲家更为正式地对非洲音乐技巧进行了再开发，其中比较著名的人物有俄罗斯籍的作曲家和音乐理论家约瑟夫・施灵格，他的学生有乔治・格什温、奥斯卡・莱文特、格兰・米勒、班尼・古德曼、汤米・道尔西和保罗・拉瓦。在其著作《艺术的数学基础》(*The Mathmatical Basis of Arts*) 中，施灵格认为节奏产生于“同步构成的周期”并通过举例解释他的这一定义，而这些例子恰恰是阿龙所举例子的类比。在图 7-5 中，一位演奏者每 4 拍换一个音符，另一位每 3 拍换一个音符，这种 4 拍一换和 3 拍一换的模式每 12 拍就会重复一次，用数学公式来表现拍数的话就会是这样：3、1、2、2、1、3。如果再增加不同拍数换音符，比如 3:4:7 三种叠加在一起的话，则形成的模式将更复杂。同样还是设计师的施灵格在他的书中提供了大量的怎样将音乐模式转换为视觉模式的例子，清楚地说明了音乐和艺术间的相似性，这种相似性吉恩・大卫、斯图瓦特・戴维斯和布里奇特・莱利都说过。

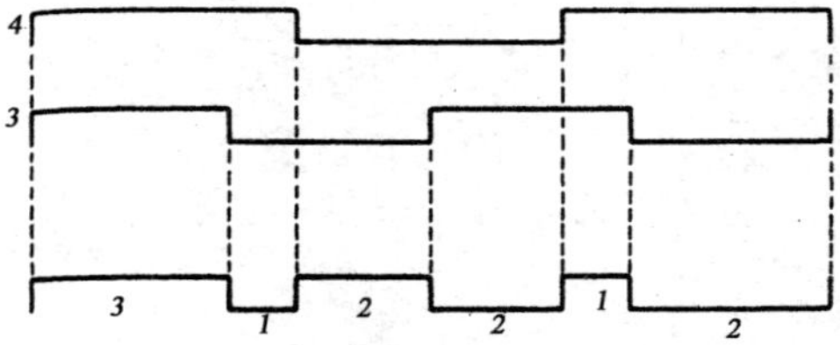

图 7-5　四三拍模式下形成的时间上的周期性

作曲家斯蒂夫・莱奇对非洲部落音乐的各种元素进行了研究。在他 1978 年的一个名为《献给 18 位音乐家的音乐》(*Music for Eighteen Musicians*) 的作品里，不断变化的和声模式与持续不变的旋律模式不断循环，给人一种声音多变的感觉，但实际上是不变的。菲利普·格拉斯从古印度音乐规则中获取灵感，创作了极具变化的作品。在他 1982 年的《玻璃作品》(*Glasswords*) 和 1983 年的《失衡生活》(*Koyaanisquatsi*) 中，人的声音、萨克斯风的声音、合成器的声音及许多其他乐器的声音将简单的重复模式变成了复杂的乐曲。即使格拉斯仅用钢琴一种乐器作曲时也采用这种原则。像斯科特·卓别林的许多雷格乐作品一样，他会要求每个钢琴演奏者都能够两手分别弹奏不同数量的拍子。"你必须能够一只手弹奏 5 拍，另一只手弹奏 4 拍。不然的话，像我的音乐通常都会在一只手进行 3 拍的循环，另一只手进行 9、8、6、5、4、3、4、5、6、8、9 这样的循环，并且都能够融入 3 拍的基本循环中，所以演奏者需要有很好的节奏感才能演奏我的音乐。"

赖西和格拉斯的音乐已经很接近古代多节奏音乐的基本结构，一个名叫 Stomp 的舞蹈——敲击表演队则更为接近。敲击易拉罐、壶、平底锅、毂盖、厨房水槽、装有棍子的盒子、轮胎金属轴、手和脚；用扫帚、垃圾桶、板条箱重复地踩踏或者击打地面；打响指、揉搓包装袋、拍手、拍肚子、演奏者互相拍打等，Stomp 的表演者所创造出的声音和节奏既古老，古老到人类最初出现的时候，又创新，和摩天大楼一样新。他们的"乐器"可能和古代非洲或者印度人用的不一样，但是这种合作的过程与音乐刚刚产生于世界时一样给人强烈的感官冲击，使人兴奋。

令人惊讶的是，即便最"复杂"的西方古典轮唱乐，也是基于形成模式的概念创作的，而且远没有阿卡俾格米音乐和 Stomp 创作的音乐复杂。举个例子，巴赫经常用简单的复调演奏，将两种不同的旋律或主题而非节奏形成比较。他还用反转的方法，比如他的两声部《创意曲 8 号》(见图 7-6)，在基本主题引入后 (a)，巴赫将其翻过来 (b)，之后又将其上下倒置 (c)，最后又进行了反转 (d)。最后形成的版本 (d) 和原先的主题 (a) 正好上下相反，形成了有趣的模式对称。两声部的创意曲中一个重要的部分就是将主题的变化捆绑在一起的方式的探索。作曲通过这样描述仿佛是一件很简单的事情，但是通过这些操作创造出有音乐意味的模式实际上很有难度。一个反转的好例子是，在录制《巴赫来访》(*Mr. Bach*

Comes to Call）时，沃尔特·比亚克一步一步地以儿歌《啪！黄鼠狼溜走了》（*Pop Goes the Weasel*）为主旋律创作了一首名为《音乐冒险》（*Adventure in Music*）的赋格曲。

图 7-6　巴赫两声部的《创意曲 8 号》中的反转

巴赫使用的反转实际上是与一个名为组合学的数学普遍概念相关的。组合学探索一个体系中所有元素可能的组合。比如，两个相同元素只能有一种组合方法，但是两个不同元素则有四种组合方法，而三个不同元素则有 27 种组合方法。并非所有组合都会产生有趣的发现，除非都试过了，否则就不会知道。因此，作曲家达律斯·米约明确地将组合思维作为探索多音调音乐（同时使用超过一种的音调作曲）的一种方法："我检查每两种音调叠加可能形成的组合并研究这个组合产生的和弦，我还研究了将其反转后的效果。我通过改变音调的风格尝试了几乎所有能想到的排列来形成和弦，之后我又用三个音调重复以上的做法。"在越来越熟悉那些新组合后，米约发现一些组合让他觉得有一种"微微的甜蜜"，让他相较于平常的和声来说更为满意，还有一些是"极端的强有力"。无论是这两种中的哪一个，都产生了新的作曲模式供进一步开发。

在科学模式形成的过程里，简单模式的叠加也产生了有趣的结果。实际上，很难将大多数模式归类到科学或艺术。比如，云纹绸模式是从"波纹绸"这种几个世纪以前最先在中国出现的丝绸中发展而来的。这种模式是将织物沿着主线以不同角度重复折叠并压实或者用机器将一个模型按压在织物上形成图案。无论是这两种做法的哪一种，织物都有两种叠加的图案——原先编织成型的图案和压实后的图案。就像叠加的音乐节奏能够产生新奇的音乐效果一样，叠加的视觉模式也能产生新奇的视觉效果。光反射在两种图案的交叉处形成一种光泽，让人想起池塘的水波。你也可以通过将两张或以上金属丝网叠加、将透明窗帘折叠在一起或者将两个铁丝网围栏叠加在一起观察到云纹的效果。也可以自己制造出云纹效果，首先在一张纸上画任意一种常规网格线（直线、曲线或者弧线都可以），然后将所画的网格复制到透明醋酸纤维布上，将醋酸纤维布放在网格纸上，缓慢变换角度旋转纤维布就会形成云纹（见图 7-7）。这些例子都是阿卡俾格米音乐、Stomp 舞团的例子、斯蒂夫·莱奇和菲利普·格拉斯的音乐做法的视觉类比。

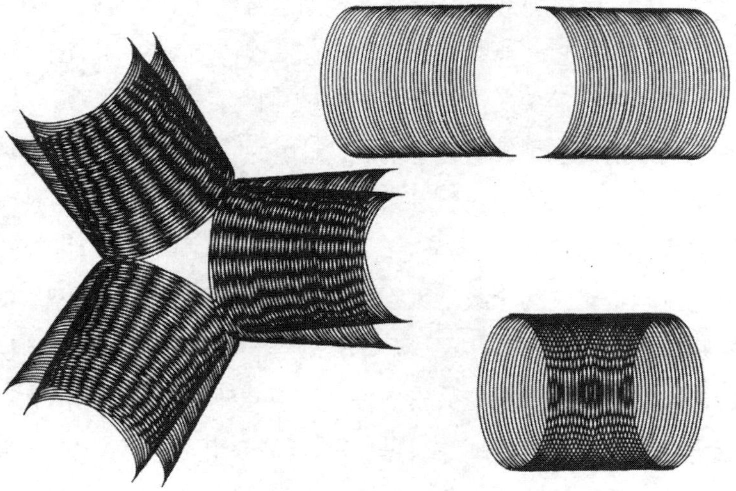

图 7-7　用图右上角的简单图案通过两两叠加形成的云纹

云纹在科学和技术上也有应用。用光栅检查金属和晶体能轻松地看到它们的应力线。任何有固定模式的事物，如纤维、线网或者砌砖的表面不规则的话都可以通过网格轻松找到。或许最重要的还是，杰拉尔德·奥斯特和西岛在他们经典的“科学美国人”（Scientific American）一文中指出的，“云纹图案可以被看成两个冲突的周期函数的数学解决方法，因此，云纹技术可以被当成一种模拟电脑来使用”。也就是说，它是一台不用数字而是直接通过添加图案来“计算”的电脑。如果每个网格代表了一个数学函数，那么多个网格的交叉就是一个多函数数学难题的解决方法。电磁波、声波和水波都是天然云纹，它们的交叉不仅能用数字表示，还能用视觉图案来表示。

电磁波、声波和水波的数学描述（现在被称为傅里叶分析）同样要求人们理解“复杂模式是通过简单元素叠加而形成的”这一道理。在播放唱片机或者光盘时，唱针或者激光的振动都被转换成电流，电流通过一个或多个声筒转换成了声音。电流的振荡中包含了使声筒振动的一切信息，就好像电流本身就是一整个管弦乐队、唱诗班或者摇滚乐队一样能发出全部乐器的声音和人的声音。当电波通过示波器变成视觉图案后，你会看到其实它没有那么复杂。在19世纪20年代前，没有合成器或者电子设备，约瑟夫·傅里叶想要研究这些复杂的波长，无论是声波、电波、热波或者任何其他物理介质或过程的波。像乐理家试图弄懂非洲部落音乐的复杂性一样，大多数数学家都被这个问题难住了。但是正如阿龙发现部落音乐实际上以简单元素重复为基础，傅里叶也发现任何复杂的波函数都可描述或可制造，只要将一系列简单函数结合在一起就可以了。

傅里叶之所以能成功地解决这个问题，是因为他没有试图分析电波所携带的整个“交响乐团”而是从根源处想象如何合成这种电波。创造一个纯音（对应的数学名称及电信号叫作正弦波）很容易。每个不同的音由不同周期的正弦波表现，这在傅里叶的那个年代是每个数学家都知道的事。然而和其他人不同的是，傅里叶想到如果将许多纯音或者许多单一数学函数结合在一起会怎样。他认为理论上人们可以通过准确调整一系列音叉发出任何可以想象到的声音。由于每个纯音都可以用正弦波来表示，那么每个复杂的波必定是使用许多正弦波结合起来形成的。反过来，每个复杂的波形或者每个复杂的形式的数学描述必然能够分解成基础的波函数。具体如图7-8所示。

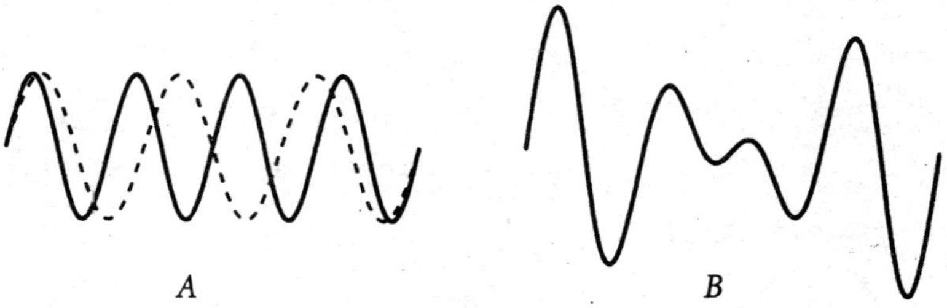

图7-8　傅里叶对四三拍（图7-5）的分析，两个正弦波，一个在固定周期内振荡三次，另一个四次。右边的图形（*B*）是由左边图形（*A*）中的两个正弦波相加形成的，所以*B*也可以分解成*A*中的两个正弦波

傅里叶的分析应用范围很广，从热力学（傅里叶本人参与了热力学的界定）到电子学，从控制论到磁共振成像等。大多数人熟悉的应用大概要数能合成音乐的电子合成器了。19 世纪后半部分中，赫尔曼·冯·亥姆霍兹用一种由电子控制的音叉构成的机器发出了复杂的音乐声音，成了傅里叶理论的实证。这个机器就是现代电子合成器的前身，而它产生的复杂音乐是傅里叶的伟大洞察力的最佳证明。这个合成器能再现巴赫康塔塔、西妲和萨朗吉等印度音乐，三弦琴和十三弦古筝等日本音乐及重金属摇滚乐队的音乐。它能再现这些音乐是通过三角函数的叠加做到的，现在已经在全世界范围广泛使用。

现代数学家发现其他简单操作也能产生惊人的复杂模式。举个例子，让我们来看看在一个三角形上做一种简单操作能够带来什么效果。首先在一张纸的一边画一个等边三角形，边长约为 9 厘米（或者 3 英寸）。将三角形的每个边分成等长的三段。接着在三角形三条边的中间段向外分别画三个等边三角形，这三个新的三角形的边长就会是原三角形边长的 1/3。现在在三个新的三角形上重复这一操作，也就是将这三个新的三角形的边长分为等长的三段，并在中间段画一个等边三角形，这一过程可无穷尽地继续下去，形成的图案是一个特别的星形，我们称之为科赫曲线（以其发明者、瑞典数学家科赫的名字命名）。科赫曲线有一个令人惊讶又奇怪的性质，那就是它的面积是有限的而周长却是无限的。你可以在一个正方形上进行类似的操作看看会有什么效果。具体如图 7-9 所示。

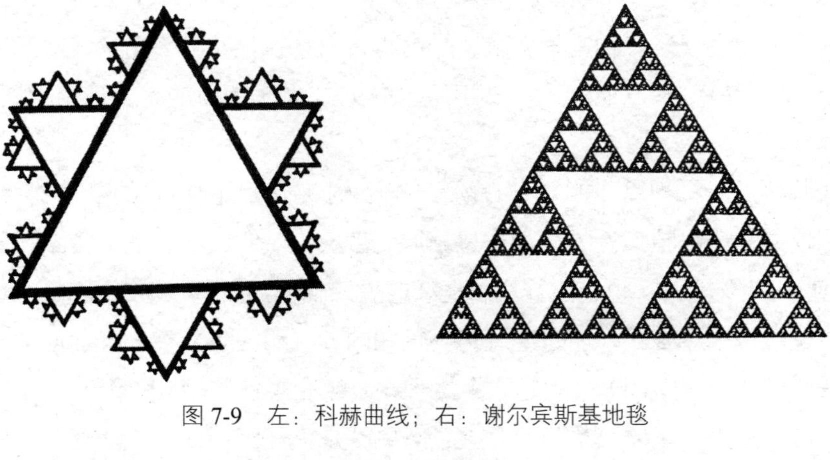

图 7-9　左：科赫曲线；右：谢尔宾斯基地毯

将这个操作倒转过来产生的结果同样奇怪。再画一个大小合适的等边三角形，但是这次将边长二等分。在三角形内画另一个三角形，使这个三角形的三个顶点位于外面三角形三边的中点上。设想一下你挖去了中间的三角形，那个位置现在是空的。在剩余的位置继续进行同样的操作直至你厌倦为止。这样做产生的结果就是谢尔宾斯基地毯。它的性质和科赫曲线的性质正相反：这个地毯像被成百上千只虫子蛀了一样，尽管其周长有限，却没有面积可言了。和科赫曲线一样，你也可以在正方形上挖掉正方形，看看会有什么效果。

科赫曲线和谢尔宾斯基地毯同属于数学里的分形学领域。分形学最先是由本华·曼德博在 20 世纪 70 年代中期开始系统研究的。分形通常都有很奇特的性质。其中之一就是面积与周长间的难以预测的关系；另一个是无论用何种比例进行观察，分形的图案都是一样的。最小部分的结构和整个分形的结构一模一样。奇怪的是，物理学家和艺术家都发现分形图案为他们理解结构提供了很大帮助而且电脑产生的图案多种多样。植物学家在树的结构中发现了分形，而生理学家在肺部支气管结构上发现了分形。一些音乐家甚至开始试验创作分形音乐。再一次，简单操作产生了极为复杂的模式和难以预料的结果。

我们到目前为止提及的所有在艺术、音乐和数学领域的模式形成都适用于其他学科。作家明显需要通过将许多简单的词汇聚在一起形成句子、段落、诗歌、故事和书籍，稍不明显地，作家要通过其个人不同的经历形成模式来建构文章。以弗吉尼亚·伍尔芙为例，她在处理场景和角色时常强烈地感觉到她“把被分开的部分放到一起……写作给我的感觉就像把被分开的东西重新拼到一起……从这种感觉中我发现了一种哲学，我总是这样认为，在棉花（毫无意识地度过的日常生活）的背后藏着一个模式”。对伍尔芙来说，文学的目的是让这个模式显形，让它歌唱。

纳博科夫同样把写作叫作“在纷乱中突然找到和谐的模式的艺术”。纳博科夫从诗歌这一最为结构性的文学形式拓展到散文中，他还发明了一些国际象棋难题，他把它比作写作，也包含规则、复杂的模式和使用各种模式的策略。实际上，他的小说就是很复杂的，像是经过精心策划的，就和国际象棋一样。他的一个早期作品《玛丽》（*Marry*）讲的是一个关于一个年轻小伙子带着对未来的惴惴不安等待久违的爱人到来的简单故事，这个故事就是模式经历的一次叙述。故事的时长为七天，地点是柏林的一处公寓，公寓里有六个房间，每个房间都用旧挂历撕下来的纸标记（这代表了年轻小伙子在多年前和情人约会的六天）。在这七天里这个年轻小伙子每天进入这六个房间中的一间，当第七天到来时，没有别的房间可进入了，他离开了这间公寓，离开了柏林，也远离了看到旧爱的一切可能。纳博科夫通过将故事限定在一定的天数和房间里，将这个故事形成了一个重复、视觉和空间结构，并通过时间流逝来进行记录。通过回忆和希望的叠加，他建立了一个痛苦又甜蜜的对比。亚历克斯·德容格长期研究了纳博科夫模式，他说《玛丽》的结构与他晚期探索人类经验和探索自然规则形成镜像相比还算简单。

我们不必非要成为小说家才能使用这些模式，每个对话都是形成模式的练习。就像非洲部落的音乐创作一样，每个人都控制着这个模式中的一部分，整体的效果取决于独立但又相互依靠的意图间的相互作用。将一段对话当成声音来听，而不是听每个具体的单词、对话的模式、声音起落形成的节奏、相交与分离以及节拍和切分。20 世纪 60 年代晚期钢琴家及作曲家格伦·古尔德在他的电台节目《北方之音》中创作了一首对话音乐，用人的声音形成了一首“三重奏鸣曲”。首先我们听到一个女声在描述加拿大极北地区的生活是多么孤单，大概 30 秒后一个男声加入了谈话，覆盖了女声，也讨论同样的话题，但是用不同的表达方式和语速，之后另一个男声加入对话中，三个人同时说话。这样做的结果是，它不是一个特别清晰的对话，但是特别清晰的声音。这是一个没有音符或旋律的对位音乐，音乐上的交流只通过文字传达。类似的对位实验在史蒂芬·桑坦的音乐和歌词上体现得十分明显。在他的作品《小夜曲》（*A Little Night Music*）中，许多声音同时演唱创造了多层的声音和含义，这是单一的旋律或诗句不能体现的。弗莱许曼在他的纽贝里奖获奖诗集《欢乐噪声》（*Joyful Noise*）中同样创造了许多“音乐二重唱”，这些诗必须两个人同时大声朗读。

对话音乐，无论是经过电子处理的、被演唱或者背诵的，都使我们意识到一段话除了能传达我们所期待听到的文字含义外还是有模式的。在舞蹈领域，像坎宁安等编舞者都探索过有限的动作里不同的组合方法并且尝试打破舞蹈里的常规模式并发现新的动觉模式。坎宁安从自然中寻找形成模式的灵感，随意地组合舞蹈元素，就像基因组合是由繁殖系统的骰子随意组合的一样。他开始将舞蹈的各方面提取出来：动作、时间把握、空间把握、舞蹈演员人数及模式类型，接着他将每个方面都变成一个变量，然后通过一些随机方法，如抛硬币等来决定这些方面的组合。坎宁安的一个舞蹈演员卡洛琳·布朗说："舞蹈在他这种方式下更像谜语而非一种艺术形式，谜面是空间和时间还有形状和节奏。"坎宁安的编舞像米约的多音调音乐一样，都试图避免传统的先入之见并探索一组舞蹈元素里所有可能找到的固有的模式。正如坎宁安自己说的，你能看到将这些行为以不同的方式打乱是什么样子，并看到新的组合可能带给你的惊喜。

坎宁安对自然的模仿在科学上是正确的，也是具有洞察力和启发作用的。整个进化论就是以存在的基因的随意修改为基础建立起来的，这给我们提供了源源不断的生物创新的可能，甚至有一些要比现存的更有趣，更有适应力。人们认为，人体免疫系统能通过随意组合一系列基因形成所有可能的排序产生抵抗感染的各种抗体。化学家最近研究出怎样在实验室里模仿这个过程，使用一种名为聚合酶链式反应的技术创造出上百万种相关 DNA 序列，其中一些人类需要的组合可以被提取出来并进行复制。他们还学会了通过尝试各种可能的化学反应物的组合生产出新的药物和合成材料，如此每年都能制造出上百万种新的合成物。

确实，复杂的结果源自简单元素的结合是模式形成的最普遍特征。我们能看见的所有颜色都是红、蓝和绿三种光或者红、蓝和黄三种颜色混合形成的。大多数音乐都能用几个基本的音符写出。四种核酸基的组合包含了世界上任意一种生物的基因信息。自然里所有的蛋白质都是由 20 种主要氨基酸构成的。上亿种的已知化学成分都是由不到 100 种基本元素组成的。或许最震撼的是，所有语言都能用两个符号来表达——点和斜线构成的摩斯密码，而且任何信息都能被转换成 0 和 1 输入电脑。形成模式的重要之处不在于结合的元素有多复杂，而在于选取各种组合时的智慧和未知性。

我们强调的在艺术领域上形成模式时的智慧、未知性甚至多样性等特点对于科学来说同样准确。人们常有的一种误解，可以用这样一句话来体现："给十位画家同样的风景，他们会画出十幅不同的画；但给十位科学家同样的问题，如果他们解答正确的话，会得到十个相同的答案。"而事实上，有创造力的科学家和艺术家一样，通常也会采取不同的途径得到不同的解决方案。有多于 300 种方法能够证明毕达哥拉斯定理，每种都形式独特且与其他方法不冲突。最后的答案或许一致，但和那十个画家一样，解答的方法也各有不同。最近对人类进化理论的综述显示，至少有七种不同的进化树与现存的进化证据一致。相同地，在《周期系统百年图示法》(*Graphic Representations of Periodic System During One Hundred Years*) 一书中，化学家爱德华·马具尔斯记录了超过 450 种有效的元素周期模式，大多数都不是表格形式的。马具尔斯指出，尽管每个版本都把元素以相同的基本顺序排列并且原子量和亲和力等方面的规律相同，每个模式却强调周期性的不同特性和不同种类化学物的构成。随着我们化学知识的不断增加，新的元素结构也不断被发明出来，一个科学问题会有多种解决方案。具体如图 7-10 所示。

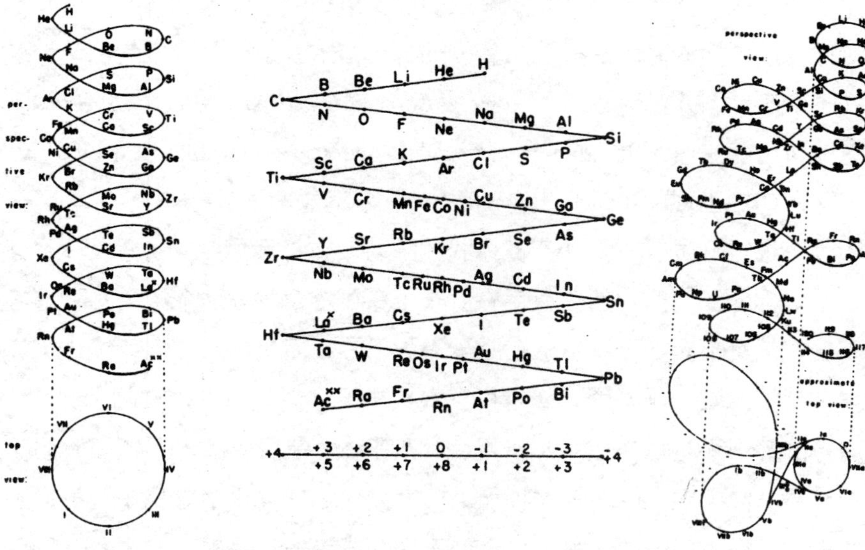

注：从左到右：德·坎古杜瓦（1883）、雷诺兹（1886）、希尔梅森（1990）。

图 7-10　上百种有效元素周期表中的三种

科学及数学解决方法多重的表述方式的关键不仅在于其创造力的体现，更在于这些不同表述方式能引领我们到哪条不同的道路上。不同的解决方法产生的使用功能就不同。想想“一个半”这个单词及其数学形式和 1.5，这三种形式逻辑上相同，但是只有一种方式能输入计算器上。同样，用阿拉伯数字 157 乘以 339 很简单，但如果用罗马数字 CLVII 乘以 CCXXIX，则不知该怎么乘了。你当然不能像阿拉伯数字做乘法那样用乘数罗马数字的每一位去乘以被乘数的所有数位。那该怎么办呢？具体的模式体现我们对事物的具体理解，因此也有其不同的限制和优点，没有任何一种模式能代表一切并应用在所有方面上。物体或概念结合在一起后决定了其外在形式和用途。

这种不同也存在于其他学科。阿诺尔德·勋伯格发明的十二音阶能做到标准西方音阶做不到的事情。古典芭蕾舞舞蹈演员的舞步是一个样，现代舞舞蹈演员的动作又是另一个样，而从体操或者武术中精炼出来的动作又不同了。显然，我们发明的用来限制、界定和表达对这个世界体验的模式越多，我们就能获得越多真正的知识，我们对世界的理解也就越丰富。

因此，学会创造新模式是每个学科创新的关键，而且越早学习这种技能越好。你可以用写作来锻炼这种技能，用有限的几个单词尝试造出含义不同的句子，越多越好。霍贝尔曼的诗歌《组合》（*Combinations*）就是一个很好的例子，这首诗可以在《牛津美国儿童诗歌集》（*Oxford Book of Children's Verse in America*）中找到，诗的头两句是“A flea flew by a bee. The bee/To flee the flea flew by a fly”，接下来用这两句中出现的单词写出了 28 句诗，没有重复。

还可以进行动觉、听觉和节奏模式的练习。或许我们都知道这样一个挑战，用一只手拍你的头同时用另一只手在肚子上做画圈动作。这个练习实际上还可以增加难度，试着不要拍一次头、在肚子上画一圈，而是画三圈。如果这个你能做到，就试试拍三次头画两圈，或者拍三次头画四圈。这可是很难的！

同样的练习还可以像鼓手那样用手和脚来做，最厉害的鼓手能同时演奏四种不同的节奏。你可以自己锻炼这种能力，每只手拿一支铅笔敲桌子，单位时间里敲出两拍，一只手敲一次，另一只手敲三次，或者一只手敲三次，另一只手敲四次，一只手敲三次，另一只手敲五次等。许多钢琴曲都以 3/2 为基调，一旦你掌握了这种技能，可以尝试任何其他组合。或者可以在走两步的同时拍三次手，用这种全身带动的方式掌握复杂的组合节奏。所有这些练习如果能有许多人同时进行，将更有趣（而且更难）。最近当地中学乐队的鼓队从一位大学教授处学习了一些非洲多节奏音乐，他们体会到了在面对压倒性的组合演奏效果时想保持自己的模式是有多么难。任何唱过轮唱的人都体验过那种自然而然的随着主要节奏演唱而忘记了自己节奏的经历。合作需要努力。

这种肢体上的形成模式练习可能对有些人来说很困难，那么不妨尝试用图画的方式进行练习。首先我们极力推荐雷内·帕罗拉的《视觉艺术：理论与实践》

（*Optical Art: Theory and Practice*），这本书提供了设计一系列常规及非常规模式的例子和参考。帕罗拉的这本书不仅是这门艺术的一个历史回溯，更揭示了其背后的科学原理。即使那些不会画画的人，也能通过使用已经制作好的材料进行模式的组合练习。翻翻垃圾箱或者到五金商店里买一些滤网、筛子或者其他类似有编织模式的材料，将它们剪开并叠置形成抽象拼贴画或者经过更复杂的叠置形成云纹。将你的作品放到静电复印机上（注意不要划损玻璃），就能将其转变成图像。你还能使用这些材料制作移动的作品，这样，作品的一部分能移动，经过另一部分时就形成了云纹。

组合模式或者视觉模式的形成可以通过猜谜语（如七巧板等）得到锻炼。七巧板是一个正方形，切割成五个三角形、一个正方形和一个平行四边形，这些形状有无限的组合方式，拼成房子、动物、人和几乎所有能想到的形状。尤其和我们正在讨论的问题达成一致的是，七巧板拼图也可以殊途同归。比如，至少有九种方法形成一个里面有两个小三角形空白的正方形（见图 7-11）。如果我们类比地思考，将这些正方形想象成九个逻辑上等同但结构和美学上不同的同一问题的不同解决方法（怎样用给出的形状拼成一个大小固定且具有某种特殊性质的正方形）。因此，找到了一种七巧板的拼法还只是开始，还有更多拼法！

图 7-11　用图最上方的图案形成有两个空白三角形的正方形

工程学同样具有简单且多样性这一特征。所有复杂机器都由简单机器组合而成，如杠杆、轮子、螺丝、齿轮等。发明过程就是把这些零件以新方式拼装到一起的过程，也就是说，从中设计出一个新模式。儿童用的经典建筑玩具，从以前的 Tinkertoys、Erector 和 Mechano 到现在的乐高玩具、K'NEX 和 Zoob 都包含了这一原则。乐高玩具的理念就是有限的建筑玩具积木能提供无限的建筑可能。作家兼发明家雷斯尼克在麻省理工学院的媒体实验室工作，他有物理学和计算机科学的双学位，与乐高公司共同开发生产了 Mindstorms（一种综合了计算器驱动马达和传统乐高积木的组合玩具）。"我们在尝试将数码与物理世界更好地结合在一起，"雷斯尼克说，"我们的观点不是给孩子提供已经预先搭建好的玩具，而是给他们需要的部分自己制造玩具……我们想要帮助孩子成为设计师和发明家。通过自己建造，孩子能尝试自认为正确的原理并通过亲自动手检测原理是否正确。"其他建筑玩具也根据同样理念设计。以 Zoob 为例，它有五个基本单元，发明者迈克尔·格雷（一位有遗传学学位的艺术家）将这五个单元和 DNA 结构做比较。"Zoob 与语言或者字母平行，"他说，"你可以用它建造任何东西，包括 DNA 模型。K'NEX 也是基于有限部分间相互作用的原理发明出来的，艺术家兼商人兼发明者乔尔·格里科曼称之为'三维蜡笔画'，你能用三维方式画出的图像几乎是无限的。"

我们从这些玩具上得到两点启示。首先，每位发明者都在科学和艺术领域接受过训练，这也证明了，正如我们在本章里讨论过的吉恩·大卫、斯图瓦特·戴维斯、布里奇特·莱利和约瑟夫·施灵格等人说的一样，模式形成无论在模式本身还是其意义上都是跨学科的。其次，在这些玩具形成模式的可能性和视觉艺术、音乐或者电脑编程形成模式的可能性一样，其最终成品的复杂性并非因为组成部分复杂性所导致，而是用智慧将一系列简单元素组合到一起形成的多种惊喜。

我们希望看到这些启示应用在科学领域中，因为大家总认为科学领域中的所有问题答案唯一。考虑到马祖尔关于多种元素周期图式的书现在大家都能买到，我们建议有效教授化学专业学生周期表的一种方法是，让他们设计自己的化学周期模式而不是简单记住别人研究出来的模式。同样，应该鼓励学习几何的学生自己发现证明定理的方法而不是记住书中的方法或者老师教的方法。实际上，综观历史中任何科学领域或者科学矛盾，我们都会发现科学家总是在尝试用多种途径表述他们的见解，而不是让标准教科书公式僵化人们的思维。创造模式比记忆模式更有趣，也更有价值。梳理一种模式并创造新模式要求人们真正了解一个现象或过程中的所有基本元素。更重要的是，开启了一个领略新知识的全新世界。

08

类　比

在 20 世纪的前 20 年，物理学家开始用风琴、大钢琴或者号角与原子类比，进而对原子进行分析和探索。原子与乐器之间的相似性最初发现于一些难以解释的观察。当原子被一些诸如热量等能量击中时会发出光波。在使用棱镜等分光镜进行观察时，每个元素形成颜色的光谱都比肉眼所见更为复杂。正如风琴或钢琴，每个原子都能同时发出多种声音，而每个和弦都对应一种元素。很显然，元素的能谱与其结构之间有某种联系。那么，这种联系是什么呢？

德国物理学家普朗克解决了这一问题。然而令人困惑的是，即使像氢这样简单的只有一个原子核和一对电子构成的原子，也有十分复杂的光谱。丹麦物理学家尼尔斯·波尔使用的标准原子模型告诉我们，电子是绕着原子核运行的，就像行星环绕地球一样，但这并没有明确体现光谱的复杂性。人们都知道，无论电子距离原子核有多远，这种环绕都会持续。那么，为什么原子发出的能量会被限制在特定频率呢？是什么给原子“定调”，使它的电子在一定轨道带有一定能量环绕？为什么这些电子能够从一个轨道跳到另一个轨道上，就像从 A 调变作 C 调，却从不能在中间发出一个滑音呢？通过更深地推进乐器与原子间的类比，将数学上的电子环绕原子的轨道类比成振动的琴弦，普朗克找到了这一系列问题的答案，如图 8-1 所示。

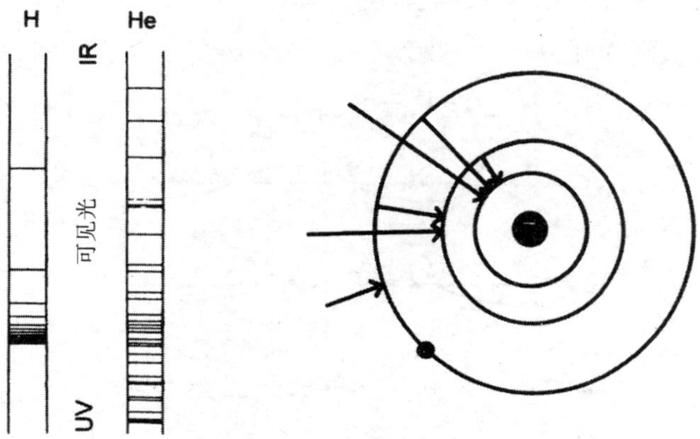

图 8-1　简单的原子，比如有一个电子的氢和有两个电子的氦在发射光谱时的复杂性可比风琴或钢琴的和弦。尼尔斯·波尔首先假定电子环绕原子核的方式正如行星环绕太阳一样，再对产生的光谱进行解释。如图中箭头所示，当一个电子从一个高能量轨道（距离原子核较远的轨道）落入一个低能量轨道（距离原子核较近的轨道）时会释放一定量化单元的光能或光量子。可发生的轨道转变是从发射光谱中观察到的一条能量线转变到另一条能量线上

一般意义上，类比指的是两种不同事物功能相似的比较。普朗克是一位曾经想从事音乐的钢琴家，他说电子并不是振动的琴弦，只是从数学角度把电子比作琴弦时得到一些有趣发现。首先，他发现只有当电子像驻波一样运动时，轨道振动的能量才得以保存。无论它们是振动的琴弦还是池水泛起的波浪，驻波都会产生共鸣，高能量区或顶峰间重叠互补。不能同步的波会自行消失，高能量区、顶峰和低谷会自动达到平衡。如果消音这种现象发生在原子轨道上，则电子会全部跌入原子核而物质则会停止运转。而由于这种电子跌入原子核的现象并没有发生过，所以普朗克认为电子一定像驻波一样运动。令人惊讶的是，通过这种方式对电子进行数学建模，普朗克甚至能解释电子为什么会有特定的运行轨道。

对驻波类比的另一特性引起了普朗克的注意：琴弦振动产生的所有能量都在节点之间（见图 8-2）。也就是说，它被量子化了，被束缚在离散单元中。经过计算，普朗克发现这些被束缚的能量总和恰巧是原子光谱线能观测到的能量和，这些线就是每个原子的“弦”。这一发现就是其著名的量子理论的前身，它被爱因斯坦称为“思想界最高形式的音乐美”，于实验结果和音乐结构两方面都“奇迹

般地”达到和谐。爱因斯坦自己用量子理论解释光波也像粒子（或者按我们现在的叫法叫作光子）一样运动。正如普朗克和爱因斯坦预测的，每个光子束或量子是其波长或光的颜色的函数。普朗克正是因为这一发现而获得了 1918 年的诺贝尔奖，而爱因斯坦获得了 1922 年的诺贝尔奖。

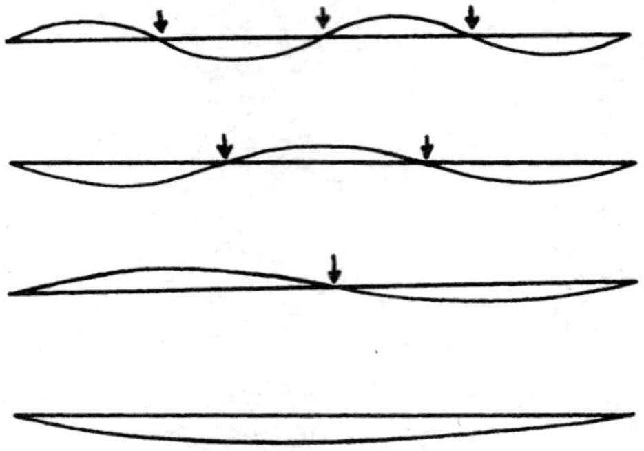

注：箭头所指处，弦是不动的。所以所有动作和所有活跃着的能量都被量子化在这些不动的节点间。

图 8-2　麦克斯・普朗克的等式描述电子行为的方式

对普朗克来说，振动弦和原子间的类比是很简单的数学形式应用，因为它使复杂问题变得易于处理。然而，对另一个科学家来说就不止如此了。路易・德布格利是一名物理学家，同时也是法国最好的业余小提琴演奏家，他很严肃地对待音乐与量化电子间的类比。据他的同事乔治・盖莫说，他真的把原子看作一种极小的弦乐器，因此他发现了一些普朗克和爱因斯坦都没有发现的问题，当这些小弦乐器圆形的弦振动时出现的和声和泛音就像真正的琴弦在弦乐器上发出的一样，具体如图 8-3 所示。

当你在弹奏钢琴或者其他弦乐器时就能验证德布格利所说的话。在钢琴键盘上敲击任一个 A 音阶，其他八度音阶的 A 音阶也会振动（确保你踩了强音踏板，这样琴弦能自由振动）。其他弦乐器也会有这种同步振动。当你拨动贝司上的一根弦，那么调音到同一音符的定音鼓也会发声，反之亦然。这些声音是和声，它们之所以会产生和声，是因为第一根琴弦的振动与其他琴弦同步，也就是说，它们产生了共振。除 A 音阶琴弦外的其他弦也会振动（尽管相对较弱），它们能量模式的充分重叠导致了部分共振的出现。德布格利通过类比认为这种和声现象同样存在于原子之间，用几个世纪前就已应用的标准数学技巧来描述琴弦的和声和泛音，德布格利计算出了如果是原子般大小的乐器，和声会是什么样子的。

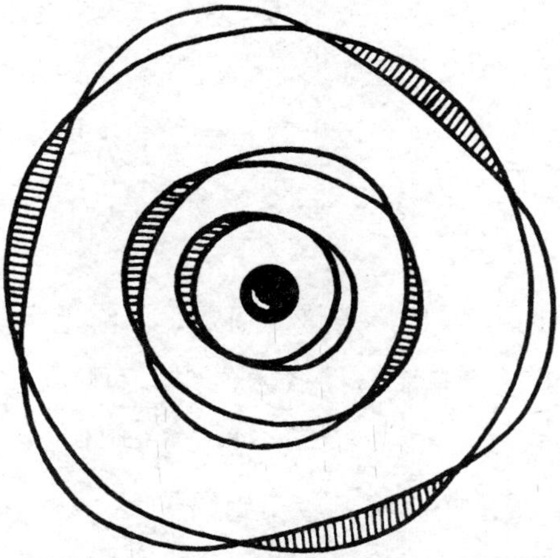

图 8-3　为了解释波尔不能解释的为什么原子核只有有限的可环绕轨道这一问题，路易·德布格利假设电子既是粒子又是能量波，像振动的琴弦一样运动。他预测这种振动的能量应该向振动的琴弦一样有和声和泛音（见图 8-2）

德布格利的预测最初被歧视和嘲讽。电子是粒子，不会振动，也没有波长。物理学家们只是把普朗克的波函数看成一种数学形式体系，而非事实。如果电子真的像琴弦一样运动，那就是说电子既是粒子，又是波。这种理解很荒谬：如果德布格利是正确的，那么任何粒子，甚至一个棒球，都会有“波长”，这太荒谬了。然而在 1927 年，当两位美国物理学家戴维森和杰默发明了可以“听”到德布格利原子谐波的工具后，戴维森、杰默和德布格利共同获得了 1929 年的诺贝尔奖。紧接着人们又发现带有能量的辐射原子核会产生谐波，这一发现的成果就是核磁共振光谱法，在光谱法后又发明了磁共振成像，简称 MRI（MRI 现在是标准的医疗诊断工具）。通过产生固定数量的能量，并通过调整发声频率形成原子核振动，我们就能“听见”一些原子用我们的身体谱曲并将其转化成“声音”进而形成可见的图像。还要顺便提及的是，德布格利的计算确实适用于棒球，这个实验任何在大学里上过物理课的人可能都做过。听起来有些荒谬，不过也确是事实。

或许这个故事最令人惊叹的部分是基础物理仍然得以保留，尽管我们对于原子的了解从 20 世纪 20 年代开始已经发生了本质变化。欧文·薛丁格的方程式和接下来量子力学领域的发展已经击败了原有的原子轨道模式。原子和极小乐器这种类比不再可行。但普朗克和德布格利的发现仍然在现代物理学中占有举足轻重的地位。为什么一个我们现在已经知道是错误的类比仍能产生这样的基础，经验上可证实的见解是一个谜题，这个谜题存在于所有类比之中。如何、又是为何一些事物与我们想借以说明的事物只有部分可类比却仍能给我们提供对真实现象有用的见解呢？

我们可以进一步想想：人们最初是如何开始了解像量子力学、逻辑、民主或者善良这些事物的呢？我们是怎样了解并说明所有不能直接在身体上感受到的事物的呢？我们又是怎样将一个领域的知识应用到另一个完全不同领域里的呢？我们怎么意识到音乐上的共鸣能应用到原子上，或者原子共振可以应用到医学中？这些问题的答案似乎可以用一个共振原子的类比来回答，不完全相同的想法也可以共振，就好比琴弦或电子或者原子核共振一样。200 多年前，法国哲学家狄德罗将人类感觉的“纤维”比作“敏感振动的琴弦”并提到振动的琴弦有这样一种特质，“它能带动其他弦振动，人类的想法也是通过这样的方式，由一个想法带出了第二个，两个想法合在一起又产生了第三个，三个想法一起又出现了第四个，依次类推，无限延展”。对狄德罗来说，这种想法间的联系没有数量和范围限制。他认为，头脑这种乐器能进行惊人的跳跃，一个想法有时会在一个令人费解的间隔后出现并带来和声。为了将这一类比带入现代核物理学，我们可以这样想，如果我们将一个想法在适当的波长里发散成一系列概念，或许我们会找到和声与谐波并能够阐明那些以前让人类困惑的甚至未知的现象。

用类比了解未知世界的最佳例证是海伦·凯勒。盲人怎样只通过触摸、品尝和嗅觉感受这个视听的世界，更不要说理解这个世界并能反哺社会了。她所面临的挑战从很多方面来说和普朗克与德布格利或任何其他试图了解一个只能间接感知和设想世界的人所面临的挑战类似。我们通过研究原子轨迹或放射光谱来了解原子，通过原子对来自其他星球光的路线所产生的影响来定位黑洞，仅通过阅读基因脚本来检测生命，通过阅读诗歌和小说来了解爱情，通过了解不同文化对某种行为的反应来了解什么是正义，借鉴一些不完善的地球上的证据来试图了解上帝，这些时候我们和凯勒一样，都是残障人士。我们能直接用眼睛、鼻子、耳朵、嘴和皮肤感知的事物如此有限，因而不得不谦恭。事实上，许多生物能感受到人类感受不到的事物：地球的磁通量、电场、大气或水压力。许多生物还能感受到紫外线和红外线这种我们看不到的光线。味觉和嗅觉的领域之广，超过人类的认知和想象，而且还有许多其他感官还要从我们尚未发现的现象中去发掘。即使是最先进的仪器，也有各自的适用领域和限制，并且其观测到的事物只有在转化成特定的人类可理解的感官形式后，我们才能理解。所以即便掌握了一整套人类感官功能的人，也有一些感受不到的事物。可以大胆地说，整个宇宙中大部分内容我们都还无法感知，然而我们仍然在尝试，仍然想了解。

凯勒也是如此。正如她在自传中所写的，她学习的关键就是类比。老师安妮·苏利文让她通过对水的渴望和感知去想象水的样子，凯勒说："我开始通过触摸和嗅觉对事物形成印象，我以前从未这样做过，这样做给我带来的感官感受和它们给我的通往视觉与听觉世界的线索让我感到惊奇。"凯勒的类比很大程度上依靠她品尝到的、闻到的和触摸到的与她听不到也看不到的事物之间形成的"无数联想和对应"的能力。

通过观察、感受、思考并想象……我将无数印象、经历和概念联系起来。看不到真实的图像，大脑这个狡猾的工匠自己会拼凑出图像……因为已知世界和未知世界有无尽的相似之处……一朵刚采撷在手中的鲜花和我品尝刚摘下苹果的新鲜味道是类似的，我利用这样的类比扩大对色彩的概念，我在表面质感和振动间，在味觉与嗅觉间，在其他方面与视觉、听觉和触觉间进行类比。这样的类比鼓励我更加孜孜不倦地尝试缩小眼睛与手之间的距离。

在能感受到的事物和不能感受到的事物间进行类比是凯勒大量获取那些不能直接获取信息的基本工具。"举个例子，我闻着那些让我心情愉悦的香气，不同种类的，浓的、淡的，这使我联想到一双能看见的双眼是怎样被不同或者渐变的颜色所吸引的。我还将思想的光芒与阳光进行类比，这使我比以往更清楚地认识到光明对于人类生命的重要意义。"她的文章中有很多类似的类比。

凯勒虽然听不见但学会了说话，虽然看不见但学会了写作和打字，她用盲文阅读了六种语言的书籍，她作品中体现的思想深刻有力，缩短了视听世界和聋哑世界的距离，这些都足以证明类比这种方法的效果。如果像一些心理学家和哲学家说的那样，“发现类比的能力是智力的体现”，那么凯勒无疑是其中的佼佼者。通过对比凯勒的方法和德布格利与普朗克的方法，我们就会意识到，真正约束或解放我们的不是感官，而是通过类比的方法解释未知的能力，学习本身就是类比的过程。

有一点需要强调的是类比与相似是不同的。类比是在不同的现象或一系列复杂现象的内部关系或功能上发现类似，类比通常在这一范围内。而相似是根据观察得到的，事物在颜色、形式等方面的类似。比如，诗中的典型比喻“她的唇红得像浆果”就是相似而非类比，因为对比的只是很容易观察到的红色这种特性。孩子们说的“橘子像葡萄柚”或者“橘子像棒球”也是比喻，两种事物都是圆的。如果一个孩子或诗人将棒球比作太阳，因为它们在天空中升起和落下都呈弧线形，那么这个比喻就是一个有效的类比。将橘子和生活的甜蜜作比也是一个类比，因为生活从比喻意义上也可以用甜蜜来形容，尽管这种甜蜜并非味蕾能感受，却还是令我们欣然向往。同样，凯勒对于花香的种类、味道浓烈与不同颜色在绘画等作品中呈现的渐变之间也是一个恰当的类比，她将这些性质与我们感受到的东西做比较，而不是大家都知道的性质间的比较。德布格利的原子和琴弦的比较也是正确的类比，因为原子很显然没有弦，却像琴弦一样运动。

众多有趣的类比都有一个重要的相似之处，那就是它们不仅揭示相似性，而且是在一个事物的抽象功能为人们所知，另一个事物不为人知的情况下通过类比表现它们之间这种不明显的内在关系。原子不是乐器，嗅觉也并非色彩，棒球亦不是太阳，但是这些比较揭示出了两者间不为人知的共有性质。实际上，这些对比是不精确的，甚至在某些方面是错误的。有一些很有实用价值的类比根本就是错误的。比如 1816 年，作为医生同时是笛手的勒内・雷奈克需要听一位女患者的心脏，但这位患者太胖了，以至于他听不到她的心跳。“我想起一个众所周知的声学现象，”他写道，“如果你将耳朵贴在一截木头的一端，用针在木头的另一端刮擦的声音都能很清楚地听见……我用一摞纸紧紧地卷成卷，一端贴在患者的心前区，我的耳朵贴在另一端，与以往不同，这次我居然听到了更大、更清晰的心跳声！”听诊器就是这样发明出来的。而事实上勒内的类比根本是错误的，木头对声音进行传播，而听诊器中空的管子对声音则进行集中和反射。这一区别对勒内来讲无所谓，因为不管怎样，这个类比起了作用，但恐怕这个错误的类比会让一些逻辑学家抓狂。事实上，许多哲学家都很唾弃类比，认为它总是误导人又缺乏逻辑，但正是由于类比这种不精确、不完美的本质使已知与未知相互关联。尽管类比的事物之间有很多不同点，但凭借着一些不精确的关联，却能帮助人们从已知领域飞跃到未知的新世界中，这一点，任何别的思想工具都做不到。

无怪乎类比是各行各业人士都会应用的想象工具。一本名为《思想的飞跃：类比在创造性思维中的作用》(*Mental Leaps: Analogy in Creative Thought*)的书中写道，类比思维遍布我们生活的每个方面，包括宗教、政治、社会组织乃至文化活动。这本书的作者基思·霍利约克和保罗·撒加德认为，类比或许存在于人类思维的核心，而且必然是创造性思维的核心。许多科学家认为类比是智力技巧中最重要的一个。生物学家艾格尼丝·阿尔伯写道："一旦类比特有的本质存在于大脑中，就会成为大脑不可或缺的工具。"哲学家希斯觉得"有必要温和但坚定地指出类比是科学方法的基石。极端的批判会使人们认为用已知发现未知的尝试毫无价值而从此再无任何假设"。斯塔尼斯拉夫·乌拉姆认为，一个优秀的数学家是那种能从事物间找到类比的人，而一个伟大的数学家则是能在类比间找到类比的人。

事实上，对于许多科学里重要想法的诞生，类比都起到了至关重要的作用。在《思想的飞跃》这本书中，霍利约克和撒加德列举了许多突破性类比，如古希腊的声音与水波的类比、欧洲的光与声音的类比、威廉姆·哈维将心脏与泵的类比、本杰明·富兰克林将闪电与电力的类比、詹姆士·麦克斯维尔将电磁力与连续介质力学的类比，以及关于染色体和绳上珠子的类比、大脑与电脑的类比等。

类比还为许多重要科学揭示了原理。牛顿的重力定理就是起源于他发现月球就像苹果从树上落地一样也是向下坠落的过程。同样的力使苹果落地，也会作用于天外的月球。但是就好像一块石头或一枚火箭狠狠抛向天际坠落在视野外一样，月球也呈抛物线状坠落进而绕轨道行进。这种日常生活中的现象与天体力学间的类比如此深入，以致在物理科学界掀起了一场改革风暴。它表明了通过类比，我们可以利用在地球进行研究的过程来了解整个宇宙运行的过程。进而出现了迄今为止最伟大的类比，那就是月亮、星星和所有物质一样都在运行。

达尔文的进化论也是基于一些类比发展而来的。比如，繁殖具有某些特性的植物和动物对进化的影响，是人工选择，不同环境条件、捕食、疾病和生物群体的相近特性的影响，也就是自然选择。达尔文认为如果在有记录的人类历史中，是人类形成了所有不同种类的鸽子、狗、猫、牛和马，那么在没有记录的不知多少年的改造，又会给生物带来多少巨大的变化呢。他的另一个类比也同样意义深远。19 世纪早期，英国经济学家托马斯・马修斯注意到人口受到资源的限制，当繁殖数量超过资源供给就会导致饥荒，因为穷困的和弱小的人最容易挨饿，这种结果不是随机的。达尔文意识到相同的过程一定也在自然中发生。鱼产下了数以千计的卵，树播撒了数以百万计的种子，然而只有少数一部分成活。如果，他推理，自然界中对于谁存活谁灭亡的选择和人的死亡和生存一样不是随机的，那么“适者生存”这个道理也是适用于自然的。这一类比现在被生物技术和一些医药公司采用，根据自然界选择的过程“进化”新的药物。

许多工程学产品和发明也从自然中寻找类比。今天用于外科手术缝合伤口的钉子就是受到了部落人用蚂蚁咬合伤口的启发。19 世纪出现的现代医用真空钳子和吸乳器就是类比吸血水蛭发明出来的。越来越多用来固定鞋、衣服和书包等的维可牢（Velcro）这种尼龙搭扣的设计就来源于刺果抓力特性的类比。与自然中的事物进行类比被如此广泛地应用，近年来仿生学（从自然界中获取灵感）已经成为得到广泛认可的创新方法。英国克瑞斯・魏金森建筑公司设计的一座吊桥就把人的眼皮作为类比模型（见图 8-4）。桥的弯曲率使其能够保持结构上的稳定性，就像人的眼皮一样。当这座桥的“眼皮”合上时，桥就被放了下来，行人和车辆可以在上面通行无阻，当有船从下方经过时，“眼皮”就会抬起来。

艺术设计领域的类比应用也丝毫不逊色。科学家和艺术家、技师和匠人都有同样的理由进行类似的类比。正如物理学家、诗人、人文学者雅克・布朗诺夫斯基所说的，“科学发现和艺术品的诞生都是一种探索，或者可以说是隐藏相似性的爆发”。通过类比，科学发现者和艺术家将两个现象并置，或者用雅克的话说，“将自然的两个方面合二为一，这种行为就是创造，一个原创想法在此中诞生，科学如此，艺术也如此”。许多艺术家，尤其是诗人对此有极其深刻的领悟。威廉姆・华兹华斯写道：“大脑在不同中发现相同从而获得乐趣。”罗伯特・富朗斯特曾经承认：“我想在晚年进一步运用更多的比喻。”他觉得“诗歌的教育就是比喻的教育”。和科学家一样，诗人希望扩大对人类的了解，不是客观的，而是主观的了解，寻找情感和智力之间已知与未知的类比。这是比喻不同于简单类比的地方。

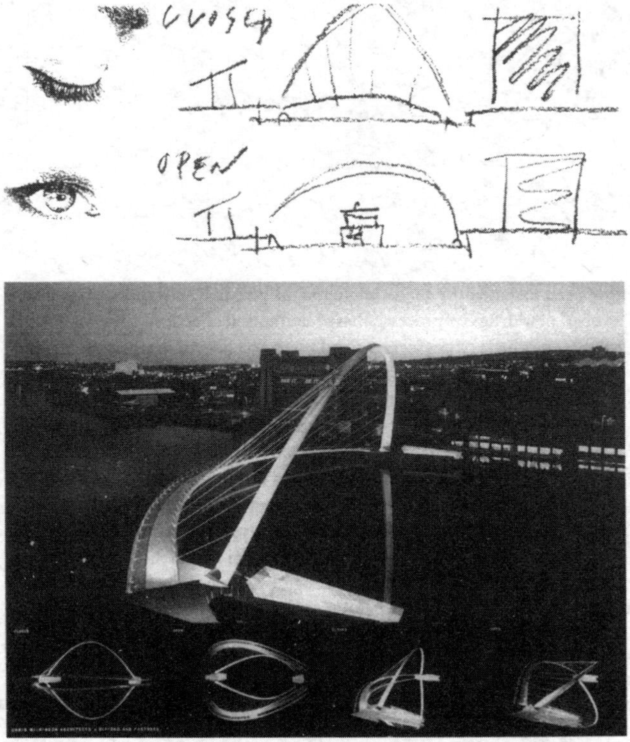

图 8-4　上：“合/开”根据与眼皮进行类比形成的桥的草图；
下：盖茨黑德千禧年大桥设计图

所有得以流传的文学作品中都有极佳的比喻。一个比较常见的文学比喻是生活就像一座迷宫，我们都身陷其中，只有小心翼翼和聪明睿智才能带人们成功地走出来。这个比喻在许多文学作品中都出现过，如在古希腊提修斯和米诺陶的神话中、翁贝托·埃克的小说《玫瑰之名》（*In the Name of the Rose*）中、戈赫·路易斯·博格斯的小说和故事中。许多作家还把人生比作旅途，把小说或诗歌称为“崎岖陡峭的山，越过山峰就会出现一片美丽的令人愉快的平原”，薄伽丘在他的《十日谈》（*Decameron*）中如是说。类比也弥漫在诸如荷马的《奥德赛》、乔叟的

《坎特伯雷故事集》、但丁的《神曲》、塞万提斯的《堂吉诃德》、笛福的《摩尔·弗兰德斯》和菲尔丁的《汤姆·琼斯》等作品中。在这些书中我们面临着比喻意义上的诱惑和危险，并用我们的激情和才智应对，做出正确或者错误的事情。20世纪的文学作品中比喻仍然起重要作用，如马克·吐温的《哈克贝利·费恩历险记》和托尔金的《指环王》。斯蒂芬·斯彭德很严肃地讨论“诗人人生旅途上的站台”，弗罗斯特在他的《未选择的路》这首诗中重申了这个比喻，“林中有两条路，而我选择了那人迹罕至的一条”。尽管这个比喻由来已久，但从未陈旧腐朽，因为每个使用它的作者都会填进自己独特的与之联系的事物。

类比对文学的助力主要体现在对写作内容上的塑造。诗人假设其他人的大脑和自己的一样，创造视觉、听觉、嗅觉和触觉形象，使读者仿佛身临其境，获得和诗人类似的情感体验。用法国诗人保罗·瓦莱丽的话说，诗人的目的是“形成一种成为某人而非自己的类比状态”。而且，正如布鲁诺斯基所理解的那样，诗人希望将自身体验到的内容忠实地表达给读者这种时刻是隐藏相似性爆发的时刻，是类比得到应用的时刻。在一篇探讨关于诗歌想法的文章中，斯彭德描述了他在20世纪40年代在大不列颠工业地区游历的经历。他将看到的矿渣堆、冒烟的烟囱和破坏殆尽的地面景观比作一种困惑的语言，这些工业制造的物品就是文字。然而他想，如果人们真的用这个世界上的事物来说话，那么由这片废墟里的东西构成的一篇演讲真的是人类向往的吗？“这一系列想法，”斯彭德回忆道，“都突然闪现在我的脑海里，答案甚至先于问题出现：腐肉与玫瑰的语言。”许多诗人都有类似的经历，一个完整的表达仿佛直接掉进了大脑，一系列形象的融合，一个类比，“一种带有想象力的思考方式”，他如是说。

然而，并非所有类比都会得到发展。斯彭德并没有把“腐肉与玫瑰的语言”这个类比写成诗歌，而他的一些其他类比，如“有些时候……海就像一把竖琴”则写成了诗。斯彭德在这篇文章里还展示了如何一遍又一遍地反复修改草稿，将海比喻成一种乐器，海的波浪堆叠出一条条线仿佛是竖琴的琴弦，在波浪中间、悬崖、田野、土地上的房子在水中的倒影就是“一首看得见的歌”，是简单人生与无限永恒的融合。斯彭德成功地使用了这个比喻，正如德布格利的类比被物理学家成功使用一样，因为他们都能从一个类比中找到两种事物多方面的联系进而形成他们的想象。

有时候，诗歌中的类比不仅是内容上的，更是诗歌结构上的。加里·斯奈德注重将诗歌的结构与印度传统音乐间进行类比。“一些想法和图像的诗行就和旋律线一样，它们像重复的和音、副歌或者其他方式的重复，这些重复使一首诗在展开时更具多面性。”在他的《焚烧小小枯枝》（*Burning the Small Dead*）这首诗里，我们可以发现节奏类比的作用。

焚烧小小
枯枝
它们脱离了底端
茂密铺开的
白皮松

一百个夏季
雪融化了岩石和风

弯曲的枝干嘶嘶作响

锯齿状花岗岩
里特山——
黑岩石古老两倍

天津四，牛郎星

风一样的火

这首诗以用松树枯枝燃烧起来的小小营火这种画面、这种旋律开篇。旋律随着“一百个夏天”时间本身，通过“弯曲的枯枝”发出嘶嘶的声音。然而这首诗的“副歌”已然通过每行带有节奏感的单词展现出来了，树枝与自然环境，与远处山上锯齿状的石头，与隔着好多光年的天津四和牛郎星呼应。燃烧的枯枝、细小的石子、发光的星星和我们自身都是一样的，都是“风一样的火”，这首诗本身就是有序时间的燃烧和释放。每段诗在结构上看起来都像燃烧时冒烟的形状。

最佳艺术作品往往同那些最佳文学作品一样，都有意义深远的类比和比喻。雕塑家野口勇根据光的多重意义进行艺术创作，对发光雕塑的探索赋予到令他着迷的日本灯笼上。“作为雕塑家，我感兴趣的是制作方法，”他写道，“框架上用竹子和纸，这种灵活性和简洁性让我在雕塑形式上有很多启发，那就是发光雕塑，透明的、可拆卸的。”野口勇沿着两个平行方向发展类比（见图 8-5）。首先他来到了日本岐阜学习并掌握灯笼或者叫作 akari 的制作工艺，akari 日语的意思是光或照明。他成功了，他制作的灯笼设计被纽约现代艺术博物馆收藏。同时他还以类比方式根据 akari 的制作原则开发新的雕塑形式，力图使雕塑内部能像灯笼一样照明，但是这种照明的意图不是为了日常使用，而是对形式和光的艺术探索。他的这些作品是最早的发光雕塑作品。

雕塑家亨利·摩尔以从骨头、石头和其他自然常见事物获取结构上的灵感进行艺术创作而著名（见图 8-6）。他同样关注大自然如何对这些事物的外形进行改造。“鹅卵石和岩石展现了大自然是如何雕刻这些石头的，”他曾写道，“海水冲刷的光滑卵石可以看出石头是怎样经过摩擦渐渐磨损至光滑及不对称的原则。”通过研究自然是怎样进行“雕塑”的——这是一个有深意的比喻——摩尔学会了新的雕塑方式。

伟大的西班牙雕塑家奇里达从自然的生物过程中找到类比进行艺术创作。“我能复制生命，不是表面形式，而是真正意义上的生命，随着时间的推移一步步不断进化的生命。事物会改变、进化，我能复制这种进化……在我的作品里……以一种十分自由的平行，你理解，而且同样很有用。”奇里达懂得询问自己怎样使形式自然发展，他的艺术想法能够自由成长。通过思考自然形式成长和变化的步骤，他学会了新的雕塑方式，并创造了新作品。比如，他仿制了一棵树的成熟过程并观察：“我想象自己是一棵树，做树应有的举动。但我不是想雕刻出一棵树，我想雕刻的是别的东西……我是一个自然科学方面最专业的业余专家。”他的艺术反映出他的热情。具体如图 8-7 所示。

图 8-5　上：野口勇在研究 akari 灯笼；下：野口勇和他的作品《光柱》

图 8-6　左：亨利・摩尔作品《带兜帽的母子》工作模型；
右：纳撒尼尔・弗里德曼送给摩尔的一件自然艺术品（一根骨头）

图 8-7　西班牙雕塑家爱德华多・奇里达观察到的在他的工作室外面的树的生长方式与他的雕塑“进化”之间的类比

多样的兴趣是创新者获得丰富类比的源泉。正如奇里达将生物知识应用到雕塑中，生物学家丹・因格贝尔和斯蒂芬・海德曼也将对雕塑的兴趣应用在学术研究上。两人都还是研究生时，就对肯尼斯・斯奈尔森的张拉整体雕塑感兴趣，并真的制作了一些作品来装饰宿舍。张拉整体是由斯奈尔森和巴克敏斯特・福勒二人共同阐述的，通过将每个独立单元进行拉伸来达到结构完整。斯奈尔森的雕塑包括中控铁条，这些铁条间相互均不接触，而是通过钢丝绳绷紧连接直至形成稳定的结构（小孩的玩具 Skwish 就是通过斯奈尔森的想法设计出来的一个张拉整体结构）。紧接着，大概在 1990 年，因格贝尔和海德曼意识到给予细胞结构张力的蛋白质在很多方面和斯奈尔森的雕塑拥有通性。这些蛋白质同样是由柔韧的区域连接着的交替的坚硬棒状物构成。他们提出蛋白质或许有张拉整体雕塑的性质。这个想法非常大胆，被发表在 1998 年 1 月的《科学美国人》（*Scientific American*）杂志上。

还有许多其他很有用的类比起源都不明显。密歇根大学胚胎学家凯西·托斯尼通过折纸教学的方式讲授鸟类的发展，通过类比的方式展现了胚胎怎样像折纸一样经过多次折叠形成了最终的结构。胚胎学家斯科特·吉尔伯特却是通过胚胎的发展与巴厘岛音乐进行类比来研究的。在卫斯理大学读本科时，吉尔伯特对加麦兰这种类似萨克斯风的巴厘岛音乐使用的鼓、锣，还有演奏这些乐器的人们产生了兴趣。正如我们在第 7 章中探讨的非洲鼓手一样，每个演奏者在敲加麦兰时都演奏一个相对简单的节奏。然而加麦兰音乐与非洲音乐的不同之处是，加麦兰音乐的乐器成对地调音，一种乐器在纯音上，另一种在纯音下。当共同演奏时，这些成对组合的偏移乐器创造出一种干扰模式，使第三个音调出现，同时还有一个原来音符中不存在的敲击出现（西方国家警察和体育裁判使用的哨子也是采用同样的机制产生两个偏移音符进而发出尖锐的声音，以引起人们的注意）。加麦兰音乐通过简单的方法形成十分复杂的音乐。通过将两个音调轻微偏移的乐器组成一队形成多重音调，然后像非洲鼓一样将几种简单节奏结合在一起形成复杂的不断变化的音乐。吉尔伯特将这一过程与细胞发展成胚胎直至成人的过程进行了类比。如果细胞程序就像加麦兰音乐一样，那么细胞的复杂发展或许只是一些不同的循环过程在不同速度下发生、交叉，进而产生出一首进化的分子或者生物化学的“音乐”。这样一种“程序”或者发展的“作曲”只需要有限的几种基因并给染色体留有足够的空间让其他类型的结构性或功能性的信息来填充。具体如图 8-8 所示。

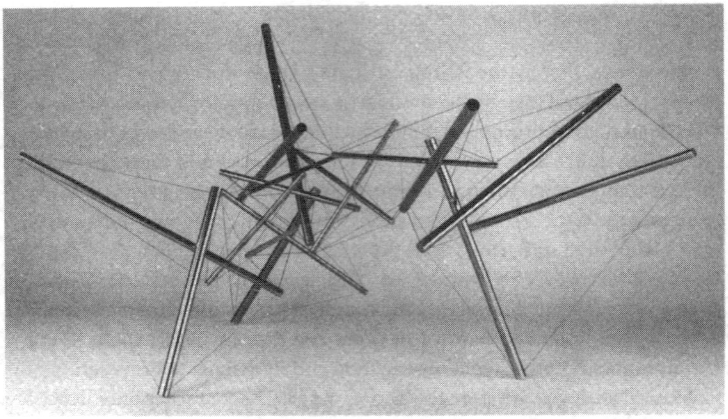

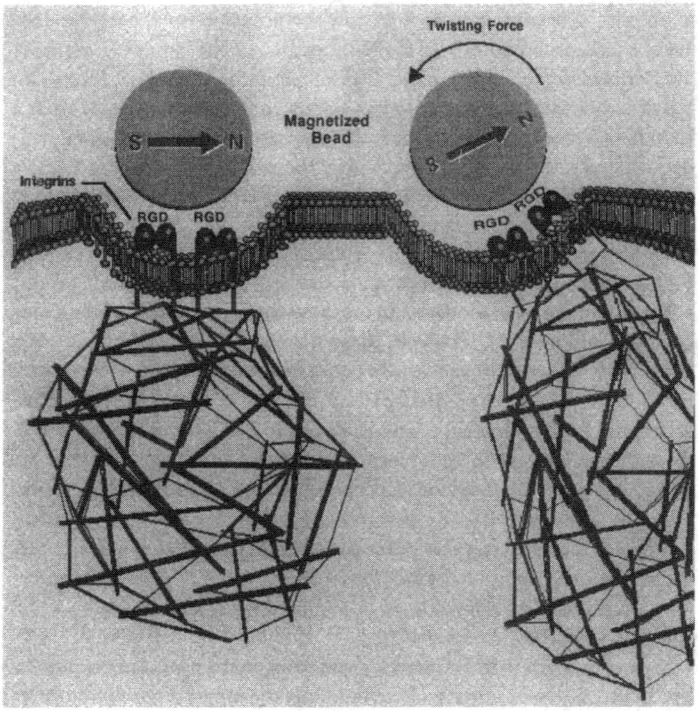

图 8-8　上：肯尼斯·斯奈尔森的张拉整体雕塑，如图中所示的名为《翅膀 I》的作品为唐·因格贝尔和斯蒂芬·海德曼的细胞中的蛋白质结构；下：同样遵循张拉整体原则提供了理论基础

音乐类比在艺术中也很常见。埃舍尔曾经将平面填充与巴赫的音乐做类比，埃舍尔发现这其中有“在复调音乐中的卡农曲和用相同形状将一个平面有规律的

划分之间存在一种密切联系……巴洛克作曲家对音乐创作的操纵就和我喜欢操纵视觉形象是一样的”。任何唱过轮唱的人都知道卡农曲是什么，它是一种在规定间隔连续不断地重复演唱指定旋律的音乐形式。我们把上一句话简单地变动一下：卡农曲是一种在规定间隔连续不断地重复指定的主题。从变动后的这句话里就可以看出埃舍尔的类比所在了。这种倾斜的有规律重复的模式就和轮唱的模式一样。这两种艺术都有标准，“标准”这个词也是“卡农曲”这个词的另一个含义。它们的标准决定了它们的周期性。像音乐家选取一个音乐主题，反转它，倒转它，再反转倒转后的主题并依次类推一样，埃舍尔的艺术倾斜是视觉艺术上的对称体现。更重要的是，无论是赋格曲还是倾斜，都创造出了一条线（音乐上的或视觉上的），这条线导致了两个图形的产生，这一点在埃舍尔的倾斜作品中体现得十分明显。在音乐中则并非那么显眼，音乐里的倒转和反转并非同时发生的，而是有一定时间间隔的。“音乐之父巴赫是我灵感的源泉，我的许多作品都是在聆听他那些明晰的、有逻辑的音乐语言时在脑海里形成的。”图 8-9 为埃舍尔的作品《雪花》。

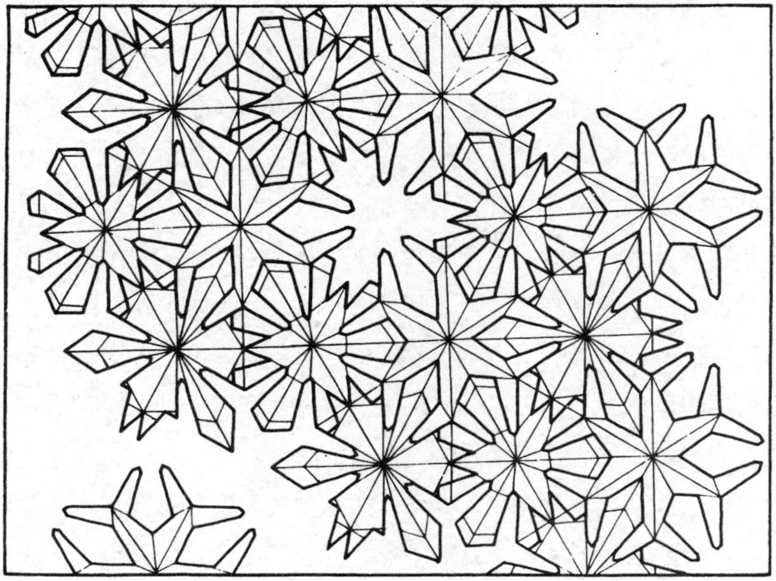

图 8-9 《雪花》，一幅埃舍尔风格的平面填充作品

你能把这个作品和巴赫的赋格曲联想到一起吗？

类比能教会我们那么多知识，因此我们不能忽视学习怎样发现类比。像其他思维工具一样，成人和孩子学习类比的能力需要培养和训练。类比思考可以从小启发，作家杰拉尔丁·布鲁克斯觉得她的类比能力的获得来自妈妈在她刚刚蹒跚起步时就鼓励她玩的一个游戏。她写道：“最令我记忆深刻的玩具就是妈妈随时的发明……‘让我们漫步在庄园里’，她会这样说，然后我们会徘徊在庄园里，了解每株植物、每块石头要告诉我的故事……在砖头上晒太阳的蜥蜴是一个迅速想象出的关于龙的故事的主角；掉落的树枝上锯齿状的真菌是仙女的台阶，通往一个秘密领域。”一朵雏菊是一个要穿上杜鹃花长袍或者灯笼花套装的洋娃娃。任何事物都和另外某种事物有一定的联系，都是罗伯特·弗罗斯特倡导的比喻。对于她的母亲，布鲁克斯说：“她眼中看到的世界充满诗意……我 5 岁时，我们家的小院子就已经包含了一个平行宇宙。”

布鲁克斯劝告我们要帮助每个小孩发现自己充满可能性的平行宇宙。一朵花可以是一个人，真菌可以是仙女的台阶。我们应该反思给孩子那么“真实”的玩具对他们的想象力带来了多大的伤害。正如布鲁克斯说的：“现代的玩具没有给孩子留有想象的空间。电脑芯片在进行思考的工作，玩具的形象直接取材于动画片。每个洋娃娃都要有一些必需的配饰。这种预先制造的经历阻碍了诗意、艺术、想象的正常发展，也抑制了大脑创造性的发挥，因为孩子再也不需要亲手制作或者改造，这样他们就永远无法观察到制作材料存在的可能性，或者在改造时发现这些改造的东西本来的用途是什么。当我们看一些事物时，只有看到了它们的可能性而不是它们就是什么时，才能够想到如何以更新奇的方式去使用它们。”

所以我们给孩子的玩具应该可以用于多方面。让他们充分发挥想象，把积木、简单的娃娃、纸、布和其他生活用品改编成自己多种多样的情景和故事。鼓励他们把一根木棍想象成一把剑，把一条围巾想象成一条河，把一对字母积木想象成一对骰子并通过像凯瑞·吕夫发起的“自己的眼睛”（Private Eye）这样的在西雅图公共学校试点的项目将类比带入课堂，在小型放大镜或珠宝商用的放大镜的帮助下，所有年龄的孩子都学会了几种观察，并会问“这使我想到了什么”并画出来，然后再问，这样下来产生了一系列比较，评判这些视觉类比，找到功能性的关系并最终形成理论为什么这个类比成立。这个项目提出了很多能将类比思维融入每个年级、每个科目的训练，包括写作艺术、科学和数学等。

通过类比和比喻教和学，古代中国的故事里有一个人被禁止使用类比时说过这样一句话，“遍览已知求未知，以知与人己愈知”。从你知道的或者你要教的人已经知道的开始，接着找到起作用的类比建构起已知与未知的桥梁。

艺术发明家诸如达·芬奇和托德·塞勒都是善用类比的楷模。达·芬奇的笔记本上记满了文字和图像的类比。水池中靠近水车的旋涡和人的血液流过心脏时的旋涡相仿——这个虽不算是哈维的心脏与泵的类比，但也几乎相同。达·芬奇还将水的旋涡与风的运动类比，将光、热和气味在远距离扩散的过程做类比，虽然这个类比我们现在都知道并不准确。但是他的水中波浪、风和空气中声音之间的类比仍被现代物理学认为是有效的。他将眼睛和大脑的结构分别与洋葱进行比较画出了各自之间的视觉类比（见图 8-10）。

图 8-10　左：达·芬奇（1452—1519）画出的大脑和眼睛结构与洋葱的类比；右：《我们永远绽放的花朵般的大脑》，由托德·塞勒绘制，将脑干与花蕾做比较。作品旁部分文字如下：“智慧生命形式的终极灯泡。‘意识与想象力。’我们永远绽放的花朵般的大脑。暗喻为……年轮……生长周期……发展。”

托德·塞勒大大地扩展了这一途径，将人类头脑的生长与树和洋葱的生长进行对比，一个不断涌现想法的灯泡，一个融化信息的大脑反应堆就如原子反应堆一样产生精神的能量，一个两级相对的想法碰撞爆炸揭示出隐藏的质点或者假设的对撞机。塞勒认为，宇宙的结构和我们用来了解它的工具都是大脑结构的反应，这些工具也是我们用来探索自身的。最终，他将他比喻的融合物化作了引人注目的艺术作品和现实发明（他有许多专利）、有趣的关于思维的思索以及艺术和科学的联系，这在他的《打破大脑壁垒》（*Breaking the Mind Barrier*）一书中均得到了体现。塞勒揭示了他的思想基础，归类在他的《像个天才一样思考》（*Think Like A Genius*）这本书中“暗喻”这个红色标题下。这本书里提供了许多例子，一些专门用来讲述如何发展类比和暗喻思维。塞勒建议，比如，我们将大脑和花园做类比并探索比喻这种修辞，想象出故事，形成假设，寻找双关语，跟进每个图像，感受由这些内容带来的关联，这种方法能用在任何材料上来打开不曾预料的未知世界，就如海伦·凯勒和路易斯·德布格利一样。

因此，你也可以试着进行“比喻”。对比前面给出的达·芬奇和塞勒的作品，然后想你能想到的所有语言上的、视觉上的和科学上的想法。凯勒会怎样想这两个作品？德布格利或者罗伯特·弗罗斯特又会怎样想？或者想想我们都要经营的生活，就像古波斯诗人莪默·伽亚谟800多年前写的《鲁拜集》（*Rubaiyat*）中一首四行诗所说的：

日夜犹如黑白格，大千世界如棋盘。
命运把人当棋子，摆在盘上瞧三天。
叫他向东就向东，叫他向西就向西，
直到棋局结束时，又把棋子放盒中。

现在将这个作品与上面的扑克游戏作品做比较，《意义的程度》（*The Degree of Meaning*）是日本艺术家荒川修作在1972年的作品（见图8-11）。两位艺术家很显然都在告诉我们，生活是一场游戏，这应该使我们能联想出其他关于游戏的类比（“英国的领导人都是在伊顿的运动场上形成的”“游戏如人生”等）。这些联系或许陈腐，但是通过比喻在这些类比间找到类比会揭示更深层次的含义。我们只是命运的棋子（荒川牌桌中间的百搭牌）或者我们是任由操纵的（我们基因的、性格的、社会的和经济上的命运），无从选择必须参与这个游戏吗？在象棋等棋类游戏里，通过策略的改变，游戏结果也会改变，但是如果你只是一个由别的玩家的想法操纵的棋子的话，那么结局就不在自己手中了。或许，我们能做的就是享受现在，又或者根本无所谓，将发生的必会发生，顺其自然。在扑克游戏中，知道概率决定输赢，有时候你也可以通过虚张声势获得胜利，但是当牌面都朝上（像荒川作品中的那样）而且我们知道每个玩家手里都有什么牌时，游戏就相当于结束了。很显然，这些事物比如注定失败的努力、旅途、人生、命运和死亡中有很多可能性。无论扑克游戏是一种事物、一种意向、一段过程、一张地图，抑或一种形式，荒川和伽亚谟告诉我们它能和任何事物相像。这一点也可以用来形容类比。我们不断地寻找着事物隐藏的功能或目的上的相似性，逐渐地，我们就将自己包围在了对这个世界和自身的观察中，然后，突然之间，我们就懂得了。

注：文字部分："上述的事物、绘画、游戏、结构、图表与任何事物都是同构同形的（椅子、风景、飞机、蛋糕等），用程度围绕程度。"

图 8-11 《意义的程度》，作者荒川修作（1972）

09

身体思维

1925年，灵长类专家沃尔夫冈·科勒公布了他十多年关于黑猩猩智慧研究的成果。其中最著名的就是这样一个实验，将黑猩猩关在一间空房间里，房间里只放置一些长短不一的棍子、一些板条箱及一根悬挂在屋顶上黑猩猩够不到的香蕉。黑猩猩可以使用棍子将香蕉敲下来或者将板条箱摞起来直接够到香蕉。据说，也有可能是谣言，有一只黑猩猩比科勒预期得更加聪明。科勒刚刚挂上香蕉，还没离开房间，这只黑猩猩就解决了拿到香蕉这个难题，而且最让人印象深刻的是，这只猩猩没有借助任何工具。这是怎样做到的呢？问题的答案关键在于你必须动起来，实际上，你必须像猿类一样运动，或者如果你难以想象出怎样像猿一样运动，那么至少可以记起当你还是孩子时是怎样动的。还记得至少在孩童时代和兄弟们做一些体育游戏的感觉吧，如跳房子、跳蛙、横翻筋斗、肩车、踢球、翻跟斗、爬树、原地转圈直到眩晕得站不住、玩弹簧单高跷、荡秋千并突然从上面跳下来、转呼啦圈等。你的运动方式，或者说你能不能动起来，就会决定你能否像黑猩猩一样思考。

啊！你会说方法就隐藏在上面给的肩车和爬树的例子里。当科勒经过那根香蕉下面时，与预定行为相反地，猩猩突然跳上了科勒的后背，摘到了香蕉并满足地跳了下来。我们人类总是过分估计自己的智慧而忽略了身体的本能，身体“知道”怎样做事情，而且我们是在做了之后才知道我们为什么那样做。图 9-1 是黑猩猩用盒子够香蕉。

图 9-1　黑猩猩用盒子够香蕉

用身体思考取决于肌肉运动的感觉、姿势、平衡感和触觉。这种常规的感觉是由神经生物学家谢林顿在 19 世纪 80 年代发现的，它被称为本体感受，是我们身体感受的基础。我们走路、跑步、跳跃时会持续地意识到身体是怎样感觉的，而且我们知道所处的空间位置。大多数时候这种意识先于我们了解到它的存在。根据神经生物学家奥利弗・赛克斯的说法，“那种持续的由无意识感觉流动在身体运动的部分”被称为第六感或者秘密感觉。我们连续地控制肌肉，赛克斯发现并调整它们的位置、紧张度和动作，但这是在我们没有意识到的情况下默默发生的，是自动的、无意识的。图 9-2 是杰里・万・阿梅龙根的漫画作品。

注：杰里·万·阿梅龙根的漫画作品。

图 9-2　《薇薇安刚读到了一篇不同的运动方式会产生不同思考方式的文章》

那也就是说，它通常是隐藏的。当我们学习某种新技能，如骑自行车、击中棒球、用锤子或螺丝刀、使用一个新工具、织毛衣或者吹制玻璃时，能充分意识到本体感受中的感觉。每种技能都要求长时间、有意识地学习和实践。当你掌握了骑自行车或者弹钢琴的技巧后，会越来越多地在没有意识的情况下使用这些技巧。当你不需要再想着要打到球的时候，就能真正开始享受网球运动的乐趣了。当你无须再记住在弹奏一首曲子时你的手指何时放在何处时，就能开始真正地弹奏音乐了。钢琴家讲肌肉记忆，一首奏鸣曲的音符和律动都会存储在演奏者的手指肌肉里，就像演员把一些姿势和姿态存储在他们身体的所有肌肉中一样。当演员即兴表演时，那些存储的姿势就会很容易而自然地被表演出来，音乐家也是如此。如果一位音乐家同时也是一位作曲家，那么他可以边想象着如何演奏边作曲。以莫扎特为例，他常常在公共场合用手和嘴的动作作曲。这就是身体想象力在发挥功效，当开始思考或创作时，肌肉运动、身体张力或触摸的感觉会被充分调动起来。

大脑可能唤起身体张力、触觉或运动的感觉，但是大多数人都会忽略掉这些充满想象力的感觉，因为我们很小就被训练去看或将看见的内容用语言描述出来。有时候需要一个像海伦·凯勒这样的人（不受视觉或听觉信息干扰的人）来了解身体是怎样说话的。20 世纪 30 年代，凯勒曾多次拜访玛莎·格拉汉姆的舞蹈工作室。凯勒习惯于将手放在钢琴或者其他乐器上感受其振动来“聆听”音乐。相似地，她也通过双脚感受地板的振动，并用脸和手感受空气的运动来“观赏”玛莎舞蹈团的舞蹈。但是凯勒仍然觉得有些东西在躲避着她。诚然，她目不能视，看不见芭蕾舞或者玛莎在现代舞领域进行的改革，但是她在肢体上同样也感受不到。她从未像视力正常的人一样跑、跳、旋转，这样的活动对一个双目失明的小女孩来说通常被认为太危险，所以她又怎么能感受到呢？这种身体形象的欠缺越加明显，直到有一天她问：“玛莎，什么是跳？我不明白。”格拉汉姆叫过来一位舞者，名叫梅塞·坎宁安，让他将凯勒的手放在他的腰上扶住。格拉汉姆回忆说：“梅塞跳了第一式，凯勒的手随着梅塞的起落而起落，工作室里的每个人都注视着这件事、这一动作。她的表情从好奇到喜悦，你可以看见热情从她的脸庞出现，她举高双手大声喊：‘这与思想和大脑是多么相像啊！’”

凯勒说的话生动地证实了格拉汉姆和其他舞者早就知道的事实，那就是跳跃是一种思维。正如让·克托对伟大的舞蹈家尼金斯基的评价一样，“他的身体知道，他的四肢拥有智慧”。克托说尼金斯基几乎不能用语言明确地表达自己的舞蹈创新，他只是将脚放在了别人没放过的位置并且跳得更高、更远。格拉汉姆曾这样形容舞蹈的逻辑：“它是发生在肌动活动等级上的。”所以不可否认，舞蹈自身本就具有明确、清晰的智慧。格拉汉姆还在她的笔记本上配上了文字和符号的分析。舞蹈这种身体的空间利用、力量和时间掌控都是在身体上才有意义的。

由于他们长时间地进行人类动作里从一个动作到另一个动作的训练，格拉汉姆和她的舞者充分理解为什么运动就是思考。毕竟编舞者必须通过自己和舞者的身体来创作。“你必须在身体上编出舞步，”编舞者艾略特·菲尔德说，“你不是在你的大脑里编舞。”但对于凯勒来说，身体思维和她在那个跳跃舞步里得到的释放使她联想到了想法是怎样爆发而变成意识的。她自己经历过多次这种思维的跳跃，其中最广为人知的是当老师让她将手穿过水流并在她手上拼出“水”这个单词时，非常神奇又突然地，这个词向她揭示了“水”是一种冷的液态的从抽水机中溢出的物体的名字。她意识到许多想法从意识里出现并非是真正的感觉，而是记忆或者想象对身体动作和感受的观察。在多年沉寂和黑暗的生活里，在她7岁第一次“看到”语言前，凯勒只能通过身体的感觉，包括触觉，来了解自己和外面的世界。“当我想要一些东西的时候，比如冰淇淋，”她晚年时写道，“我的舌头尝到了美味（顺便说一下，我现在再也不吃冰淇淋了），我的手摸到了冰箱门把手，我比了手势（类似于旋转的手势，好像她在开冰箱门），然后妈妈知道我要吃冰淇淋。我用手指来‘思考’和表达欲望。”

后来凯勒将儿童时期这些形象的肢体动作称为思考。“有这样一种可能，”她谦虚地说，“一个无言的感觉可以称为思考。”我们当然认为个人或集体肌肉运动的感受、身体感觉或触摸的行为是能富有想象力思考的一种强大工具。事实上，许多研究人员都论证过动觉思维，即凭借身体的运动想象或者记忆运动进行思考。1959年，艾略特·多尔·哈钦森提出，任何需要良好身体技巧或者灵活性的创造力都会包括想象的身体感觉。“不是所有的见解都用语言表达，”他写道，“对钢琴家、雕塑家、乐器演奏者、舞者、外科医生和手工匠人来说，这些想法是以动觉形式出现在意识当中的，是通过各自不同的肌肉表达方式来传达感受的。手指‘痒痒’想要弹琴，音乐‘从手指间流淌’，想法‘游走’在笔尖。舞者或者乐队指挥想通过运动表达‘想法’，一种感觉上想要进行塑形的欲望驱使着雕塑家们进行创作。”

心理学家霍华德·加德纳在他《大脑的框架》（*Frames of Mind*）（1983）一书中提出了类似于动觉思维的一个概念。加德纳有力地证明了身体本身就藏有“智慧”，而且他强调熟练地身体使用和思维间的类比，这一点其他心理学家（如弗雷德里克·巴特莱特）也提到过。心理学家贝拉·约翰斯坦纳同样认为身体是“思考的工具之一”，并在他的《大脑笔记》（*Notebooks of the Mind*）（1985）一书中进行了深入探讨。甚至一些研究者努力地寻找运动记忆的生物基础，比如神经系统科学家马克·詹娜德希望梳理出观察、意象和认知三者之间的关系。

然而，我们认为心理学家和神经系统科学家的研究受到了自身视野的局限，因此他们对于身体思维的理解存在两点假设上的错误。第一个错误是他们假设身体思维只与运动有关，无论是运动自身、想象的感觉还是运动的图像。但是生理学家沃尔特·次农在50年前就已指出，本体感受同样包括情感和内心上的感受。

我们的姿势和运动反映了情绪，情绪反过来又会影响感觉，坎农将这种感觉称为“内环境”——我们的直觉和大脑。第二个错误是延续第一个的，假设身体思维只能通过运动表达，因此最好是在舞者、运动员和其他表演者身上做研究。运动感受当然占据身体思维的绝大部分，但是并不包括其他本能、触觉的感受。音乐家是本能思考者，数学家也是，不是因为他们都会运动而是因为他们用皮肤、直觉来感受，在这一点上是相同的。

身体思维的所有表现形式通常都是创造性表达的一个基本部分，我们通常不会将之与动作、触觉或者内心张力联系起来。下面以油画、素描和蚀刻板画的制作举例说明。在杰克逊·波洛克的作品中创作的运动方面显而易见。美术馆常常将他“滴落”类的作品挂在墙上当成视觉欣赏的画作。但波洛克的作品并不是只通过看去欣赏，也需要感受。在完成作品时，他将画从画架上取下来平铺在地板上，改变了通常情况下画家和绘画作品间的肢体状态。然后他绕着画跳起了舞，真的在跳舞，并边跳边向作品上掷颜料（见图 9-3）。因此，他的每幅作品都是他动作的记录，是带有运动的绘画。如果你不能感受到波洛克艺术创作里的肢体感觉的话，你就欣赏不了他的作品。

图 9-3　杰克逊·波洛克的绘画作品（汉斯·那木斯摄）

波洛克并不是唯一一个喜欢用身体思维进行视觉艺术创作的艺术家。神经系统科学家、画家雅克·曼德布洛说："一个艺术家用内部肌肉认同感进行创造，并以想要使用的事物进行表达。"曼德布洛在法国普罗旺斯住了很多年，"当我在户外绘画时，得到了自我认同……无论是从树简单、纯粹的形状上还是从灌木丛卷曲盘桓的形状上。我的记忆和肌肉仍旧保有这些内部的肌肉认同感。我最近的一些抽象油画或素描通常都用来表达认同这个主题。这幅素描（见图 9-4）是在我遥远记忆里对灌木丛的一种识别和认同"。

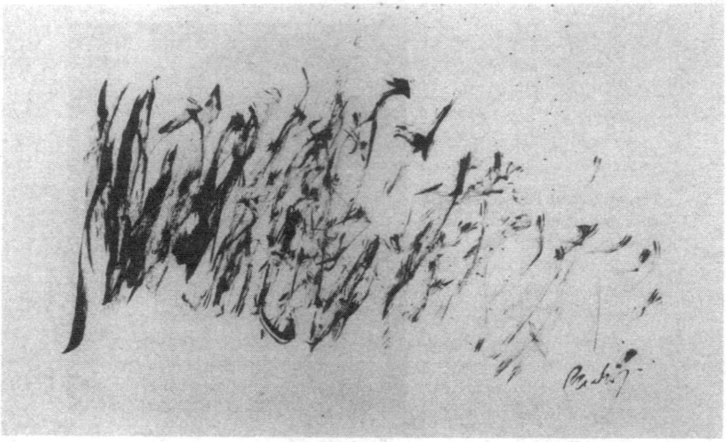

图 9-4 《灌木丛》(*Bushes*) 纸上的墨水（雅克·曼德布洛作于 1993 年）

不仅抽象派画家善于用身体进行思考。约翰内斯·伊滕是德国包豪斯建筑学派的高级教师，他觉得自己的作品包含动作和触觉两种感觉，并教授他的学生将这些感觉融入创作。"在我面前有一株蓟，"他在 1921 年写道，"我的运动神经感受到一种撕裂、痉挛的运动。我的感觉、触觉和视觉都记录下了蓟锋利的棱角，我的精神看到了它的本质。我体验到了一株蓟的感觉。"（见图 9-5）

本能思维在雕塑中的体现更为明显。正如野口勇说的，"真正看懂雕塑的人必须在运动中看到它的形式"。几个世纪以前，文艺复兴时期雕塑家和建筑家洛伦佐·吉贝尔蒂说，对形式的感觉"不能通过眼睛发现，而要通过手的触摸"（见图 9-6）。美术馆里常常在雕塑身上挂着"禁止触摸"的标志或者放置一些标识防止人们走近，这多么妨碍公众对作品的欣赏呀！雕塑是身体经验完全的物理表达，仅观看而不能够有身体本能上的接触，就好像看着管弦乐队演奏无声的音乐一样。实际上，许多雕塑家喜欢雕塑就是源于身体与材料间的互动。克拉斯·奥尔登堡就是受到雕塑创作时身体感受的吸引开始热爱雕塑的："我起初是画家，但有很长一段时间我十分不喜欢绘画这种平坦、缺乏维度的感觉。我想要触摸到东西。"查尔斯·西蒙兹成为雕塑家的愿望是在他小时候玩黏土开始的："有一天晚上我取了一些黏土，捏成了一个躺着摔跤的人的样子，非常有男子汉气概。我记得我那时候玩黏土给我带来异常兴奋的感受，我觉得用手能做出这样的东西来可真让人吃惊。"

图 9-5 《蓟》，杆塔·斯托兹·斯塔德勒在还是伊滕学生时的作品

图 9-6 亨利·摩尔与肯尼斯·克拉克先生在不列颠博物馆触摸感受作品（约作于 1950 年）

一些雕塑家想要将这种极强的身体意识转化到雕塑创作中。其中最著名的例子就是奥古斯特·罗丹，他意识到雕塑要从内而外进行制作，他在塑形前画了无数草图，他说，（这是为了）“检验我双手感受到的和眼睛看到的程度差异”。理解塑形造型对于罗丹来说就是身体感受的过程。“你难道看不到吗，”他在《一个人的回忆录》（*Personal Reminiscences*）中写道，“我塑形的过程不仅要了解整个人体的知识，还要深入感受人体的每个方面。我必须将人身体的线条都体现出来，而且这些线条必须是我亲自感受得到的……只有这样，我才能确定我真的懂了。”当罗丹创作了《思想者》（见图 9-7）这件最为世人熟知的雕塑作品时，他将自己的本能想象赋予了身体形式。一个裸体的男人，罗丹想用他代表所有诗人、艺术家和发明家坐在一块石头上苦苦思索。“使我的这件作品思考的，”罗丹写道，“不仅是大脑，也是皱着的眉头、扩大的鼻孔和紧闭的嘴唇，他胳膊、后背和腿的每块肌肉，紧握的拳头和收缩的脚趾也都在思考。”

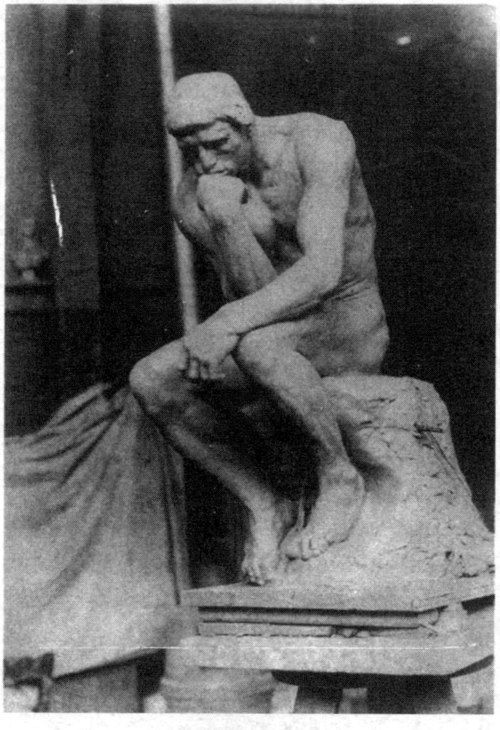

图 9-7 《思想者》（罗丹作品，维克多·潘尼里尔拍摄）

亨利·摩尔在雕塑时也十分注重“深度感觉”，尽管这些是抽象、无法具象化的。他想表达内心的活力，“雕塑从内部努力地向外迸发……试图让内部的自己具有外部的形式”这样一种感觉。这种雕塑人体的欲望使摩尔转向有机物品，尤其是骨头。他说，骨头是“所有生命形式的内部构成要素，是骨头从内向外支撑，当你弯曲腿部时，你的膝盖向前拉紧，那里就是运动和能量之所在”。用身体思考，摩尔常常尝试感受那些他感兴趣生命形式的内部力量和压力。“尝试着自己摆姿势，”他在本子上记录，“用来帮助了解身体。”亨利·马蒂斯向他的学生讲述如何更好地利用模特时也是这么说的：“闭上眼睛，不再用视觉，之后用你的感官来创作。如果是模特，自己想象模特会是什么姿势，一个动作带来的张力来自身体的哪个部位。”玛莎·格拉汉姆在教授舞蹈时也是这样，她告诉学生去“感受身体里的骨骼在整个舞蹈动作中的作用”，她要求他们“像带有孔洞的雕像一样去运动，就如亨利·摩尔的雕塑作品一样。也就是说，我们应该感受到空气穿过骨头上的孔”。我们不知道当亨利·摩尔知道他关于深度本能感受的见解被这样广泛地理解和应用时，是否会感到高兴。

音乐同样靠本能思维。正如人们很难只通过眼睛来了解杰克逊·波洛克的水滴作品一样，如果不能完全感受到音乐蕴含的身体活动，人们也不能充分欣赏音乐。小泽征尔是波士顿交响乐团的指挥。他被人们形容是这样指挥的：“他用整个身体指挥，将音乐像舞蹈一样跳了出来。”雷昂纳德·伯恩斯坦是纽约爱乐乐团的指挥，他指挥的风格十分活跃，将激情和动作融入声音里。演奏者同样用身体想象创造音乐。耶胡迪认为小提琴演奏者必须学会怎样站立、怎样拿琴、怎样拉琴弓，手指怎样在键盘上移动——这是一项肢体技能，需要多年磨炼方可掌握。作曲家、钢琴家乔治·安泰尔强调钢琴演奏者的技能同样重在肌肉训练上：“你不停地练习，直到琴的震颤让你受不了，直到你的两个小臂像酸痛、跳动的火腿，感觉你的胳膊已经是正常大小的两倍甚至三倍那么大。”安泰尔将演奏一场音乐会比作和拳击选手打了十五轮比赛。钢琴演奏者必须多努力多流汗，著名的演唱会钢琴家露丝·拉雷多说：“不仅是你的手在弹奏、在努力，弹钢琴要求整个身体的运动……在演奏不同风格的音乐时你必须以不同的方式调动身体。”

音乐家对于一首乐曲的身体感受是一系列高技巧运动产生的复杂结果。像运动员和舞蹈者一样，音乐演奏者需要最大化地在大脑里去演练那种演奏音乐时的身体感受。“大脑练习”最古怪的代言人非格兰·古尔德莫属。他说，每天他只在钢琴上练习一小时，但会高度集中地进行大脑练习，形成非常清晰的弹奏音乐概念。有一次，一个持怀疑态度的采访者问他最少化练习时间是否会导致协调性的丧失时，古尔德回答：“正相反，当我再次坐到钢琴旁演奏时，我反而比任何时候弹得更好，因为这是身体的感觉，是大脑的图像控制着一个人的行动，在这个时候反而是最准确、状态最佳的……总之，人不是在用手指弹钢琴，而是用大脑。”当然这样的大脑练习是由于以前已经打好在钢琴上练习的坚实基础，那些身体运动和身体感受的图像业已储存在记忆中，只有这样才能在演奏时更好地想象身体的感受。

令人惊讶的是，在科学思维里，肌肉的感受、身体的感觉、可操纵的技能及精神想象也扮演着重要角色，这也许就可以解释为什么许多著名的科学家也是杰出的艺术家或者音乐家了。科学家在实验室里的器具上进行“演奏”并针对实验工作产生了动觉感受。正如胚胎学家瓦丁顿写的：“出色的科学实验和优秀的绘画作品有一个共同点，那就是对操作世界上的物理事物能力的依赖，这不完全指肌肉的操作能力。”实际上，为了发展对金属结构的感觉，西里尔·斯坦利·史密斯曾专门研究过图形艺术。他用到了“感觉”这个词。在 1972 年给朋友写的信中，他说：“在我研制合金的那段时间，我有一种感觉，对于研究的东西，我很自然而然地就了解，我知道如果我是某种合金会怎样表现，对硬度、软度、导电性、熔性、可变形性及脆度的感觉都是内在、感受上的了解。”这听起来和第 1 章中讨论的爱因斯坦与费因曼的本能和动觉想象十分类似。对史密斯来说，这些感觉并非无关紧要，实际上，他的科学工作依赖“对平衡结构的美学感受和反方向拉伸带来的肌肉的感受”。

物理学家、发明家米切尔·威尔森在写《与闪电生活》(*Live with Lightening*)这本小说时同样探索了亲手接触小说中材料和物体所获得的触觉知识。小说中艾瑞克的角色就是再创造了威尔森学习使用机床、钻床和其他机械的经历，并且以小说家的语言描述了他的发现：“我了解不同金属的工作特性，就仿佛了解老朋友的性格一样。铜很柔软、黏着，你必须温柔地对待它；黄铜质地优良、脆性好，可以放心自在地使用它；钢则比较难以捉摸，一些很坚硬，一些总体柔软却像撒调料一样各处分散着硬结。”威尔森明确地说明这种对材料触觉的知识对于设计和设备组装至关重要，因为设备本身也是在实验中进行设计产生的。

同样，肌肉和触觉对材料的感受在机器制造、建筑和其他结构制造上也十分重要。据《工程学与大脑的眼睛》（*Engineering and the Mind's Eye*）一书的作者尤金・弗格森所说，工程师在进行机器与结构制造时对于手工制造知识的依赖比人们普遍认为的程度要高得多。“在建造机器时，比如一个大型蒸汽涡轮驱动发电机，”他写道，“技工和其他会使用工具、有技术和经验判断的人将视觉、触觉和肌肉的知识都体现在机器中，给工程师提供了制造机器的视野。”弗格森总结说，机械师、木匠还有其他技术工人，将一切都展示在那双有技术的手上。这样的手知道多紧算紧，螺丝才不会脱落，螺母也不会破裂；这样的手知道木材和金属能弯曲到何种程度而不致断裂；这样的手知道玻璃什么时候会熔化，可以吹制，什么时候不能。这些知识不是能被记录下来或者在蓝图上标明的，只能直接动手获得经验。

肌肉、触觉和操作性的思维技巧在理解生物、化学和物理体系中扮演着重要角色，在数学领域也占据着重要地位。数学家卡勒维斯・詹森就对“结”有感觉。“结，”他写道，“就是那种极难用语言形容和记忆事物的最佳例子，人们试图记住它但很快就会忘记并且很难在复杂的结中发现相似之处。”这时一双有技术的手却能帮忙。当詹森，一个诵读困难者，手里没有绳子可以打成结的时候，就不会去看或者描述它，然而他却创造出了身体内部对空间的感觉。有些盲人可以通过路上的木栏杆计算出自己的位置。“我触摸它们的时候，”一位盲人说，“先感到一阵战栗，沿着它弯曲地向前，直到所有张力停在一个具体的位置上。”这些图像不是看到的，而是感受到的。同样，詹森“想象着能应用到的手指动作，不用在大脑里想打结的画面或者用手做出打结的动作就可以感受到一个结的形成”。他和格兰・古尔德一样，在真正用钢琴演奏前用大脑中数字的操纵进行练习。

数学家斯塔尼斯洛・乌拉姆则更甚，他真的进行计算，“不是计算数字或者符号，而是通过触觉感受和推理的结合，这是一种非常令人好奇的精神活动”。

他在洛斯阿拉莫斯进行的原子弹研究显然借助了视觉和本能感觉上对原子粒子运动的想象。“我发现解决问题最主要的能力是能够对物理环境进行视觉甚至触觉的想象，而不是仅凭逻辑想象……很快我发现我能感受到很多的……辐射和核常数，我能想象出一个亚原子的世界，我觉得几乎可以触摸到它，在进一步进行精确计算前，我可以在空间和性质上想象出这个画面”。我们在读研究所的时候听到过有一个物理学家能像乌拉姆一样用整个身体“感受”到量子方程，遗憾的是，时间太久我记不住他的名字了。据说在研讨会时，如果一个演讲者用方程式推算的原子相互作用不准确的话，这个物理学家就会缩坐到椅子里，如果方程式使原子非常紧密地相互挤压，那么他就会紧缩成一团，好像急需去洗手间一样。演讲者能够“读懂”他对于其他研究的观点，甚至不需要他开口评价。

数学家诺伯特·维纳的身体感受系统则更为怪异。在数月无果地研究一个难题且与哈佛大学的同事产生分歧后，他得了严重的肺炎。在患有这种发热的疾病的时间里，他既要忍受身体不适，还要对付精神焦虑。“我的意识模糊不清，时而觉得疼痛，时而不能呼吸，窗帘的拍打声还有那时研究未解决的问题都充斥在脑海里。”对维纳来说，身体上的痛代表着困扰大脑的数学研究上的紧张状态，数学研究时的紧张也代表着疼痛。“我发现任何事情都可以被暂时认为一个还没有被系统化解决的数学问题。”弗拉基米尔·纳博科夫也经历了类似的将数学思考和疾病的合并：“我还是个小男孩的时候就展现了不同寻常的数学天赋……这种天赋导致了扁桃体炎和猩红热的抗争，我感到在疼痛的大脑里有范围巨大的、无数不间断的肿胀。”

大多数人可能都不会喜欢这种感觉，但是纳博科夫凭借他的病痛记忆获得了了不起的对于所经历世界的见解。维纳同样从疾病经历里意识到许多数学思考都来自身体的紧张状态，即便在不生病的时候。“未解数学难题带来的不适感甚至是疼痛”对于他寻求数学问题的答案起到了激励作用。实际上，他将身体感觉当成一种针对不同数学难题的速记方法，并相信这种思维方式对于学术领域起到至关重要的作用。“如果有什么可以表达一个人是否具备数学家潜质的话，”他写道，“我认为就是这种将暂时性情感符号转化为非永久性的但可回忆语言的能力。如果一个人不能做到这一点，他可能就会发现，在刚看到一个问题的难点所在但却不能系统进行解释的时候，他的一些想法就被蒸发掉了。”

维纳·纳博科夫和古尔德的经历和本章中提到的其他人的经历让我们得到这样一个结论：思考就是感受，反过来，感受也是思考。但我们怎样判断遇到难题时会出现的感觉呢？我们会觉得身体不适。而当解决了这个难题，身体就会觉得舒服了，这种舒服不仅指兴高采烈的情绪，在走路时都充满活力，脸上会挂着笑容，声音里充满笑意。我们并不感到惊讶，纳博科夫写完一本小说后，他形容自己得到一种“芳醇的身体满足感，一种舒适感（就像童年时躺在床上做白日梦的感觉）”。数学家、哲学家伯特伦·罗素写道：“在我所有需要创造力的工作里，首先我都会碰到一个难题、谜语带给我的不适感。”我们并不感到惊讶。我们都经历过身体的愉悦或疼痛与精神想法之间的相互作用。事实上，在大脑、肠道和脸部表情间有很强的解剖学联系。解剖学家西尔维娅·本斯利曾指出：“我们的情感绝大多数通过面部肌肉传达，每种感情从胚胎学角度来讲都受控于第一或第二个内脏弧处的肠道肌肉，并由肠道神经支配。解剖学的关联式比较直接，心理学上感情与内脏的联系恐怕比我们意识到的或已经承认的更为紧密。”当我们感觉好或不好，开心或伤心时，我们的大脑确实在和内脏进行沟通，内脏也和大脑与肌肉进行沟通。大脑与身体是一体的，我们必须学会怎样运用它们之间的内部联系。

或许本体思维最让人惊讶的一点就是，它不局限在自己的身体感觉上，而延伸到对其他人或其他事物的感觉上。舞蹈评论家、历史学家约翰·马丁认为，发现及模仿他人的本能状态使舞蹈和哑剧成为艺术。他说：“是舞者的整套动作激发了我们内在的模仿欲，将我们带入表演中，这样我们才能体会这个舞者的感受。他能告诉我们事实，但感觉却不能通过其他方式传达，只能随着他的舞步激发我们去感受，以这种方式来实现。”史莱莫在他的《男人舞者》（*Man the Dancer*）（见图 9-8）这幅作品里重申了这一点。只有当舞者本体经验与观者身体感受相呼应时，舞蹈才能交流。

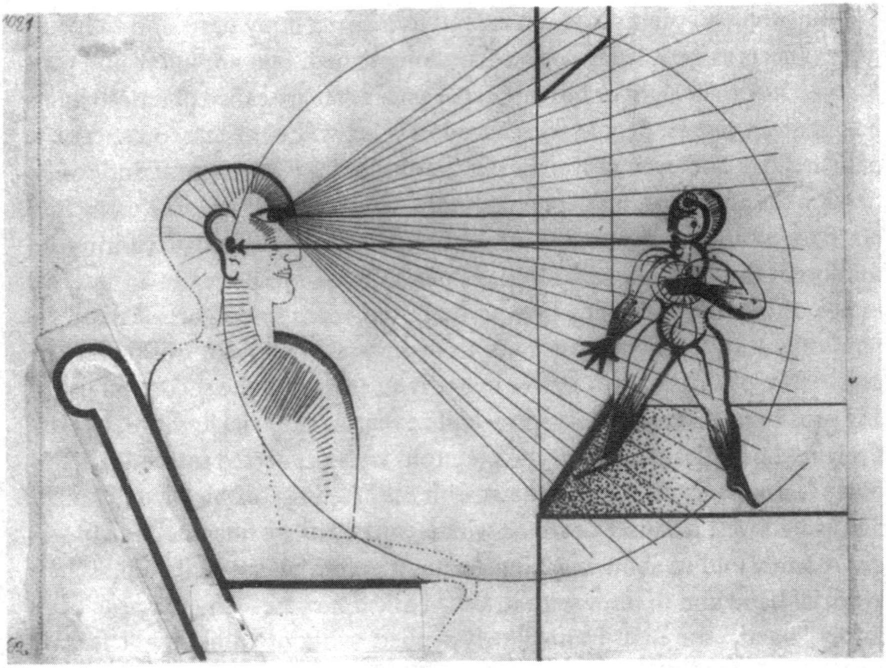

图 9-8　史莱莫《男人舞者》[又名《表演者与旁观者》(*Performer and Spectator*)，作品表现的是一个人想象自己内在模仿的样子，约作于 1924 年]

全世界人都知道为什么卓别林在面对美丽女士时会揭起帽子示意或者害羞地看着脚尖，因为人们心里知道这种肢体语言所表达的含义。《大英百科全书》中将哑剧定义为第一个也是唯一真正的世界语。难怪斯坦尼斯拉夫斯基说，每个演员都应该具备表演哑剧的能力："一个演员必须有极强的观察能力和良好的肌肉记忆才能不仅再现姿态与手势，还能使思想与身体和谐运用。"我们对斯坦尼斯拉夫斯基的这一看法唯一不认同之处就是他只局限在演员身上，而这一技能实际上能提高每个人的理解能力和沟通能力。

本体感受同样作用于缺失的身体部分和无生命的物件中。神经学家很早就发现截肢者或者盲人、聋哑人常有幻肢和幻感的经历。失去一条腿的人好几个月甚至好多年都会觉得失去的那条腿有疼痛感、痒痒或者会动。一个少了一只手的人仍旧能想象用这只手端咖啡。听不见或者看不见的人还会觉得他们能听见、能看见。显然，这是大脑在内部创造出了身体图像和身体感觉，所以即使人实际上已经没有了身体的一部分，大脑仍旧在操控着这个部分。这种本体感受图像对成功地使用假肢至关重要。一些医生发现只有当幻肢的感觉融入假肢上时，假肢才能真正起作用。截肢患者需要想象假肢是大脑对身体和感觉图像中的一部分，就像我们把舞者或哑剧表演者带入自己想象感觉中一样。神经学家近来发现，在教患者用假肢拿铅笔并画画时，当问及他们是如何知道铅笔在“手”中时，患者几乎不假思考地回答：“我感觉到了。”然后他停顿了一下接着说，脸上带着困惑的表情：“但我好像不应该能感觉到，是吗？”

他能感觉，但是和我们通常说的“感觉”不同。他产生的不是幻肢感（对不存在肢体产生的幻觉），而恰恰相反，是肢体的幻觉提供给假肢感觉。即使四肢健全的人也能产生这种肢体幻觉。匹兹堡医学院精神病学住院医师马修·波特维尼克做了一个实验，实验对象是四肢健全的人，让他们坐下来并使他们看不见自己的手，只能看见一个逼真的假手，完全没有与他们身体相连，放在他们面前，研究人员用油画画笔同时轻轻触摸实验对象的手和他们面前的假手。实验对象称他们感觉这只假手就是他们的手，当只用画笔触摸假手时，实验对象则说对此感觉“麻木无感”。波特维尼克将这种现象称为触觉腹语。“一边你的视觉向大脑输入一支画笔在触摸手的图像，另一边你的触觉告诉大脑，你的手在被触摸，”他写道，“大脑有时候会忽略掉出现的不协调现象，会说：‘我看到了触摸，我感到了触摸。我的空间校准一定出现了问题。那我就掩饰掉这个问题，将这两只手放在一起吧。’”

事实上，为了使用工具、设备、乐器等，我们无时无刻不在产生肢体幻觉。网球拍、画笔、大提琴和琴弓都是身体的延伸，是假肢，为我们所用。即使是最笨重的身体延伸工具有时也会产生身体幻觉。以 1927 年史莱莫的杆舞表演为例，舞者阿曼达·冯·克雷布斯的四肢绑了 12 根白色木杆，最长的有 10 英尺（见图 9-9）。克雷布斯的感受没有被记录下来，但是 20 世纪 80 年代中期黛布拉·麦考尔重现了这个舞蹈并表示舞者必须将身体感觉延展到每根杆的尽头。“当舞者在被 12 根木杆绑在四肢和躯干上进行排练时，”她写道，“他觉得呼吸困难，四处受限。逐渐地，他把这些木杆想象成自然的、夸张的动作，就不再觉得阻滞了。然后他感觉到身体与周围的空间相互作用，同时也定义着周围的空间。只有在这个时候这支舞才变成多维、有生气的。”这些杆换句话说就成了“多出来的骨头和肉在空间里延展了舞者的身体”。曾同样用支撑物做延展肢体实验的阿尔芬·尼古拉斯这样说。通过练习，这些支撑物也能像身体一样受大脑支配，而开始的分离感也会消失。通过在本体感觉和触觉上的延伸，大脑对身体的图像也随之发生变化。

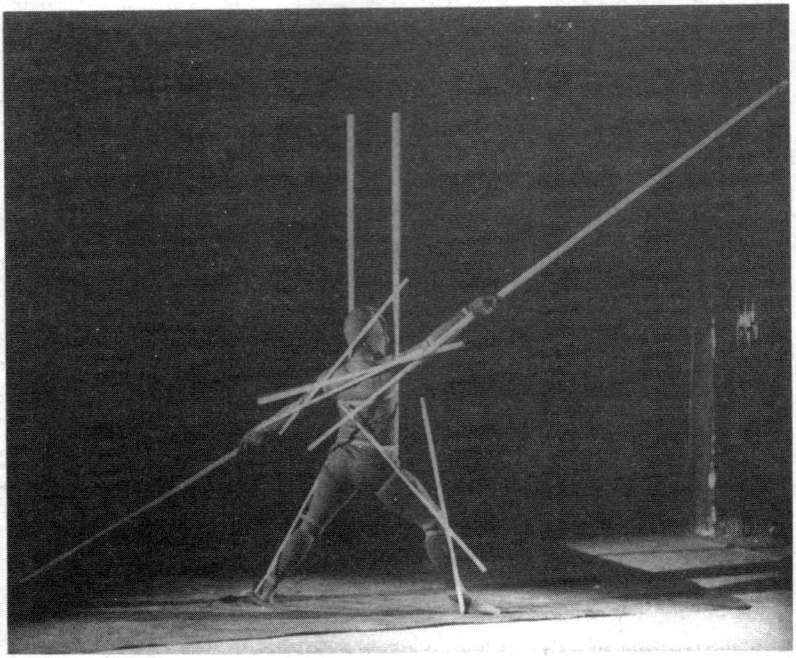

图 9-9　舞者阿曼达·冯·克雷布斯表演史莱莫的《杆舞》(1927)

身体延伸对其他艺术的成功也起了很大的作用。耶胡迪·梅纽因曾写道，一把好的小提琴是活的，演奏者是小提琴的一部分。当他演奏时，他说："身体成了一种听觉的智慧产物，一个调音准确的乐器，并独自在身体内演奏，是一个'纯粹的'声音，与小提琴本身发出的声音难以辨别。"在《手》(*The Hand*) 这本书中，弗兰克·威尔森记录了对德国木偶师安东·巴赫莱特纳的采访，他将身体的感觉投射到工具——木偶上。"技术上最难做到的就是在表演时感受到脚与地面的接触。要使木偶看起来像真的在走动，"木偶师说，"要通过手感受到在发生什么。"这要求在观察上的一种转移，这样木偶师通过木偶的眼睛观看。安东说木偶师"必须学会进入到木偶里面"。

身体与工具的相互融合同样发生在医学和科学领域。五角大楼开发了一个远程呈现手术系统（TeSS），这是一个虚拟现实机器，当面临威胁生命的伤害，而医生由于距离远不能赶到现场时，可以用这个机器操控电子机器人进行手术。医生在仿制品、尸体和麻醉后的动物身上测试这个系统并称能很快地“感觉”到好像他们并不是通过中间媒介在手术。“钳子随着手的动作快速动起来，随着操纵把手开/合，最令人惊奇的是，你能感受到它们的感受。当钳子碰到了什么东西或者在缝合拉紧缝合线时，你能感受到那种阻力。”一位测验的医生这样说。同样觉得震惊的还有物理学家，他们通过使用特殊调试后的原子力显微镜观察放大后的显微针在原子的一层做拉伸运动。使用者称能感觉到原子的每层质地并感受到每个离子间的物理吸引力。

无论是目的还是形状，人们将身体感觉投射到每种工具上需要练习和技巧。我们甚至对驾驶工具产生了身体幻觉。当你听到操作大型机器的人常用“交流”这个词，音乐家和艺术家总谈“表达”，你或许会感到惊讶，但是他们的身体和工具上的纽带关系确实真实存在。“你必须放空大脑，只想着反向铲就是手臂的延伸。”一位机器操作者在《华尔街日报》采访时这样说。另一位建筑工人则说：“你是机器的一部分，机器也是你的一部分。”人与车就产生了这样的相互关系。想想你是如何做到如此了解车的大小以至于能够不撞任何东西地把车停在狭小的车库里的。你看不到车的外部尺寸，但你知道延伸出的这部分“身体”的形状和大小（对比着想一下，当你开一辆不熟悉的车或者在左车道行驶的国家开车时，毫无疑问，你会发现自己需要不停地调整意识直到身体幻觉重新塑造并出现在车身为止）。

和本书讨论的其他思维类型一样，身体思维也需要结合主观和客观的“知道”。只有操纵的事物不是“别的”而是“我”的延伸，它才能受意愿和要求的控制。只有将自己置身于周围的空间里，如毕加索在他画织毛衣的玛丽·泰雷兹时（见图 5-1）及史莱莫 1924 年画的《形体与空间轮廓》（*Figure and Space Delineation*）（见图 9-10），我们才能真的感受到并与之进行交流。遗憾的是，正如舞蹈家桃瑞丝·汉弗莱写的那样：“很多人的肌肉运动知觉都退化了，急需树立人们将这种特殊感觉发展的更全面意识。”所有人都需要仔细地练习活动他们的身体，操作工具和仪器，增加肌肉动觉和本体感觉反应意识。这些亟待加强的能力有助于进行运动、舞蹈、喜剧、义务手工课、乐器学习，尤其是那些需要集中精力将身体感觉带入其中的活动。

图 9-10　史莱莫的作品《形体与空间轮廓》，在其中将本体感觉延伸视觉化（1924）

身体思维练习同样可以成为学科内或跨学科学习的必要部分。在一些学校，专门设置“创造力运动”的课程来探索众多学术科目。为了学习物理中的声波，孩子们排成“分子结构”的样子，固体排列得紧凑些，气体次之，并亲自体验拍肩膀发出的声波如何快速穿过多种物质。或者他们会观看并在心里模仿。在密歇根的奥克莫斯，Happendance 现代舞公司的舞者用舞蹈表现出了分子的物理、化学性质。通过在舞台各处迅速移动及相互传递弹跳的气球，舞者们用身体展现了分子在热气中的运动状态。接着他们“冷却”下来，压缩成一个更为密集的群体并缓慢移动，气球在他们中间懒散地飘动。为了教孩子们学习数学里的距离、速度和时间的概念，舞者带孩子们玩一个叫“宵禁”的游戏，使他们能亲身体会到这些抽象的概念。比如，让他们懂得如果在鼓敲击八次内经过一个固定距离比在敲击四次内经过相同距离的速度要慢。

复现也是了解故事或历史的好方法。孩子们将故事的主要元素编进舞步里，每个舞步代表一个元素，这样他们会记忆得更好。除此之外，也可以鼓励学生注意当在听课中遇到不理解问题时的身体感受，并用这种不适感作为提问的动机。敏感的老师能通过他们的面部表情和姿势发现并教会学生辨别、应对这些“感觉”，就像我们能“读懂”哑剧一样。这些方式都能帮助孩子学会用本体感觉了解所处的世界。他们会开发出一座富有感觉记忆的矿脉，能凭借这些感觉记忆用身体“大声地思考”。

课堂上身体思维的练习事实上和著名生物学家霍尔丹曾预想的科学乌托邦练习一样简单。“在形状教学里，你必须尝试想象出火车车厢或者妈妈脸的形状，然后形成画面或模型，试着想象你正一边看一边亲手触摸这个形状。在语言课堂上，你要描述扔东西、走路、踩高跷或者在气体容量分析设备上工作的感受。”霍尔丹甚至认为“肌肉动觉探索者”（像印度瑜伽信徒）对怎样感受和控制身体感觉与功能上可能会更出色，他认为这种技巧对于探索科学和艺术领域的未知和未解事物有极大帮助。

以上所有提到的技术都能使人的身体存储无限的身体图像。事实上，经过练习我们都可以扩大对经历、模仿、形成模型及投射的运动感觉、张力和触觉的想象。“每件事从解剖学角度讲都储存在大脑某处，经过练习，我们可以对它们进行回忆和重建，我比以前要警觉十倍。”一个学生在练习肌肉动觉和本体感觉想象之后如是说。中国古代有句名言：“闻之不若见之，见之不若知之，知之不若行之。”记住并实践一件事与学会用身体思考密不可分。所以不要枯坐在那里，要站起来四处动动，或许你就会发现自己找到了只有身体知道的答案。

移情

薇拉·凯瑟曾写道，小说家、演员和医生都有“独特、神奇的能够进入另一个人身体内的经历”，许多作家都有这种移情的经历。阿方斯·都德也观察到，相同的事情用语言表达出来后和薇拉的说法很接近：“你必须进入所描写那个人的身体里，进入他的每寸肌肤中并通过他的眼睛看世界，通过他的感官去感受世界。”与另一个人融合，从物理角度讲，要丢失或者放弃“他人感”。都德认为，“在作者的部分直接干预是错误的”。对一些作家，移情到创造的角色中意味着他们在写作时好像另外一个人，查尔斯·狄更斯也是如此。小说家乔治·艾略特说，她描述角色的最佳状态就是这个角色占据了自己的身体，这样她才能完全感受角色的感受。法国小说家布莱斯·桑德拉尔承认，如果不能完全了解想写的角色，他就无法写出任何东西。“全面地了解要写的角色，从他们出生那天开始直到死亡。”他在笔记和档案中这样说。许多作家都和桑德拉尔一样有这种近乎偏执的对角色生平细节的关注，这种关注不仅是角色信息的编撰，它要求作家有能力使“角色在所有可能发生的、可想象的环境中自然发展演化”。

凯瑟指出，演员，或者扩展了说，所有的表演者都要会表演和移情。巴赫认为，“一个音乐人如果不能被自己的音乐感动，那么他的音乐也感动不了别人。他必须感受到他期望听众能感受到的一切情感，因为对自己情绪的揭示将刺激听者产生相同的情绪”。打开这些情绪的关键就在于，被智利钢琴家克劳迪娅·阿劳称为“一个小小的奇迹……一种无意识下出现与作曲家交流的感觉”。对阿劳来说，音乐家也是演员，能够表演许多风格和角色。他说：“诠释者必须能转换自身去感受一个或许对他们来说陌生的世界。”

舞者同样尝试通过角色甚至不同于身体理解的舞步。伊莎多拉·邓肯将舞蹈理解成音乐，必须激发观看者的同感，使他们产生跟着一起舞动的欲望。在表演中，这种移情能通过感受角色本身或者模仿一些可以激发观者感情的动作产生。这些技巧有时会相互矛盾。芭蕾舞演员格尔西·柯克兰记录了这样一段经历，她违背编舞乔治·巴兰钦的意愿，不安心做一个她指挥下的傀儡而尝试把自己的感情带入舞蹈中。这种矛盾凸显了移情的另一方面，桃瑞丝·汉弗莱对此进行过探讨。她认为，一个编舞者必须与舞蹈演员产生同感。这些演员是一个舞蹈构成的原材料。“在进行编舞时，”汉弗莱说，“编舞者必须充分重视每个舞蹈演员的个性，时刻提醒自己并发挥所有聪明才智努力了解这些舞蹈演员，无论是身体、情感还是心理……许多编舞失败的例子就是由于缺失对人的敏感性。”许多演员认为导演的失败也是这个原因。

大多数演员都会通过移情塑造要表演的角色。对一些演员，这项技巧是孩提时期玩角色扮演锻炼出来的。汤姆·汉克斯说，当他还是小孩时着迷于宇宙飞船，他会在泳池底走路，通过露在水面上的一根管子呼吸，假装自己在接受失重训练。那时他恐怕想不到自己将来会出演《阿波罗 13 号》电影并导演《从地球到月球》。这种训练能更进一步，据说英国电影明星丹尼尔·戴路易斯会亲自体验他要扮演角色的生活。他会学习角色拥有的技术（他在饰演电影《最后的莫西干人》中的霍克艾一角时就是这样做的），或者学会扮演角色的行为［如《我的左脚》（*Me Left Foot*）电影中他出演的爱尔兰作家克里斯蒂·布朗］。达斯丁·霍夫曼据说也以沉浸式的方式表演，“成为”而不是“像”或者“模仿”一个角色。

表演里这种“内在真实”最重要的建议由康斯坦丁·斯坦尼斯拉夫斯基提出。他告诉学生：“你理解一个角色后，与你将扮演的角色产生移情，将自己放在角色的角度，这样你就会像他一样行事了。这样做会使演员产生与角色需要类似的感情。”他自己在扮演易卜生戏剧中一个理想化角色时就用了移情的方法：

> 我第一次读这个戏剧就立刻喜爱并理解它了，我几乎可以立刻想到如果我是这个角色会怎样表演……我只需要想斯托克曼想什么、在乎什么……以及他向前弯曲的身体、快速的脚步……伸出来的食指和中指……我想象着他的举止和习惯，即便不在台上，而我的内心也自然而然地了解他的感受和想法。在这一过程中我体会到了一个演员能获得的最大乐趣，那就是在舞台上说出另一个人想法的权利，将我自己完全交托给另一个人的激情，表现另一个人的行为举止，就好像这就是我自己。

正如凯瑟说的，许多医生也用移情理解并治疗病人。诗人威廉姆·卡洛斯·威廉姆斯也是一位医师，他在自传中写道："我在了解病人的想法后丧失了自己，在那个时候我就是他们……无论他们是谁，而当我从成为他们的感觉中分离出来后……就好像我刚睡了一觉醒来一样。"奥利弗·赛克斯在探索像《觉醒》（*Awakening*）和《错把妻子当帽子的人》（*The Man Who Mistook His Wife For a Hat*）这两本书的神经学条件时，他允许读者能够暂时感受到不能说话，无法感受身体、控制言语，以及不知道记忆是什么样的感觉。

实际上，许多医学教育家都认为短暂成为病人的能力，是区分一个人是否是优秀临床医生的技能条件。移情是"在帮扶关系实践中的一项重要技能"，宾夕法尼亚州立大学医学教师凡斯蒂安如是说。一个有同情心的护理者在病人需要做一个不熟悉的测试或者检查时，会发现病人没说出口的恐惧，能感受并理解病人愿意将病症和秘密显示给他人，愿意配合检查，即便这样做会使他们疼痛或听到不想听到的诊断，愿意将自己的身体和想法展现给别人，尽管他们更希望隐藏起来。这种能够进入另一个人"每寸肌肤"的能力是精神病学的重要组成部分。阿弗雷德·马古利斯将他写的关于精神病学移情使用的书恰如其分地命名为《移情想象》（*The Empathic Imagination*）。

很有趣的是，作家、演员和医师的移情世界最近被合并在一起。1981 年明尼苏达州罗切斯特的马约诊所尝试用戏剧帮助医学学生和医师理解并移情他们的病人，邀请了杰森·罗巴兹和其他一些演员在一个名为洞察力的项目中表演一系列戏剧。演员表演了尤金·奥尼尔的《长日入夜行》（*Long Day's Journey into Night*），帮助他们了解麻醉药成瘾，还有《送冰的人来了》（*The Iceman Cometh*）了解酗酒，以及劳伦斯·豪斯曼的《维多利亚女王》（*Victoria Regina*）了解衰老。这一系列演出的主管及马约诊所药物依赖治疗项目的病后护理主管玛丽·亚当斯·马丁解释说："医师不再需要更多的事实，他们能了解人类问题，自身和其他人的可用时间很有限，戏剧能化解这种代沟。"纽约西奈山医院进一步发展了这种方法。演员扮演患有各种病症或类似癌症晚期或艾滋病的病人，学生们检查这些病人的病历卡，做出诊断并和病人们沟通诊断。这不是一个游戏，学生们与病人增进了感情，首次意识到他们不仅是医师，更是需要对病人付出关心的护理者。

如果医学治疗场景的公开再现能够刺激医师学会移情，那么通过私下里阅读小说将感情投入其中也可以这样。普利策奖得主精神科专家罗伯特·科尔斯要求哈佛医学院的学生们阅读乔治·艾略特的《米德尔马契》（*Middlermarch*）和沃克·珀西的《看电影的人》（*The Moviegoer*）。与通常的教科书不同，这些小说探讨了人类伦理问题，这些问题医师们都会遇到。埃默里大学医学院的心脏病学家约翰·斯通先生推荐列夫·托尔斯泰的《伊凡·伊里奇之死》和阿尔伯特·加缪的《瘟疫》（*The Plague*），了解他们对于死亡和走向死亡的观点，以及乔治·路易斯·博格斯的故事《不朽》（*The Immortals*），了解生物工程器官移植和义肢的心理作用。"文学，"斯通说，"将引导一个年轻的医生，如果他愿意的话，获得适当的敏感，帮助他在恰当的时刻说出恰当的话，甚至间接地将医生放在了病人的病床上。"正如E.A.凡斯蒂安所说的，"移情不仅是心理学概念。每个塑造的小说人物都是作者通过想象深入体验人物生活，才能使人物在读者看来栩栩如生。我们反复地认证了，文学是掌握移情这种技能的必要帮手"。

总之，薇拉·凯瑟的评论揭示了作家、演员和医师工作的重要方法。他们不仅学会了从外部客观地理解别人，更能从内部主观地理解别人。正是这种"成为别人"的扮演方式将移情与想象和本体感受思维区分开。移情的关键是要学会透过别人的大脑和身体观察这个世界。

尽管凯瑟的见解很有洞察力，但也有不足，因为她只将移情局限在了作家、演员和医师身上。移情并不是他们独有的。禅宗佛教的整个哲学就完全建立在这种理念上，一个人必须与冥想的对象合二为一，为了理解他物而忘掉自身，好像他们就是他物一样。所有与禅宗有关的艺术——风景、岩石盆景、油画、素描、建筑、茶艺和其他的仪式——都要求移情自然的能力。铃木镇一的“人才教育”项目与禅宗的理念异曲同工，这种方法被西方国家称作“铃木音乐教学法”，用来训练小孩学音乐。然而，铃木的本来目的是用它来训练全人类。音乐只是教他们怎样理解、怎样学习的方法，但关键在于kan——一个难以准确翻译的日语词，大意是移情和动觉思考的一种结合——音乐和乐器合为一体。一个比较著名的版本可以在罗伯特·皮尔西格的《禅宗与摩托车维护的艺术》(*Zen and the Art of Motorcycle Maintenance*)一书中看到，这本书指引人通过移情的方式学会理解他人，也理解他物。

不只有东方哲学领略到了移情的力量。75 年前德国哲学家马丁·布伯写道:“移情是指将一个人的感受转移到一个物体，如一根柱子、一块水晶或一根树枝乃至一只动物和一个人的动态结构中。用自己的肌肉从内部了解其构成和运动，这就是指要将自己从在那边‘变换’成另一边。”几乎在同一时间，法国哲学家亨利·柏格森说，最重要的洞察力只有通过此种方式出现，“这种洞察力只有通过直觉才能触碰到，而其他的可以靠分析(我们掌握的知识)得到”。我们将他说的直觉称为移情，一个人将自己放入一个事物的内部进而与该物体独特，与不可言喻的特质达成一致。1958 年，物理学家和哲学家麦克·波兰尼的书《个人知识：迈向后批判哲学》(*Personal Knowledge: Towards a Post-Critical Philosophy*)调查了理解是怎样以这样一种方式从内部知识中幻化而来使人成为(用爱因斯坦的话来说)自然的一小部分，并向人展现出什么是外部的。著名哲学家卡尔·波普尔进一步进行了探索，他说：“我觉得最有用的建议是……人们获得新想法的方式通常是通过……‘同情的直觉’或者‘移情’……你应该用这样的方式进入你面对的困境中，就好像你是困境的一部分。”

事实上，在艺术、科学和人文领域，我们都找到了用移情作为基础工具的实践者，因为它能帮助人们了解其他人和物，这种了解是其他方式做不到的。下面举一些例子。

对历史学家来说，移情是指通过他人的眼睛看世界。比如，托尔·海尔德尔乘坐康提基号和 Ra 号木筏航海，试图再现古代波利尼西亚人和埃及人航行方式的例子。这些复现尽管有争议存在，但也震撼了我们，因为这些旅行将海尔德尔真正意义上带到了“那里”，并且像一个好演员一样，将读者带入了书中。历史学家安东尼·迈克尔·科恩出于同样的原因成了大众眼中的“地下霍迪尼”。为了了解北美和加拿大奴隶用地下铁道逃跑奔向自由的经历，科恩像他们一样生活，穿他们曾穿的鞋，吃他们曾吃的食物，像他们一样睡觉。1848 年，“盒子”亨利·布朗将自己藏在尺寸为 30 英寸×28 英寸×24 英寸的木盒子里，乘坐从里士满到费城的火车逃离了奴隶制。科恩也体验了布朗的经历，盒子的大小都是一样的。在七小时的行程里，他出现了极度抑郁、幽闭恐惧、脱水、过热等症状并几度失去意识。对于逃跑奴隶必须忍受的恐惧和剥削，他后来说，“我觉得我基本能了解那种感觉”。那些感觉成为他历史写作的材料。普林斯顿古典文学教授约翰·马则更进一步，他要求学生在学校操场重现古希腊的战争场面，这样他们都能直接了解古代战争史是怎样进行的。“疯狂的热情和复现方法在历史学科中也存在。”他说。

这些不是噱头，这种表演方式对历史编纂起了很大的帮助作用。正如历史学家迪克逊·维克特所说：

> 一些最优秀的专家往往也都最活跃。对实地工作的热情会给写作素材增加新鲜度、原创性和活力。比如，弗朗西斯·帕克曼曾亲身到俄勒冈小径和苏族旅居地旅行；道格拉斯·弗里曼到弗吉尼亚北部的战场上去观察遗留的弹坑；萨缪尔·艾略特·莫里森和第二次世界大战海军一起出海。在写《哥伦布传》（*Admird of the Ocean Sea*）前，莫里森乘坐一艘类似哥伦布第一次远航时乘坐的圣玛利亚号船航行大西洋（基本上除了发现美洲大陆这件事以外，其他哥伦布曾做的事情他都照做了）。斧头柄、步枪托的感觉，钓鱼竿在手里的感觉，背上背包的感觉，海风拂面的感觉，还有咸咸的空气在鼻孔里的感觉对于写作都提供了帮助。

历史如一个异域国度，只有再体验才能了解。

最优秀的传记作家同样用移情提高情感和智力上的理解。汤姆斯·苏德瑞这样说，他们“进入写作对象的大脑——用他们的思想、情感甚至身体感受，并试图观察他们的社交生活和工作生活”。汤姆斯·库恩，本世纪杰出的自然科学历史学家，让学生通过一步步重现科学家生活的方式，深入了解他们的科学工作。如果搞错了，则必须从另一个角度重新开始。因为你还没有掌握所学人物生平的精髓，你就没有像一个科学家一样思考和行为。

到目前为止，我们关于移情和表演的例子都以人做主体。但是正如禅宗和西方哲学家提出的，一个人能从动物、树木乃至任何无生命的物件上获得“个人的知识”。事实上，人类与动物之间的移情很早就有了。在法国的三友洞内发现的著名旧石器时代绘画《巫师》（*Sorcerer*，见图 10-1），从肩膀向下，整个看起来是一个向前蹲着的人的模样，好像正悄悄地靠近某人或某物的样子，而肩膀向上则是雄性驯鹿或麋鹿的样子。对这幅画像有多种诠释，有人说这是一个人参加某种仪式戴上了“巫师或者有角的上帝”的装束，也有人认为它是神话里虚构的怪物，就是半人半兽的样子，这些都是旧石器时代发烧友们的想象。这种诠释听起来像是错误的，但是由于他们假设画这幅画的人简单而迷信，没有解释巫师在做什么，或者为什么他的形象被画在了洞壁上。他们就没有“身临其境”的感觉。

图 10-1　《巫师》旧石器时代绘画（三友洞，法国）

我们解释洞穴艺术的方法则不同。我们认为绘画者是一个有智慧、有思想的老师，他试图打开一个与作品欣赏者沟通的门。我们认为巫师是一位猎人。最早保存猎人狩猎技能的方法，就是将他狩得的猎物皮披在自己身上混入猎物群中。

为了更成功地混入，他必须模仿动物的行为和思维。还有比扮演成猎物、想象猎物会如何反应更好的狩猎方式吗？这样有教育意义的扮演方式在现如今的狩猎采集文化中还被人们使用。孩子们从模仿猎物习性开始训练。有一张照片就展示了一群土著小孩跟着一个大人行走在澳大利亚丛林中（见图 10-2）。包括大人在内的所有人身上都涂了油彩，胳膊向外伸展，模仿澳洲鹤（一种当地鸟类伸展翅膀起飞的样子）。最终经过练习，孩子们学会了像这些鸟一样思维，这样才了解捕猎它们的最佳方式。

图 10-2　土著人模仿澳洲鹤

动物也会思考，无论是过去还是现在，这一概念是所有狩猎文化的基础。奥伦·里昂——易洛魁六国联邦中奥内达加国的首脑解释道，对动物强烈的认同对狩猎和生存绝对重要，会培养猎人对动物的尊重。“我们的人民，”他说，“从未怀疑动物有思考能力。狩猎是智力竞赛，而且被打败的常常是人类……我们感觉动物就像人。你必须把它们当成个体，而不是动物。除此之外，你还会觉得动物是有灵魂的，你越多、越仔细地观察动物的眼睛，就会越发现它们的眼睛不是动物的，而像人类的眼睛……这就是为什么我们将动物称为‘我们人类’。”

尽管动物会思考这种概念一些人不会认同，但即便配备了最先进设备的猎人和渔人为了成功狩猎也需要学习像猎物那样思考。诺曼·麦克莱恩的小说《大河恋》讲述了一对兄弟热爱飞蝇钓的故事，读过的人就会知道猎人对猎物的认同感。故事中的哥哥（故事的叙述者）断断续续地对河和鱼游动时产生的旋涡与水流、鱼藏身的石头产生了一种强烈的感觉。他了解鱼的生活环境，是一个好渔夫。但是他的弟弟保罗则是一个捕鱼大师，他知道鱼怎样能看见他的钓鱼绳，知道怎样能使钓鱼绳像一个真正的昆虫一样在水上跳动，怎样用他对鱼行为的理解和直觉诱惑鱼上钩。保罗说："我很擅长钓鱼，但要想像鱼一样思考我还需要三年时间。"他的哥哥回答："你已经知道怎么像一个该死的飞蝇一样思考了。"

唐普尔·格朗丹以同样深入的方式了解奶牛和羊。她设计了最成功的人性化便捷兽医动物约束系统、牲畜装卸设备及肉食加工业屠宰场。尽管这些动物是被饲养的而非狩猎而来，但它们对于约束或错误装卸的反应和猎物的反应是一样的。恐惧引起恐慌，恐慌导致动物群的焦躁，这会影响动物的饲养和处理。约束系统的设计必须能够安抚动物，而不是惊吓它们。格朗丹在 1995 年出版的《用图片的方式思考及我对自闭症生活的报告》（*Thinking in Pictures and Other Reports from My life with Autism*）一书中写道，她成功的秘诀就是她成了需要约束的动物。"当我把自己放在奶牛的位置思考时，我真的就成为这头牛，而不是披着牛外衣的一个人。我用视觉思考技能想象动物在面临一种环境时看到的和听到的。我将自己放在动物的身体里并设想它的经历……我必须通过牛的感官系统看待世界。"格朗丹对动物的认同通过将自己的感官反应与动物联系在一起得到加强。她有自闭症，自闭症是一种无解的神经系统疾病，自闭症患者往往有过分精准的观察力而且很容易受到刺激而产生恐惧。和许多自闭症患者一样，她对某些声音和光极度敏感，因此和遇到地面反光、气动门发出的嘶嘶声、在光滑表面打滑就会停止不前的牛之间，很自然地产生同感。她又设计了消除惊吓和恐惧反应的装卸设备。牛群和其他动物在经过她设计的弯曲坡道及传送设备时都没有产生恐惧或者困惑，这证明这些设备能人性化，快速且经济地运送动物。

巴克·布兰纳曼是一位驯马师，他的经历给了小说与电影《马语者》灵感。他采用相同的移情方法了解马。他说"与马和谐思考"并获得在动物和人之间的"真正统一"。因此，他通过充满想象力的从马的视角观察世界做到了和马交流，而不是驯马。狩猎的概念也是如此。"人骑在马背上的方式和美洲狮骑上马背的方式一样，爬上它的背，腿直接悬在它身体两侧，”他说，“所以很容易理解的就是为什么一匹马对于一个人慢吞吞地蹭上马背会不那么感兴趣……它很害怕，而且它应该害怕，这就是它生存的直觉。你面对的是千年来马类的自保本能，而你要求它在一夕之间就忽略掉并让你骑它。”很惊人地，布兰纳曼“请求”马让他骑并用马的语言——轻微的身体动作和姿势与马交流。本质上，他假装自己是处于领导地位的马群种马，和马群一起移动、呼应、接受指令。“这并无秘密可言，”他说，“我只是知道为了我们能够说同样的语言、做同样的动作我需要做什么。”

移情对于另一种现代狩猎探险来说也是成功的关键因素，尽管这种狩猎很少涉及动物。许多现代科技时代的思想家都有意采用猎人使用的扮演和移情技巧，探寻科学领域里新的事实、想法和理论。物理学家恩斯特·马赫（声音速度以他的名字命名）在他所写的关于科学方法的书中明确地说，科学家是猎人，是知识的猎人，而且“（科学）猎人想象他看到猎物的生活方式以便据此选取行为方式”。克劳德·伯纳德同样将研究与狩猎做比较，正如阿尔伯特·圣捷尔吉·奥尔贝特写的，“猎人漫无目的地四处逛，直到某处有猎物飞起或闻到了猎物的味道”。

狩猎与科学研究类比所带来的结果是惊人的。首先，移情肯定不是我们通常了解的科学家会做的事情。相反地，狩猎方式和做研究一样都很主观。有许多著名科学家的重要观点和发现就是通过进入“猎物”的角色获得的。这些“猎物”或许是单细胞生物、生物过程、物理现象，范围大到可以从亚原子粒子到昆虫再到星球！

一开始将自己想象成一块石头或者夸克可能有些困难，那么我们就从容易一些的开始——动物的科学研究。动物行为学家是比较明显的用移情作为研究策略的人群。他们用与澳大利亚丛林人、美国土著人、唐普尔·格朗丹和马语者相同的基本方式研究。通过多年对黑猩猩的户外观察，珍妮·古道尔发现她和助手很自然地想到了移情这种方法，而且用法得当的话这将成为有力的科学工具。“由于黑猩猩有些行为和人类特别像，”她写道，“我们中许多在贡贝工作多年的同事已经与研究对象发展出了某种程度的移情。这本身不是一件坏事。一旦这种移情建立起来，通过交流，就能更及时地发现其他黑猩猩的‘情绪’或者态度的细微变化。这对理解它们的复杂社交过程来说是有帮助的……直觉理解可能要基于移情之上，并可以在事后与数据进行对比检测是否属实。”具体如图 10-3 所示。

图 10-3　左：弗兰基·雷诺兹展示黑猩猩敲树；右：戴安·福塞假装自己是大猩猩

雪莉·思特鲁姆以研究野生狒狒而闻名，在她 1987 年出版的《几乎是人类》（*Almost Human*）一书中同样说过，以情感为基础的移情在了解狒狒习性上的作用重大。她曾觉得了解动物很困难，直到她对一个名叫佩吉的狒狒产生兴趣并最终进入了狒狒的生活。她的观察再度证明了思特鲁姆的观点，移情和不带感情的事实收集一样，同属于科学。“佩吉教会我强烈的感情，比如我对她的感情，然后还能从事科学。两者并非像我曾经认为的那样互相排斥……感情不可以压过科学。技术仍旧是科学研究的坚实基础。而且最美妙的是，对狒狒的深厚感情使这个研究更有价值。”是感情使人了解，不要鄙视感情的作用。

为了避免人们认为女性动物行为学家更容易“放纵”直觉理解，我们很有必要提一下唐纳德·格里芬，一位动物思维专家，他认为移情是一种被大大低估了的科学工具。伊恩·道格拉斯·汉密尔顿，一位大象行为研究专家也认同这一观点。“尽管我在哈佛大学接受了严格的训练，但这些训练并没有对动物的行为做出人性的解释，”他在《生活在大象身边》（*Among the Elephants*）这本书中写道，“很难不将它们人格化。”人格化（用人类的行为诠释非人类的行为）在科学里明确禁止。实际上，德斯蒙德·莫里斯最著名的作品《裸猿》（*The Naked Ape*）就是将人作为一种动物进行的诠释，书中认为真正与动物移情不会导致人格化，而代表着使自己脱离人的先入之见的方法。还是个青年时，莫里斯就对动物产生了浓厚兴趣，他开始做动物的梦，不是迪士尼动画片里的动物角色，而好像他自己变成了某种动物（见图 10-4）：

> 这是一种奇异的场景。我不仅被动物环绕着，我自己也变成了一种动物。在成为动物行为专业的全日制学生后我的研究方向大体就是这样。每研究一种动物我就变成了那种动物。我试着以它们的思维去思考，以它们的感觉去感受。作为一位动物行为学研究人员，我试图站在动物的角度，这样它们的问题就是我的问题，而不是以人类视角研究动物，那会导致在研究过程中将它们人格化的错误，我发现我能很顺利地融入它们的生活方式。这个梦说明一切。

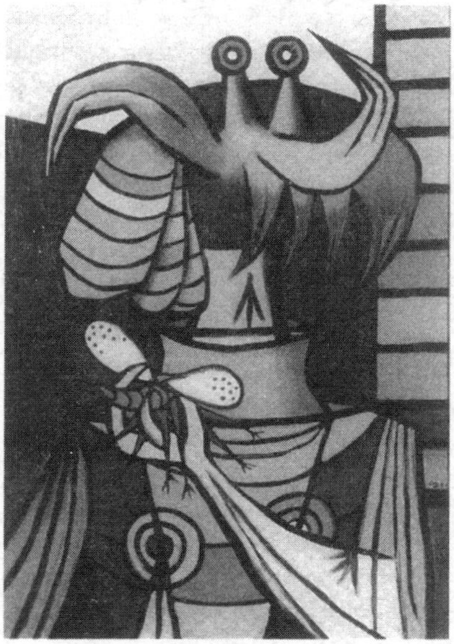

图 10-4　《昆虫学者》（*The Entormologist*）（作者戴斯蒙德·莫里斯，1951）

汤姆斯·艾斯纳是昆虫化学防御和交流系统研究的先驱，他也有过类似扮演的梦。生在乌拉圭的他对于当地昆虫十分熟悉，他会梦到用西班牙语和蚂蚁说话。“有一次我甚至梦到我是一只昆虫，和别的昆虫聊天，告诉它们我做梦变成了一个人。”他说对于研究对象诸如此类的熟悉为他的研究提供了很多灵感。

如果一位科学家能和昆虫产生同感，那么为什么不能和一株植物、一个细胞或者一个染色体产生同感？将移情描述得最清晰的毫无疑问要属芭芭拉·麦克林托克，她从事玉米和许多其他生物的基因研究，花了很多时间研究植物并制备那些非常熟悉的植物基因材料。基本上可以说，她花时间和植物“交朋友”并以植物的方式“看待”它们，就像乔治亚·欧姬芙创作花的绘画一样（第 3 章）。最后麦克林托克说她对“有机体产生了一种感觉”，这种感觉非常强烈以至于她真的觉得自己成了基因或者染色体。

麦克林托克的经历被众多同僚分享。医师丽塔·列维-蒙塔西尼对她的病人产生了强烈的移情，她不得不远离救助一线，避免产生同样的精神痛苦，而将她的能力应用到细胞生长及控制因素的研究上。“我的研究处于令人兴奋的初始阶段，我正在研究白鼠恶性肿瘤的移植如何影响小鸡胚胎的感官和移情神经细胞。这就是我的激情所在，无论是白天还是黑夜，我都在观察研究对象并思考。我感到我好像变成了肿瘤的载体并体验着在它身上发生的神奇效果”。据神经学家查尔斯·谢灵顿所说，具有相同热情的卡哈尔将“显微镜下观察到的事物看成有生命的，也像我们一样会感觉、动作、希望和尝试……一个神经细胞的纤维会自动出现并‘四处摸索，寻找其他神经细胞’”。谢灵顿接着说：“他会觉得精子是受到了一种刺激，这种刺激是与其他精子竞争，看谁能先进入卵子。听到他这么说，我不禁想他这种人格化的方法一定会让他更加成功。”分子生物学家雅克·莫诺说，在研究中他“不得不与蛋白质分子产生认同感”以便理解其功能。约书亚·莱德伯格同样高度重视：“将自己想象成存在于生物环境内部，我不得不学会这样思考。比如，‘如果我是细菌染色体中的一个化学部分，我会是什么样子？’并尝试了解所处的环境、位置以及什么时候以何种方式发挥功能，等等。”

物理学家同样依靠扮演和移情获得新想法。有机化学家彼得·德比解释说：“你必须使用你的感觉——碳原子想要做什么？”爱因斯坦，如我们在第 1 章提到的，会从光子的角度看待宇宙。对欧内斯特·卢瑟福来说：“原子和阿尔法粒子真实存在，就像他的朋友。”如果同事说它们是知识理论上假设出来的产物，他会非常气愤。许多天体物理学的发现都是通过“星星的视角”看待宇宙获得的。理查德·费因曼通过问自己诸如“如果我是电子，我会做什么”这样的问题而改革了整个量子物理学。汉尼斯·阿尔文是一位天体物理学家，他的许多见解都是将自己想成是一颗带电粒子获得的："我没有研究磁流方程，而是坐下来想象自己是电子或者离子并以它们的视角想象这个世界的样子，以及什么力作用在左边，什么力作用在右边。"以上提及的所有人，从麦克林托克到阿尔文都获得过诺贝尔奖，这无疑揭示了这种"狩猎"技巧的内在力量。

意料之中地，这种做法同样适用于发明家。查尔斯·凯特灵，在任多年的通用汽车研究主管，会经常训斥那些过分注重复杂计算和模型的工程师："是的，但是你知道成为一个发动机活塞是什么感觉吗？"亚历山大·格拉汉姆·贝尔同样采用这种方法。他非常投入以至于自己成了所研究的系统。当他试图为聋哑人和盲人找到新的教育方法时（这对他来说是一个非常重要的研究，因为他的母亲和妻子都是聋子），贝尔"消失了"（不是身体消失，而是精神消失），很长时间以至于他的妻子跟他抱怨起来，说他忽略了她和孩子们。贝尔道歉说："我的聋哑研究把我带走了，带得很远，远离了你们。我没有注意你的想法，留心你的感受，只想着聋哑研究，还有我大脑中的孤独。当我的思想奔跑在聋哑研究这条线上，我基本上从家庭中消失了。"就像一个演员，他成了聋哑者以了解并解决他们面对的问题。换言之，他成了他设计机器中的一部分。费因曼同样描述了他把自己想象成电子设施的一部分进而了解它们是怎样工作的。许多电脑程序员和芯片设计员告诉我们，他们行走在微芯片和程序内部就像电影《创战记》（*Tron*）中的角色被吸入电路板的世界中一样。这些人不仅在客观上，更在主观上去了解他们的研究对象。

艺术家同样利用"与生物体产生同感"的方法进行创作。弗吉尼亚·伍尔芙经常发现自己"静静坐着看着手中的作品，直到自己变成了这个作品"。琼·米切尔说过，"我的绘画作品不是我的一部分，因为我画画的时候，没有意识到自己的存在。像我以前说过的，我就像'没有双手'，是这幅画告诉我做什么"。现代画家阿尔弗雷德·苏尔策对相同的过程有不同的描述，他说，"只有当你不再专心的时候才能完全专心"。他的这种类似禅宗的说法表达了艺术家和作品达到合一状态的理解。数千年来，中国和日本艺术家都有意培养自己移情的直觉。以苏东坡为例，在大约900年前，他曾说："故画竹必先得成竹于胸中，执笔熟视。乃见其所欲画者，急起从之，振笔直遂，以追其所见，如兔起鹘落，少纵，则逝矣。”马蒂斯曾说过：“当我把自己想象成一棵树，我创造出一个长得像树的事物，树的象征。”这也是野口勇的想法。他曾将一块两米高的橘黄色和黑色的玄武岩中间部分最高处掏出了一个人头大小的孔（见图 10-5），“进去吧，”他对来他工作室参观的人说，“把你的头放进孔中。你就知道石头的核心是什么感觉了。”

图 10-5　作品《核心》（*Core*）（被挖去中心的雕塑. 野口勇，1978）

我们已经总结出移情和扮演在各种创造性思维中大多都会得到应用。那么，怎样学会移情呢？答案很简单，记住莎士比亚的这句名言——“戏剧就是一切”。许多有创造力的人认为戏剧经历能鼓励并促进移情想象。天体物理学家雅各·沙汉姆写过，他通过学习戏剧表演，学会了生动地解释数学方程。当他还是个青年时，在一出社区排演的剧中扮演一位乞丐，在几次排练后，他意识到自己完全不知道怎样演一个乞丐，所以他在接下来的几周里花了许多时间跟随着耶路撒冷街头的乞丐，学习他们的交流方式，他们的姿势、面部表情、说话方式和思考方式。尽管他只有几句台词，他最终感到能够向观众表现出他是一个真正的乞丐。沙汉姆对这次经历以及他从移情中得到的创造性见解都记忆犹新，一直到他参加工作，解决舞台之外的问题，这时他认识到物理方程就像戏剧剧本，必须通过研究

“演员”——能量、物质、光等——才能使其生动地用数学的语言“表演”出来。“对遇到或研究的每个方程、论断或者想法，我都会看看它的周围，是否有可以与之相关联的以及缺失了什么……这是一些科学老师最想让我们感受的，但直到我已经从事科学 20 年后的今天才意识到，我从最开始表演那个戏剧角色的时候我就已经离这种状态非常近了。”

那么，是否每个人都要上表演课才能成为移情高手呢？当然不是。斯坦尼斯拉夫斯基和其他“方法演员”设计的技术可以广泛应用。斯坦尼斯拉夫斯基建议你可以：

- 练习在真实的和想象的环境里进行“内部关注，将重点放在能看见、听见、摸到及感受到的事物”，这是指观察自己对这个世界的反应并记住这些身体及情感的反应。开门是什么感觉？这种感觉是如何与物理学家描述的开门行为的“剧本”相关？任何领域的演员都可以通过记忆及重现日常生活中的感觉来练习这种内部关注。
- 练习对你之外的人和物的“外部关注”。演员会认真研究其他人和物。斯坦尼斯拉夫斯基要求他的学生尽可能多地回忆那些只见过一次物体的细节。他自己也学习模仿觉得有趣的其他生物的习惯，无论你描述或者模仿的是黑猩猩、钟表或者夸克，这种方法都有帮助。当它们面对某种环境或者刺激时会怎样反应？
- 想象你外部关注的事物正在感受到什么，尽量让自己接近这种感受。假设它的世界就是你的世界，它的感官就是你的感官，或者它的生理特征就是你的生理特征。如果你是它，你会怎样感受、表现和回应？找到在你身体内部与这些感觉和情感的联系。这种方法不仅使你像斯坦尼斯拉夫斯基说的“使我对戏剧中的角色感到亲近，使我与他合二为一”，还能使你“感受”到那些细胞、病毒或者碳原子“想做什么”。

正如医师发现的，文学能为学会移情和扮演提供另一条路线。文学见解不会限制人们的心智。一些最优秀的文学作品能邀请读者体验成为一个非人类的感受。普利莫·里维的《周期表》（*Periodic Table*）向我们介绍了“欲望”的种种；怀特的《曾经与未来之王》（*The Once and Future King*）中反复地让亚瑟王变成一只蚂蚁、一只猎鹰、一只猫头鹰、一条鱼和许多其他生物。

当然，事实上，尝试像鼹鼠一样挖地洞（尽管我们的指甲不具备这种功能）或者像鱼一样游泳将更有益处。仿真对移情很有帮助。PBS 电视台的节目《克拉特的生物》（*Kratt's Creatures*）就应用了这种方法。这个精彩的系列节目主持人像河马和犀牛一样滚到土里躲避蚊虫叮咬；他们品尝了黑猩猩喜欢吃的食物；像海狸一样用树枝和圆木修水坝。通过尝试这些动物的行为，他们了解了以其他方式绝对了解不到的动物的内在生活。这个节目还开设了“生物视觉体验”环节，让观众了解动物视角中的世界是什么模样的，因为不同的眼睛看到的世界画面是不同的。摄影师用的鱼眼镜头就是由罗伯特·伍德发明的（见图 10-6），因为他想知道鱼看到的世界是什么样子，而且他发现现存照相机都不能体现鱼的视角。许多动物园都有一些设备能够再现不同种类生物的视觉甚至听觉供游客体验，亦有许多网站提供动物视角下的世界图片。或许有人可以更聪明些，发明一些更为新奇的相机，就像我一个朋友的女儿，她将一个便宜的塑料相机的镜头取下，换上了一个也很廉价的塑料表面的镜头并用它拍照，试图用它记录像苍蝇或者蜜蜂这种有复眼昆虫眼里的世界。

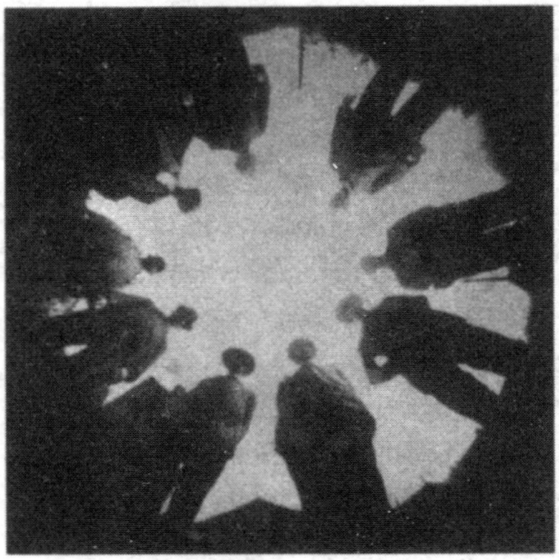

图 10-6　第一张由罗伯特·伍德发明的鱼眼镜头拍摄的照片

这一方法还可以更进一步。20 世纪 60 年代晚期，斯坦福大学的生物学家组织再现了一个大型的细胞解码基因信息指导蛋白质合成的过程。生物系学生各自被分派了各种 DNA 或 RNA 序列的构成基础，有的是氨基酸，有的是核糖体的一部分，有的是这一过程需要的另一种分子。接着，跟随足球场喇叭放出的摇滚乐鼓点，这些学生各自表演着各自角色在这个过程里的功能，整个壮观的表演由一架直升机从上方拍摄下来。这一经典演练被密歇根州立大学昆虫学部的凯瑟琳·布瑞斯托简化后应用于课堂教学。芝加哥的扎费雷·雷尔曼和纽约雅阁研究所的苏珊·格瑞斯都设计了类似的练习，将化学反应或者生态系统里不同物种的交流通过舞蹈的方式表现出来。

以上例子告诉我们，只有当你不再是你，而变成了你所希望了解的事物之后，这种了解才最完整。扮演系统中的一部分能真正地帮助我们去了解。实际上，就移情来说，整个世界就是一个想象的舞台。

11

立体思维

舞蹈家艾咯尼丝·德米尔着迷于空间移动。她还是个小孩时，站在小山顶俯瞰下面的景色会使她产生一种“想要奔跑，疯狂打滚，用身体撞击地面的冲动”。空间对于一个舞者或者小孩子就是这种感觉。这也同时意味着，在这个三维空间的世界里，中立、持续地把她的动作限制在二维里，即便最棒的舞蹈家也只能一次跳起来在空中停留几秒。他们不是在平面间移动，而是在一个平面上移动。没人可以摆脱德米尔称为“对地面的拥抱和抗争”。就像奥斯卡·史莱莫认为的，这种限制有时令人感到沮丧。他用绘画和雕塑来舞蹈，他从几何上的单维平面到半雕塑（浮雕）直至全雕塑来表现人体。然而讽刺的是，他也没能逃脱重力施加的限制。“有一个悖论是，”他顺便承认说，“我的雕塑作品越立体，就显得越平面。”

设想一下，如果舞者有一天能够体验太空旅行失重的状态，不再受重力约束困在地面，他们就真的能在三维空间里自由移动了。然而他们又不得不与空间惯性抗衡，正如航天员体验到的，空间惯性又是一种完全不同的物理问题。你拧一下钳子，空间惯性又会反方向拧回来。牛顿提出的“每个行为都受重力和摩擦力完全掌控”仅作用于地球。如果你在太空中向一方向挥舞手臂，你的身体就会向另一方向移动以使身体重心保持原位。没有地面提供相应的摩擦力进行反作用。

没有上，也没有下。很难想象出在太空中进行舞蹈、体育、艺术、游戏和科学活动会是什么样子。像台球这种简单的游戏，如果由二维空间转变到三维空间里或许就会变得异常艰难，只有最好的数学家才能玩。

这听起来疯狂吗？设想一下，我们在地球上的二维台球桌面上玩，标准的“特技台球”是击中母球，使其撞击台球桌每一边后回到原点。这是很容易实现的：在桌子任一边的中心放置母球，瞄准相邻边的中心击球即可。同一策略作用于任何形状规则的平面都有效，不论是三角形或者十二边形。但在外太空的三维空间里，我们没有被限制在平面上。举个例子来说，我们可以在一个立方体房间里做这样的特技击球。但要小心了！如果你把母球放在立方体一面的中心并瞄准和该面处在一个平面那条相邻边的中心的话，母球会回到原点，但是只击中了六面中的四面而已，你输了！世界级几何学大师雨果·斯坦豪斯发现了怎样击中六面的方法，而近几十年来两位了不起的几何学家约翰·康威和罗杰·海沃德解决了在一个四面体中做这种特技击球的问题，而最近马修·哈德森用电脑帮助决定是否这种特技击球适用于其他多面体，如八面体和十二面体等。

当然，我们不必离开地球去寻找空间难题。让我来举一个经典的例子：八根火柴棒形成四个相邻的三角形，挑战是拿掉两根火柴棒仍旧得到四个三角形。类似的例子是，十九根火柴棒形成六个相邻的正方形，拿掉七根火柴棒使其仍旧是六个相邻的大小相同的正方形。由于这个难题是在二维空间里出给大家的，大家就都自然地假设要在二维空间里寻找答案，然而答案是立体的（见图 11-1）。

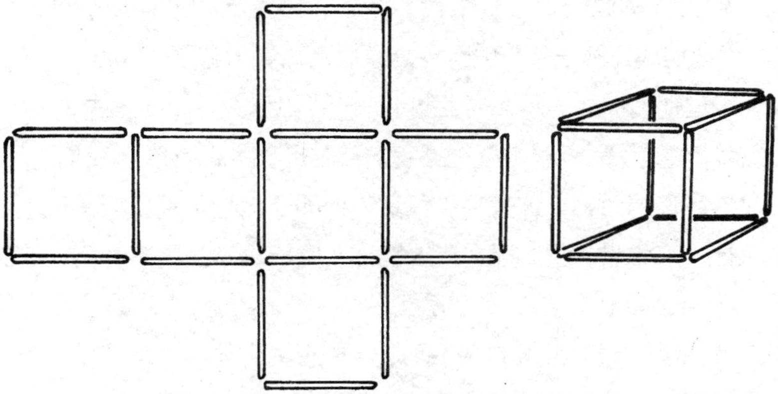

图 11-1　火柴棒谜题

立体思维包括二维和三维之间的相互转换；将一种维度中的信息映射，或者转换成另一种维度中的信息；测量或者改变一个物体或者过程在一种维度中的尺寸比例；以及将我们所了解到的超越空间和时间的维度概念化。每次我们用一张平面的纸叠成了一架立体纸飞机从自己的家中飞到了邻居的院子里时，我们就在使用立体思维。我们会测量并调整比例使两个人的饭菜变成 20 个人的饭菜或者在想象《格列佛在小人国》（*Guliver in Lilliput*）的场面或者观看电影《亲爱的，我把孩子们缩小了》中那些变小的孩子。我们也用立体思维做游戏，比如当我们看了些科幻小说后想象着时空隧道、虫洞或者改变宇宙。立体思维遍布我们的生活。

为了证明这一点，让我们首先了解下一个完美的平面二维世界，比如埃德温·艾伯特创造的经典几何幻想——平面国来了解下我们是怎样在从未想过的情况下频繁地拜访二维世界的。平面国的平面居民只能通过我们在他们的平面上的足迹和影子来了解我们的三维世界。他们可能知道我们长什么样子吗？大概不会。我们二维朋友只能通过影子和一些我们留下的痕迹了解我们。如果我们站在他们的世界顶端，他们可能会看见我们的影子，但是他们看见的影子会受到太阳照射角度及我们的相对位置而变得走形，正如图 11-2 中的墙壁雕塑展示的一样。动作也会变得令人困惑。当我们垂直抬起一只脚迈一步，我们的影子在他们看来则是水平跳跃的。如果我们转身，我们的身体特征和四肢会突然出现和消失。我们怀疑，正如艾伯特在平面国推测的，他们看到的我们跟我们本身一定不一样。

如果我们被分解成一片一片的话，我们二维世界的朋友能够更好地了解我们，就像我们把切成连续一片片的青椒复原后也能看出它是一只青椒。如果我们能从头到脚地经过他们世界的平面或者躺下来一点点渗透进平面里去（见图 11-3），或许他们就能完整地看到我们。记住，我们二维世界的朋友除了我们的外在之外，还会“看见”我们的内在，这是很少见的。但即便他们掌握了所有这些信息，他们的思维仍处于二维世界里，那么二维世界头脑能思考三维事物吗？或者我们平面国的朋友们会坚持认为我们是一系列独立的二维世界切片吗？他们是否甚至会认为不是在“看”一个完整的人，而是一群相关个体，每个都是相互类似但并非不可辨别的切片？这种整合图像的功能并非像它听起来那样牵强。奥利弗·赛克斯给我们讲述了一个病人的故事，这个病人随时都会认不出他的狗或者朋友，因为他看到的图像随时都在变化。作家乔治·路易斯·博格斯在他的故事《博闻强记的富内斯》(*Funes the Memorious*)里也应用了相同的主题，“在三点十四分(看的是狗的侧面)和三点十五分那只狗(看的是狗的正脸)竟然是一条狗”是绝对不可能的!你也可以通过图 11-4 中的磁共振图像或国家医学图书馆网站上的可见人类投影来更多地了解这个问题。

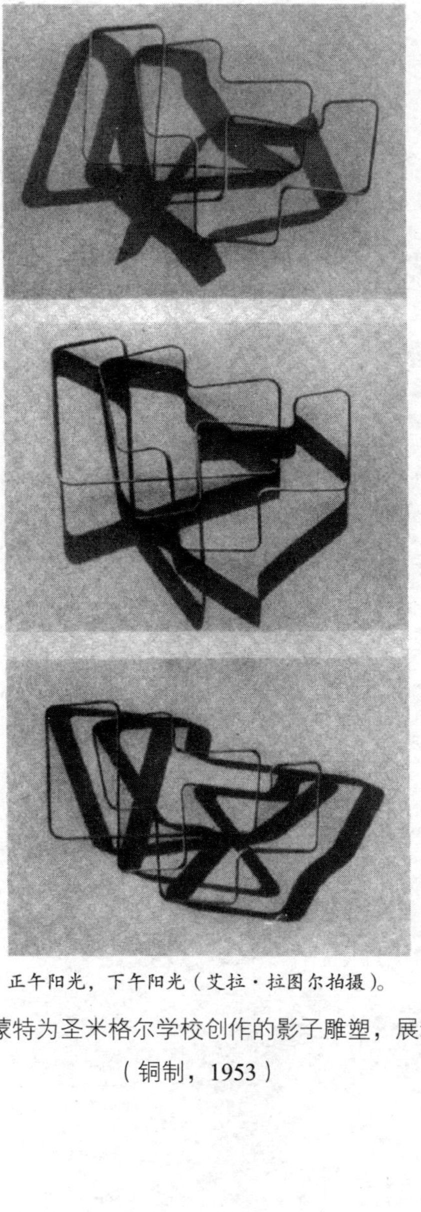

注：从上至下：清晨阳光，正午阳光，下午阳光(艾拉·拉图尔拍摄)。

图 11-2　欧内斯特·蒙特为圣米格尔学校创作的影子雕塑，展示了投影形状的变化(铜制，1953)

图 11-3　科林·赛尔夫的蚀刻作品《1000个我们时代的临时物品的序曲》(*Prelude to 1000 Temporary Objects of Our Times*)，展现了如果我们躺在宇宙上，平面国居民们看到的我们的样子 (1917)

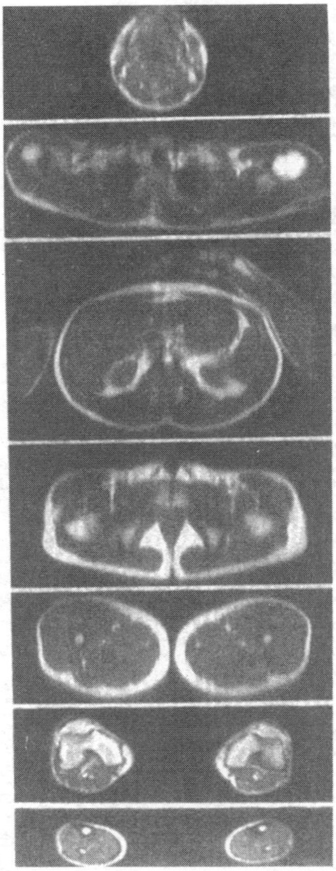

图 11-4　《切片人》(*Sliced Man*)，罗伯特·鲁特–伯恩斯坦的磁共振图像拼接画，向我们展现了平面国居民们眼中我们成为切片的样子

平面国或许是虚幻的，但在真实世界中有许多相似物。我们都见过泥土、雪或者混凝土上的脚印并据此推出是哪个人或者生物留下了这种脚印。我们都注意到了我们的影子无处不在，像畸形的幽灵一样跟着我们。这些现象都是部分或者全部身体在相对平坦的平面上出现的投影或者映射，是一个三维物体在二维世界中的体现。这种体现对许多行业至关重要。考古学家和法医必须通过从脚印或者其他身体在地面按压留下的痕迹重建这个人的体型、体重和身高。武装部队的情

报分析师必须用侦察机和“间谍卫星”拍摄下来的二维图片进行三维推理。医生分析 X 光图、CAT（计算机轴断层摄影术）扫描或者 MRI（磁共振成像）的结果时看到的只是病人身体的一个平面图像，但他们必须据此为一个动态的人进行病情分析。医学文献现如今有很多讨论三维、四维、五维甚至六维的技术分析文章，从近视等视力障碍的适当矫正计算到整形手术中的面部重建等。声波图和 PET（正电子放射断层造影术）扫描使我们可能从空间乃至时间上对身体及身体功能进行观察。

其他行业也需要使用维度转换，有的还相当晦涩难懂。比如化合物周期表，不像元素周期表，它需要四维或者更多维度展现。其他一些维度应用很常见以至于被人们忽视。一个人是如何将地球仪压扁成一张地图的呢？任何有过剥橙子皮并将皮展开压平的经验的人都知道这可以有多种方法。事实上，不论是橙子还是地球仪，压平它们的方式不止有一种。制图学的丰富成果是映射系统的剩余产物。任何一本好的地图集都会包括：常见的墨卡托投影；高尔、摩尔魏特和哈默–艾托夫投影；正射、球面、方位和极投影；巴克敏斯特·富勒的测地线投影（在 Dymaxion World Puzzle 里可见，是一幅由三角碎片拼成的地图）以及许多其他投影。名字和可能性之多让你难以置信。三维物体投影或映射到二维平面方法的发展是文艺复兴时期最伟大的成就之一。

投影过程紧随透视的发明出现，画一幅透视图的过程就是将看到的三维景观或者物体投影到二维平面画布或者纸张上。文艺复兴时期艺术家使用一种带坐标格的光学工具，这个工具有很多名字，其中之一叫作阿尔贝蒂的面纱（以里昂·巴普蒂斯塔·阿尔贝蒂命名，他是 15 世纪的艺术家，是描述几何透视的第一人）或者又叫作里昂那多之窗（以达·芬奇的名命名，他使用的是阿尔贝蒂使用工具的改进版）。将一个像格子窗一样的网格垂直拿起置于艺术家和要画的物体之间，再取另一张网格放在艺术家要用来绘画的平面上。艺术家将从垂直放置的网格里看到物体的视觉信息转换到在平面上的网格里。艺术家就能准确地画出一个球体、一个女人或者一片风景了。该工具有一个简洁模型可以在《原画集》（*The Art Pack*）——一本精细可弹出立体图片的艺术史图书中找到。具体如图 11-5 所示。

图 11-5　阿尔布雷希特·杜勒透视设备展示（1525）

西方人对现在常见的透视绘画规则习以为常。我们都能看到直线汇聚到背景平线上的一个交点，我们将这种形式看成“真实”的，尽管透视画法绝大多数都是变形或者缩短的，就如影子一样。然而透视不是那么明显就能被人们轻易观察到的。人类学家发现许多土著人很难理解我们对三维物体的二维描画，艺术家也是如此，他们需要学习这种转换。布丽奇特·莱利说：“你必须找到令人信服的汇聚类似重量和空间这些事物的方法，不能仅仅依赖模特展示来告诉你这些信息。光描画是不够的。”确实如此，许多现代抽象艺术，包括莱利、埃尔斯沃斯·凯丽、基恩·戴维斯、巴奈特·纽曼还有艾格尼丝·马丁都探索了在二维世界里的绘画问题，强调了二维世界中块面、颜色和形状的相互作用与三维感官世界的不同。立体派艺术同样探索了多数三维物体的景色互补与二维绘画的限制之间的对比。

尽管透视画法很棒，但它只是一个相对简单的映射形式。你可以用一种透视画法改良后的做法将任何形状或者尺寸的物品投射到其他任一件物品上，这种方法叫作歪像，也就是指“形状改变”。举个例子，一个人举着阿尔贝蒂的面纱或者里昂那多之窗，与物体之间角度很大，而不是垂直放置，那么转换到平面网格上的图像就会被极大地拉长。一个简单的例子就能解释这个过程。在一张白纸的顶端用普通尺寸字号打印 SHORT 这个词，字母大写，接着用与打印出的这个词宽度一样但长度为整个纸张长度的方式打印这个单词。把后打印的这张纸拿给别人看，多数看不出这个单词是什么，因为本质上你已经将这个单词以某个角度进行了投影，要想看出这个单词是什么，你需要从同样的角度看它才可以。每天你在开车时看油漆写的指示牌都在做这样的事情。像“前方停车”“只准右拐”等指示牌，当你在车里看它们的时候会觉得它们是正常大小和形状的，但是如果从上方看或者从侧面看，这些牌子上的字则是被拉长的。

杜勒、达·芬奇还有其他艺术家很快意识到他们同样可以用变形或者弯曲的网格。这种网格能够改变所画物体的形状，就好比哈哈镜能让瘦子变成胖子、胖子变成瘦子一样。这样应用后出来的图片需要一个补充的网格或者镜子（一面变形镜子）倒转变形映射过程。几乎在艺术家们开始用透视法绘画的同时，他们就开始试验画一些只有通过球形、锥形、柱形或其他几何形状的镜子才能看到形状正常的图像。一个 17 世纪瑞典国王的肖像（见图 11-6）就是一个极好的例子，其他这类作品（包括做法说明）都可以在 1974 年 12 月出版的一期《科学美国人》里马丁·加德纳做的专栏找到。这些变形投影都是用地球仪做地球投影的类似物。

图 11-6　瑞典国王圆柱歪像（作者未知，瑞典国家肖像收藏，格利普霍姆拍摄）

尽管“变形”最开始应用于艺术尝试，但它最终在众多科学领域里得到广泛应用。加斯帕德·蒙热，18 世纪末手工工匠和数学家，研究出了测量景观和建筑物的原则并精确地投射到平面图上，在这一过程中产生了射影几何这一学科，该学科是现代工程建筑学的基础。一个世纪后，生物学家达西·汤普森一本经典力作《关于生长和形式》(*On Growth and Form*)展示了生物体的结构形式通过形态改变而进化。所有鱼类不仅在历史上、基因上甚至在形状上都息息相关。每只鱼都是另一只鱼的变形(见图 11-7)。昆虫、哺乳动物、树木和叶子以及所有生物都是如此。

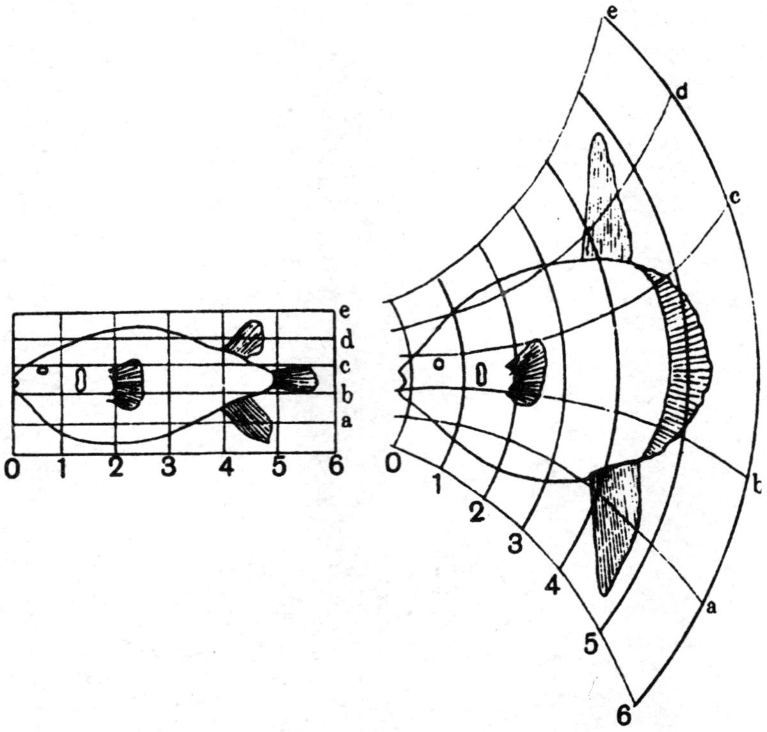

图 11-7　达西·汤普森对两种鱼的变形比较

神经学家也应用了变形分析。大脑研究发现将身体感觉输入投射到我们大脑的弯曲平面上形成的图像极其失真。大脑分配给每个身体部位的容量实际上与神经分布成比例,所以大脑的大部分都被舌头、嘴唇和手指占据了,而像胃、后背和臀部这样大的身体部位占的比例则很小。这种分配在画出图后形成了一个大脑的"矮人"(见图 11-8),令人吃惊而且值得注意的是,这个图和盲人画的身体图像十分接近,他们虽看不见但是凭借感觉画的。

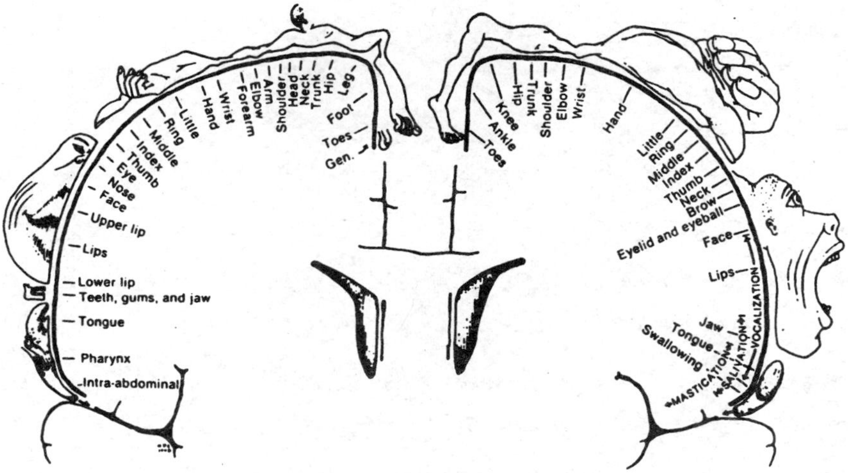

图 11-8　怀尔德·彭菲尔德的矮人图

娱乐业在宽屏电影背景下也从变形科技中获益。宽屏电影和普通屏幕电影用相同的胶片拍摄，但是用变形镜头将宽幅度的场面压缩进标准大小的画面里。拍摄出来的胶片在放映时用补偿变形镜头安装在放映机上使画面能够大小合适地播放在屏幕里——这就是隐藏的电影魔术。

影像、透视和歪像都是发展比较成熟的数学理论，但是其他种类的维度转换仍处在初步探索中。其中之一就是分数维。我们试图假设所有维度以数字单位存在：一维、二维、三维，依次类推。但是还记得第 7 章中的谢尔宾斯基地毯和科赫曲线吗？这些都是分形，之所以这样叫是因为它们有分数维。不像四边形或者圆形周长有限，分形的周长可以无限。然而正如芝诺悖论中说的，一个人从 A 点走到 B 点，要先走完路程的 1/2，再走完剩下总路程的 1/2，再走完剩下的 1/2……如此循环下去，永远不能到终点——一些无穷级数收敛成一个可计算的答案。再来看看科赫曲线，每次在原三角形上增添新三角形，现在形成的雪花形状的周长就是原周长的 4/3。这一过程可以无限重复，产生了一个无穷级数，收敛成 1.2618——科赫曲线的分数维。每个分形图都由一个单独的分数维定义。这些图存在于我们常见的维度中，就好像分数存在于数值轴的整数里一样。我们肺部和毛细血管的分支和其他生物体系里的分形结构至今仍是谜题。

其他普通物体的数学属性也带来了维度上的惊喜。野口勇曾将雕塑定义为“不能在树上复制的事物”，也就是说，无法在平面的书页上展现。实际上，他晚期的作品很多都用铝片卷折成，没有进行任何焊接，这是他从儿时学习的折纸艺术中受到的启发。折纸手工实际被证明是复杂多维思维的产物。正如布莱恩·海斯注意到的，“雕塑家雕塑一块石头或者用黏土塑形的时候都是直接在一个三维物体上进行，但是折纸的人则需要在没有任何形状的二维纸面上想象折叠后呈现的实际物体。这需要有很强的几何直觉”。事实上，数学家们已经发现折纸包含一种精确的维度逻辑，这种逻辑可以被描述为一系列运算法则或者规则，它们决定了哪里能折叠，哪里不能以及折叠的顺序，这样才能形成想要的物体。这些规则可以写成数学陈述或者在用来装配包裹的机械的情况下作为一系列机械步骤。折纸成了数学中一个叫作折术的新领域的一个分支。这一新领域是探索所有掌控任何种类折叠的规则。因此 500 多年前当我们发现数学原则可以解释透视和变形时，就开始探索其他古代艺术，比如折纸的数学原理。

折术应用是多方面的。几乎所有制造过程都包含弯曲、折叠及将二维材料压缩成三维形状。一块平面钢板在经过大力压缩后形成了汽车、飞机、火车、易拉罐以及各种餐具。如果你仔细观察许多包装的形状，就会发现这些非常有用的物件都是从一个平面材料上剪切下来并经过折叠而形成的三维容器。为了设计和建造这些形状你必须观察出怎样将平面的东西转换成立体事物。这种将二维蓝图、平面图或者地图变成三维显示的能力是这个工作的重要技能。

从平面转换到现实的另一方面还有缩放比例这个维度技巧。与投射、制作三维动画一样，在一种维度里改变物体大小和比例是许多学科要求具备的技能。实际上，通过工作中涉及的数值范围就可以基本准确地推断出这个人所从事的学术科目。菲利普和菲利斯·莫瑞森夫妇以及查尔斯和雷·伊姆斯夫妇办公室联合推出了一本书及同名电影叫作《十的次方》(*Powers of Ten*)，这本书中涉及比例最小的从疑似亚原子波粒子到最大的宇宙结构，涉及范围从 10^{-16} 米到 10^{25} 米。任何一个会在工作中面对长度超过 100 万米物体的人，都毫无疑问是位天文学家。仅次于天文学家的是地理学家，长度在 1000 米到 100 万米之间。建筑及机械物体的长度近似于 1000 米及以下，不包括铁轨和公路。做人事相关工作的人涉及的数值范围在 1/3 米到 10 米之间。生物学家工作中碰到的事物为 10 米到万分之一米之间。生物化学家则为万分之一米到十亿分之一米之间，而所有的化学学科

则在 10^{-9} 米到 10^{-12} 米之间，工作涉及的数值范围在这一数值范围下的人多数就是物理学家了。很有趣的是，一位叫作汤姆·万·桑特的艺术家可能是跨越维度最广大的艺术家，做了两幅眼睛图片，一幅是最大的，另一幅是最小的。最小的是在原子力显微镜下摆放原子形成的眼睛形状，只持续了零点几秒就被热振动摧毁了。另一幅眼睛图片是横贯整个沙漠上，有技巧地摆放镜子直接、反射太阳光并由美国国家航空航天局地球资源观测卫星拍摄下来。即便如此，我们大多数人还是很少体验到宇宙空间。

同样，我们生活在非常小的时间窗里，这在用时间尺度来辨别不同学科这一点上可以明显看出来。用亿万年作为时间单位属于天文学家和地质学家的领域；用万亿分之一秒做单位属于物理学家的领域。而我们绝大多数人都在一个左手用秒、右手擎年的时间尺度中生活。我们的音乐都是用分钟来计算的。这两个实验告诉我们宇宙中不同种类事物在不同尺度比例下发生或在不同尺度比例之间运行，不论是时间的还是物质的，都会让我们邂逅不同种类的现象和问题，并领会到一些身体、心理乃至感觉的原则。

尺寸和时间当然重要。雕塑、汽车或者建筑物的尺度会带来社会、心理以及政治上的影响。比如，大型建筑物意味着权利；小房间意味着亲密度和隐私性。一个六英寸高的埃菲尔铁塔模型绝没有真正的埃菲尔铁塔那么令人震撼。德国的国会大厦、凡尔赛宫，中国的万里长城都通过其尺寸和形状昭示了它们的含义和目的。对尺度的解读是艺术领域的一个重要方面。由克莱斯·奥登伯格和布鲁根夫妇创作位于芝加哥的棒球棒巨型雕塑与美国职业棒球大联盟的三脚奖杯带来的视觉冲击是不一样的。乔治亚·欧姬芙的巨大花卉绘画如果和普通花一般大小，那么给我们的感觉肯定也完全不同，正如欧姬芙自己认识到的："如果我能将看到的花如实地画下来，那么没有人会看到我所看到的。我会将花画得很小，因为花本身就很小。于是我对自己说，要画我所见到的花的样子，但是我会画得很大，这样人们会惊讶于它的巨大并停下来观看，我要让越来越忙碌的纽约人停下来跟我一起领略对花的理解和呈现。"

然而并非越大越好。伊戈尔·斯特拉文斯基为他的芭蕾舞剧《众神阿波罗》（*Apollo Musagetes*）（1928）创作了配乐，分成六小部，由管弦乐队演奏。第一次排练的时候，有 16 位第一小提琴手、14 位第二小提琴手、10 位中提琴演奏者、4 位第一大提琴手、4 位第二大提琴手以及 6 位低音提琴演奏者共同演奏。斯特拉文斯基觉得这次演奏的效果糟透了："我震惊于这些乐手一起演奏时产生的声音里带有的困惑并过分于巨大的回响……每种乐器的声音都难以辨别，只剩下一片嗡嗡声。"他将管弦乐队的演奏者精简后只留下 8 位第一小提琴手、8 位第二小提琴手、6 位中提琴手、第一和第二大提琴手各 4 位以及 4 位低音提琴演奏者，他觉得"一切都变得明确清晰了"。正如斯特拉文斯基通过教训发现的，尺度对于管弦乐来说至关重要。莫里斯·拉威尔成功地将穆索尔斯基的钢琴独奏曲《展览会之画》(*Pictures at an Exhibitions*)改编成管弦乐，但是假设把《一闪一闪小星星》改编成游行乐队演奏的音乐或者把贝多芬的《第五交响曲》改编成短笛独奏的话，那将是多么恐怖！对音乐的尺度进行上下调整是有风险的。

技术人员或者发明人员如果想要改变尺度，也是要冒风险的。将建筑模型转变成真正的建筑绝不允许在材料强度及柔韧性上出现任何误算，那些陷落的体育馆屋顶和坍塌的宾馆阳台就是最好的反例。化学工程师都知道，在实验室试管里有效的化学反应如果扩大到一千加仑容量的反应容器里不一定会成功。质量作用或许会干扰反应，反应可能发生在容器壁上，搅拌不足是一个潜在问题或者反应产生的巨大热量会失控。同样的问题也将使扩大飞机模型成为困难甚至不可完成之事。机翼表面面积越大，机翼连接机身处的压力越大，能承担连接机翼的力量最终会超过机身的承受能力。

相同的原则也适用于有生命的事物。在他的文章《论合适的尺寸》(*On Being the Right Size*)中，霍尔丹曾观察到一只蚂蚁落到一滴水珠上，与水珠的表面张力奋力抗争，就像那不是水而是胶水，而这水珠的张力我们根本就感受不到。另外，一只蚂蚁可能从摩天大楼上摔下来但不会受伤，而人从比摩天大楼矮许多的高处摔落则会导致死亡。将一只鸟放大到大象那么大，它便不能再起飞了，因为它的体积是以立方单位增加的，而翅膀的平面面积以及起飞的力是以平方单位增加的。如果你把一个细胞变成一个房间那么大，不出几分钟这个细胞就会死亡，由于缺乏循环系统，细胞依靠氧气和糖分的扩散提供所需能量，而这种扩散的速度非常缓慢。如果大小超过了一根大头针，那么就不能及时扩散以提供存活能量了。

调小尺寸同样会产生各种问题。1959年12月，在一次名为“底部有很大空间”的演讲中，理查德·费曼向美国物理协会的会员们提出一个挑战，让他们制造出一个史上最小的微型机械。他的这个挑战使人们制造了只有用显微镜（包括带有附加装置的能让科学家们通过逐个挪动原子在晶体上形成图片的扫描式隧道显微镜）才能看得见的摩托以及超级小的电子芯片，以至于量子效应都能够干扰其功能。通过寻找新的驾驭量子效应使其自行进行计算的方法，在这一过程中（这也是费曼的另一个想法），一些工程师将这些维度问题转化成了新的可能性。

原子和亚原子尺度的世界是不同的。正如粒子物理学家卡罗·卢比亚说的，你必须学会换种方式思考：“当你深入物质内部时，你会感到异常兴奋，因为这就像进入了一次永无止境的星际旅途。你能看到一些事情的发生，不是在大尺度里，而是在很小很小的尺度里。你能看到更多的细节、新的图片在你大脑中形成，一个接着一个……可以说对于无限小的事物，我们很难对其进行想象；我们的想象是如此原始，以至于对于视觉的一些想法已经失效了……所以你进入物质内部，进入你自己身体的旅行是真实、急需的。”你必须准备好换个方式思考。

或许对于时间自身我们就应该换一种思考方式，这取决于思考的尺度范围以及采取的角度。爱因斯坦告诉我们时间流逝，或者所谓的第四维并非绝对而是相对的，是观察者相对于被观察者的动作。一个人如果能以接近光的速度前进，那么她就可以前往另一个星球，回来后会老上几岁并且发现她的孩子们早就去世了。但是我们不必非得奔到宇宙的另一端来体验时间的弹性。我们都有过这样的经历，专注地做某件事，抬头一看钟表，发现已经过了好久。我们也都有很无聊的时候，觉得每一秒都像一分钟那么长而每一分钟都像一小时那样久。（有一位一直观察敌人一举一动的士兵曾说：“我趴在那里好像过了四小时，但我一看表发现才刚过了十五分钟。”）当我们睡觉或者冥想的时候，时间仿佛不存在。难道只有物理时间才能用来计算时间的流逝吗？经验时间能否像格林尼治标准时间一样成为一个有效的时间坐标呢？一个月对于一个一岁孩子来说，是他人生的1/12，而对于一个百岁老人来说则是他人生的1/1 200，那么这一个月对这两个人来说是一样的吗？那么时间是一维的还是多维的呢？

一些音乐家认为时间像黏土一样可塑。作曲家兼建筑师伊阿尼斯·泽纳基斯将音乐描述为天生多维，并且根据菲利普·格拉斯所说的，音乐的目的之一就是演奏出时间的维度：

> 我觉得作曲家对时间的感觉和其他人不同，难道不是吗？蒙特威尔第是这样，帕莱斯特丽娜是这样，斯特拉文斯基也是这样。如果你正在听贝多芬的交响曲，有人问你一个动作的时间是多久，你可能觉得很难回答。音乐时间和人们通常所说的时间是不同的。我的音乐建立了它自己的一种极端（通过持续的重复），但是我觉得音乐结构本身在时间中自行创造了自己的坐标……所以真实的情况是在音乐中一个人会产生一种真实的时间经历，而这种时间与我们日常生活中的时间不同。

物理时间、生理时间和心理时间本就不同，这一事实让人们不禁思索：或许会让人感到惊讶，时间就像空间有分形维数一样，也是多维的。

有一件事是确定的：我们对于时间维度的使用和控制仍在进化中。例如，我们在第 5 章中读到的，画家于 1910 年左右，在迈布里奇拍下奔跑的马和跳跃的人一连串动作的照片后，开始探索在画布上展现动作的问题。电影制作术（对连续动作图片的快速观看）是迈布里奇摄影发明的直接发展，它利用了大脑在处理快速出现连续动作图片上的无能。电影制作术反过来又促进了延时摄影的出现。延时摄影是指一些发生非常缓慢的事情不像一般电影一样每秒 30 次拍摄，而是每小时、每周甚至每年拍摄一次，然后以每秒 30 个画面的速度播放。这样做的效果是把很长的时间缩小到很短的时间——有点像歪像，在一个精确的角度才可以看出纸上很长的几个字母是单词 SHORT。我们也可以反过来做，每秒拍摄上千个画面并用“慢动作”进行播放，方便人们看清楚那些快速发生、人脑难以及时反应的事情。

时间映射或许只是个开始。时间维度和其他方面没有被充分探索。到了 20 世纪，三维艺术才刚开始应用在时间和空间上。天才雕塑家亚历山大·卡尔德给雕塑带来了生命，首先是手动雕塑，接着 20 世纪 20 年代出现了电动雕塑，最后在 30 年代出现了可自由活动的雕塑。雕塑的每个部分不再固定不变，而是相对不断变化的，带来了感觉的新维度。毫不吃惊，现代人将亚历山大与爱因斯坦相对比，因为爱因斯坦在同时期以相对论和物理的时空维度著名。当一位采访者将两人对比说给卡尔德时，卡尔德笑了并回答说："爱因斯坦会怎么想？" 事实上，爱因斯坦确实参观过卡尔德的作品展，并非常着迷于一个电动雕塑，驻足观看了40多分钟，这对于一个十分厌恶"现代艺术"的人来说可谓是相当大的称赞了。

当然，卡尔德的发明有技术上的应用，如果描绘和掌控绘画、摄影中的运动能催生诸如电影制作这样产业，那么可移动意味着什么？全息体验？机器人控制三维体验？我们又会发现哪种新的维度世界？霍尔丹说"多维动觉思维"是可能的，就像多维视觉一样。野口勇认为一种他称为"感情空间"的事物或许存在于舞台或者雕塑，而并不存在于电视中。例如，两个人在房间的两端背对着互相说"我爱你"和两个人缠绵在床上面对面地说这句话是完全不同的。空间本身就包含了一定的感情信息。

公平地说，在众多领域，从世俗中的制造业到现代艺术，从天文学到生物学等科学领域，将真实的和想象的事物在维度间移动都对这些领域的开拓创新起着至关重要的作用。然而即便它得到广泛应用，立体思维的练习在教育里也几乎不存在。19世纪晚期，弗朗西斯·高尔顿抱怨说，对于空间物体的精神控制"由于缺乏使用而正面临着饥荒的状态，人们没有很明智地培养这种能给人带来益处的思维方式"。100年之后，我们对立体思维的教育和锻炼的持续忽视意味着许多人不能将提供的同一个维度内信息整合并在另一维度中形成模型或者图像。"我发现仅靠蓝图，我无法开展工作，"作家和编辑詹姆士·彼得森承认，"在细蓝线方格纸上的草图对我来说没有任何意义。"不仅他是这样，二维计划和视觉说明折磨着每个想要做塑料模型、拼装自行车或者搭建儿童游戏室的人。甚至在车的后备箱放旅行用的行李都成了让人沮丧头痛的三维问题。

亨利·摩尔认为大多数人不能完全观察到物体的三维特性，因此不能很好地欣赏雕塑或者建筑，更不要说成为雕塑家或者建筑师了。他写道："雕塑取决于对三维形状的反应能力，或许这就是雕塑被称为最难艺术的原因。雕塑自然要比其他平面形式为二维的艺术形状要更难欣赏一些。'形盲'的人要比色盲的人更多。"

形盲带来了一些后果，正如皮耶·蒙德里安曾说的："平面视觉图像只需要在一个有效观看点就可以了……而且只针对一个人，而造型艺术和设计则必须要求人们无论站在哪个角度欣赏都要有正确的效果……而且是多人同时欣赏。”但是观察多维性的能力不仅在艺术领域很重要。蒙德里安主张说：“只要我们不再死守我们目前所站的位置而是从所有可能的方面进行观察，那么很快就会开始全面而非单角度看事物。”反之亦然，依赖静止的或者运动的二维视觉图像而非三维物体会妨碍我们的多角度思考能力，会在字面上、比喻意义上限制有能力成为雕塑家、建筑师、设计师和发明家的人，而且会使人变得盲目，让单一角度的艺术和媒体蒙蔽我们的视听。

这个问题不仅是视觉设计者和普通大众的问题。哈佛天体物理学家玛格丽特·盖勒认为形盲在科学家中也常见。在大约 20 年前盖勒给天体物理学带来了一场翻天覆地的变革，她向人们展示了星系并非像一些当代主义教条或者现存的证据所显示的那样均匀地分布在宇宙各处。问题在于，许多科学家受到用望远镜拍摄下来的平面二维宇宙图片的误导，像平面国居民一样，无法正确重建三维现实。盖勒说：‘三维立体思维与我的工作息息相关，实际上我能够发现一些现象（用数据揭示星系分布的气泡结构）的原因之一就是我早期的训练（三维观察）。”盖勒用肉眼就能看到三维画面。她意识到，很多科学领域的人物，也就是说，只有其中的一小部分人有这种能力。

根据地质学家大卫·戴维斯的观点，我们必须对这一方面的缺失采取措施：

> 我只能从物理学家的角度来说，但是我真的希望有些科目在我还是学生的时候老师能教得更好，因为我觉得这些科目能够锻炼学生思维的独创性。我想特别强调两个方面。一个是维度分析，我觉得对于物理学家来说，维度分析是思维研究的主要目标，因为它能使你很快找到关键点。另一个是投射，充满想象力地将数据展示出来。我曾看到地球科学（也就是我的专业）领域一些十分有创造力的人，他们能制作前人没有做出的新图标或者新投射，且通常都能成为这个领域最成功的科学家。维度分析和投射这两种能力可以在大学教育中加强但却往往没有教授给学生，因为它们被认为枯燥而微不足道的。

不仅科学，还有艺术、工程、制造业和日常生活都需要立体思维。那么，如何教会大家掌握立体思维呢？首先教师可以自己或者在一个班级进行并熟练掌握这种富有想象力的训练。

其中，一种方法是摆弄各种几何形状并与现实世界中的物体相联系。盖勒从她的爸爸那里学会了三维技能，她的爸爸是贝尔实验室的一名晶检员，他会“把任何与几何学相关的玩具买回家”。

> 他会跟我解释我搭建的东西以及世界上的各个事物之间的关系。比如，我做了一个立方体，他就会告诉我这个立方体和食盐结构的关系。我做了一个二十面体，他就会告诉我怎样在现实世界中看二十面体。他还会谈论填充空间，什么图形能填充，什么不能……他经常会说这个结构是这样或者那样，他还会向我展示那些美丽的晶体结构模型，这些我最初看不出来。但他会一遍又一遍地说，直到最后我能看懂那些空间关系。

盖勒的经历告诉我们玩一些三维模型玩具是有帮助的，但不必非去买这些东西。将你的世界（或者你自己）颠倒过来，设想一下你的屋子现在屋顶变成了地板，那么楼梯是什么形状的？你怎么到达第二层楼（现在是第一层）？保罗·加里克 1969 年的一部小说名叫《海神号遇险记》中就写了乘坐一艘远洋客轮的人们在船翻了后是怎样试图逃命的。这为我们的游戏提供了一个不错的范例。

亨利·摩尔可能会推荐我们试着学习雕塑或者其他三维艺术形式，如折纸艺术。用黏土、蜂蜡、烟斗通条或者软木制作手工物品会让你锻炼到立体思维，这是绘画做不到的。所以去切割木头或者石头吧。亚历山大·卡尔德可能会推荐工程玩具，因为他就是这样学习立体思维的。乐高玩具、科乐思拼装玩具、建造模型、林肯积木、Tensegritoy、Dome 工具箱、建筑模型工具箱等，选择是无尽的。或者你可以自己设计一个运动物体，卡尔德就是这样做的。

包豪斯的艺术家和设计师们发现学艺术的学生都是形盲之后开发了另一套有趣的练习。“为了让学生体验三维的基础几何形式，”约翰尼斯·伊登让他的学生们用石膏做出有趣的几何形状，以此使他们了解形状间的相互作用，正如图 11-9 中埃尔斯·莫格林的立方体组合所展示的一样。埃舍尔独自探索了在其他媒介中的类似组合。数学家桃瑞丝·沙特施耐德和艺术家华莱士·沃克共同编写的《M. C. 埃舍尔基础绘画》（*M. C. Escher Kaleidocycles*）一书提供了其他维度的练习。这种基础绘画将埃舍尔纸上的镶嵌变成了多角形，展示了从二维转换成三维并保持镶嵌对称性的方法，并以此教会人们艺术和数学维度的同步性。

图 11-9　左：《立方体组合》再现（埃尔斯·莫格林，1921）；
右：《五个四面体组合》（埃舍尔）

另一个与众不同的包豪斯训练方法由约瑟夫·阿尔伯斯创造。要求学生在一个平面硬纸片上设计一个物体，这个物体能够经过切割或者弯折变成三维物体。阿利耶·莎伦的解决方案非常新颖。设计同样可以切割纸或者薄的易弯折的塑料用来做填充空间的螺旋形、行星和其他更复杂的物体。你可以用平面材料制作自己的纸或硬纸板容器来练习类似的技能。立体图书同样也是包豪斯练习的一种，学会复制（并最终研究出）立体事物非常好的维度训练。但恐怕你需要先拆坏基本的立体图书。

积木拼装也可以作为一种练习方式，比如可以用七巧板创造出无限制的三维物体。弗兰克·劳埃德·赖特将他的建筑思维归功于 9 岁时得到的福禄贝尔积木。福禄贝尔是一位教育改革家，他提倡制作模型和立体思维应成为教育的重要部分。巴克明斯特·富勒和瓦西里·康定斯基同样很喜爱福禄贝尔积木。这些积木今天还可以买到，而且还有专门用来建造赖特的建筑形式、中世纪古堡，以及其他建筑风格的模型的专用积木。一些包豪斯老师像阿尔玛·席德霍夫–布赫就设计出自己的积木，并意识到不同形状会形成不同集合形式。阿尔玛的积木与树形积木进行对比后这种不同就明显表现出来了，如图 11-10 至图 11-12 所示。

图 11-10　阿利耶·莎伦的三维练习作品（1926）的重现

图 11-11　左：阿尔玛·席德霍夫-布赫设计的建筑积木（1923）;
右：一个小男孩正在搭建树形积木

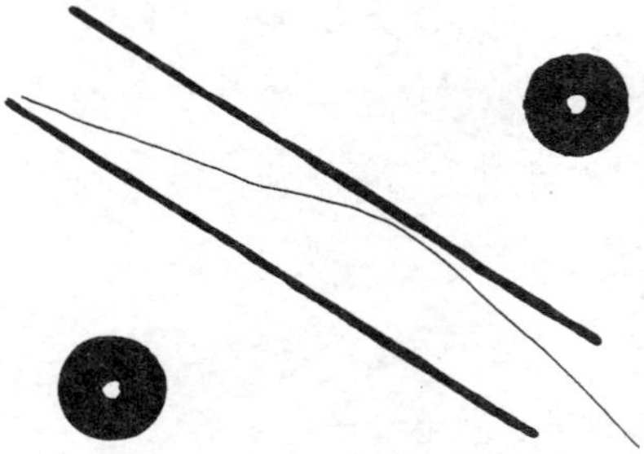

图 11-12　一个物体被浸上墨汁后印在纸上的形状，在滚动时好像拖着一条尾巴。
你知道它是什么？（是一卷线轴）

通过学习三维投射到二维的能力可以观察动物足迹、在墙上用影子形成图案或者通过直接曝光用照相纸形成图案。将家里常见的东西拿来浸上墨汁并“复印”平面图案。对投射运动和形状进行试验，然后让别人辨认你的物品。（这些图像通常比你想象的更难以辨认。）

最后，你可以试着越过三维向更多维思考努力。理查德·费曼在青少年时就学会了这一技能。他的姐姐物理学家琼·费曼回忆说：“当我还是小孩子的时候，我们会沿着沙滩在海边散步。你知道人们是怎样用三维进行想象的吗？或许是在脑海里想着一个面包圈的样子？理查德那个时候就开始进行四维思考了。他开始练习这种思考，想象着一些事物并将其放置在四维空间里。”这第四维并非时间，许多人可能会这么认为，实际上它是我们只能间接体验到的空间维度。而且，我们要像费曼那样聪明才能体会到。康斯坦斯·瑞德，20 世纪一位了不起的数学推广家，在她 1963 年的一本名叫《遥远的欧几里得》（*A Long Way from Euclid*）书中列出了一种方法，这本书是给高中教师和学生使用的。菲利普·戴维斯和鲁宾·赫什同样在他们所著的《数学体验》（*The Mathematical Experience*）中介绍了这一主题。虽然不能详尽描述他们使用的技巧，但是我们至少可以简单介绍一下他们的方法。

很奇异地，我们又回到了平面国，在这我们开始了这一章，而我最后要介绍的也要从这里开始。首先想象一个点，没有维度，将这个点形成一条线：一维。将这条线按直角移动形成一个平面正方形：二维。将这个平面正方形以直角在表面上移动形成一个立方体：三维。现在将这个立方体在空间中按直角在表面上移动形成一个超立方体：四维。遗憾的是，我们不能将这样的形状变成现实。我们只能看到四维物体的三维投影。就像三维物体只能形成许多二维影子一样，一个四维的超立方体只能形成许多三维影子。我们能做到的最好的就是从多重的影子上在大脑中构建一个“真正的”超立方体。

所以我们需要后退一步：立方体的二维影子是什么样子？一些奇怪形状的多边形。同样，四维立方体的投影就会是一些不常见但相关联的三维物体。实际上，超立方体一定有多重三维投影，这就解释了为什么罗杰·潘罗思，这位为几何学、冶金学和宇宙学都做出杰出贡献的物理学家会说当他需要“看一些四维物体时——

我总是要做这件事——我或许会用到许多不同的描述，而且每一种描述都是片面的"。

瑞德接着向我们展示了尽管我们只能看见超立方体的影子，但是仍能够通过推断"知道"它的性质。一个点没有角度、边或面和顶点（这个点本身）。一条线段没有角度、没有面或边（一维形式）但有两个顶点（线段两端的点）。一个正方体有 4 个顶点（点）、4 条边（一维形式）、4 个角和 1 个面（二维形式）。一个立方体有 8 个顶点（点）、8 个角、12 条边（一维形式）、6 个面（二维形式）和一个三维形式。这是有模式可循的。随着维度的增加，顶点增加的数量是 1、2、4、8。一个超立方体因此会有 16 个顶点。随着维度增加，角的数量的增加是 0、0、4、8。所以一个超立方体应该有 16 个角。没有比点维度更低的物体；一条线由两个零维度的点组成；一个正方形由四个一维线段组成；一个立方体则由六个二维的面构成。我们或许因此能够推算出超立方体由八个三维的立方体构成。如果我们想要更深入的推算，我们甚至可以描述出五维或者六维立方体的样子而不必非要能看到它。这就是立体想象力的力量。具体如图 11-13 所示。

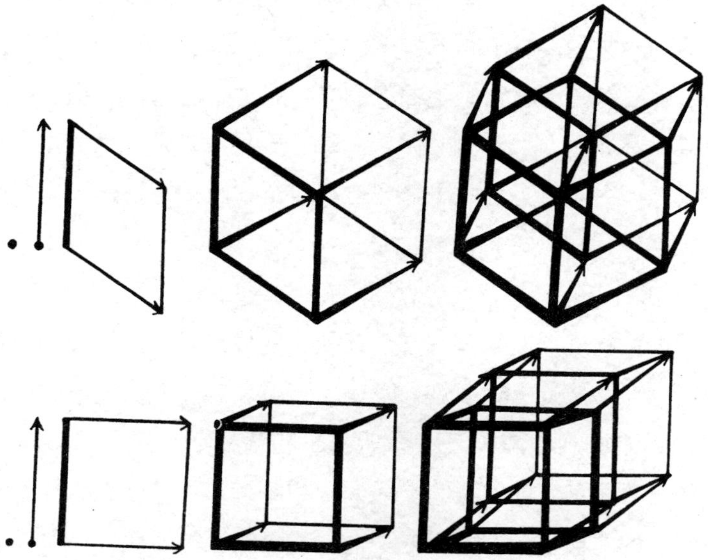

图 11-13　四维超立方体的众多三维投影中的两个

12

建　模

一部关于第一次世界大战的新闻片开启了彼埃·蒙德里安人生中一段重要的经历。在世界地图上，“德国的侵略势力看起来就像许多方块积木，而与之抗衡的同盟国军队则是其他形状的积木。”在后来的回忆中蒙德里安这样提到，“通过这种方式，这场世界性浩劫得到了宏观的立体展现，这与充满细节和真实片段的写实主义方式不尽相同。”那些积木不单单代表人类军队，也表现出各国在应战时所具备的政治和经济势力。由于势力分布广泛，所以必须通过建模来展现（也就是说，将直观感受代换成抽象、立体的概念），而这些模型的作用对蒙德里安的震撼是巨大的。

对部队行进状况进行建模体现了现代历史的发展。虽然多次发现那些被微缩的士兵模型在世界各处的古代墓地，但是最早用来传授军队调遣和作战策略的建模行为显然只能追溯到法国国王路易斯十三和路易斯十四的当政时期。为了建模，这两位国王都拥有数量庞大的士兵人偶和微缩堡垒。至于单纯为两军对垒的现代战争而进行的建模活动，则历史更短。在 1820 年前后，一位名叫冯·瑞斯威兹的普通百姓与在普鲁士炮兵当差的儿子共同合作，向普鲁士军方献上了一套能够用来重现每场战役并且预演战役计划的“游戏”成品。

冯·瑞斯威兹的游戏需要在并列的三个格子里三张相同的地图上进行，地图上要分别标注出参战军团的编制，每次军事行动的行进轨迹、交战规划及最终战果。游戏的裁判占据中间格子，交战双方分别占据两边格子。游戏时，交战双方在各自的地图上秘密调遣部队，裁判则在中间的地图上跟进双方的作战进度，并且将各战略的实施全程分别告知作战双方。任何一个玩过那款大受欢迎的游戏《战舰》的人都会在游戏中对实际的战斗有所领悟。在1871年的普法战争和1914年、1940年入侵法国的战争中，普鲁士和德国军队在进行战略策划时应用了这款kriegspiel（德语：军事游戏）。毫无疑问，蒙德里安在电影中所看到的便是在这款游戏中被简化了的地图和标注。

要不是因为威尔斯这位著名的科幻小说作家，战争类游戏对于大多数人来说恐怕还是个充满神秘感的秘密活动呢。威尔斯的儿子们拥有一架弹簧式加农炮模型，能够将小木棒或火柴杆射出约十米远。一天，一个偶然的机会，威尔斯将他的朋友杰洛米请到家中共进午餐，正巧餐桌上还散落着几个铅制的玩具士兵。杰洛米将加农炮上膛、瞄准，并且射了一发子弹。于是，实力并不占优势的威尔斯提出要进行一场标靶射击比赛，不过，最终因为杰洛米小声说的一句话改变了威尔斯的主意："可是假如，假如有人移动这些士兵呢！"为什么不呢？很快威尔斯就开始一本正经地讨论这个假设的可能性了。"我觉得，"他跟另一个朋友说，"如果一个人在地板上设置一些障碍物，用英国百科全书系列等物品来搭建一个国家，然后移动这些士兵和枪，就是一个相当好玩的游戏，有点像kriegspiel。"

不久以后，威尔斯就发明了供自己在家中自娱自乐的高水准战争游戏。游戏规则是，步兵可移动六英尺，骑兵可移动十二英尺。每两人正面交锋时，战争便开始。战争胜负则由抛硬币的方法来决定。每一战局中，在战场上至少有六人举枪战斗的条件下，火炮便可以选择移动或开火，但是这两个动作不能同时进行。火炮攻击战的结果取决于射击手操持加农炮模型的射击技术。很快，英国百科全书系列就被各种树木、房屋和城堡的模型所取代。游戏地点也转移到室外更为真实的地势上（见图12-1）进行。威尔斯分别在《地板上的游戏》（*Floor Games*）（1912）和《小战争》（*Little Wars*）（1913）两本著作中提到过这项游戏发明。创造战争类游戏的功劳不单单在于激发了包括华盛顿·丘吉尔在内的几代玩家的想象力，也成就了今天战争游戏产业的先驱。

图 12-1　威尔斯与他的士兵人偶玩得正欢。约摄于 1912 年。威尔斯游戏的早期玩家，政客查尔斯·马斯特曼曾写道："双方的移动都需要在规定时间内完成，所有活动都必须保证速度。我曾看见那些前来喝茶的无辜访客，只得到一句带着命令的简单招呼：'请坐，并且尽量别出声。'"

经常出入模型商店或熟悉游戏制造商艾瓦伦·希尔的人或许也会对战争游戏从威尔斯时代至今的发展历程略知一二。游戏爱好者们如今能够在笔记本电脑或者台式计算机上重演几乎历史上所有著名的陆战、海战或空战。地势、天气、供给线，甚至发生在后方的事件都可能对重演的战争局势造成影响。无论是滑铁卢战役中的拿破仑、葛底斯堡战役中的李将军，还是诺曼底战役中的艾森豪威尔，在游戏中重塑这些形象的同时，玩家在军事上和政治上的洞察力与决策力上得到的锻炼都是单靠阅读史书所不能复制的。虚构的场景中甚至设定了假想的世界危机。汤姆·克兰西的畅销小说《红色风暴兴起》(*Red Storm Rising*)及清算中心系列都是基于此类游戏进行创作的。

职业战略家和军事家将全世界此类游戏的各种版本集结到了一起——有时用超级计算机防御军事设施，有时用无线电操纵的坦克微缩模型和激光"武器"或电光遥感器命中目标的其他可移动模型。这类游戏的目的就在于测试玩家的决策制定和战略部署能力、组织和创新能力，以便在实战之前——预演各种错误，找出弱点，探寻不出现伤亡和战败的绝佳条件。"游戏"这个词用来形容如此严肃的活动显然不够合适。正如普鲁士军队参谋长冯·缪福玲将军在评价 1824 年冯・瑞斯威兹的原版游戏时所说："这根本就不是一场游戏，这是在为战争所做的特训；我要将它强烈推荐给全军上下的所有将士们。"英国准将杨将军和副官劳福德上校最近也写了不少感想，1970 年他们说道："'只是'小孩儿'的玩具'，年轻人轻蔑地叫道。父母们听闻颇为疑虑地点头。但是这简直大错特错……事实上，战争类游戏如今已经发展成一种科学研究的工具了。"

战争类游戏的确是一种实用工具，正如美国国防部所定义的那样，通过鼓励作用的激发来模仿"两方或多方敌对势力的军事操作，应用直尺、数据及程序设计来完成对真实或仿真环境的描绘"。这条定义只需略微修改就可以定义各种领域的建模活动：可以用于表现实体特征的实物或真人模型；捕捉物体或机械主要原理的功能模型；表达控制某些程序操作基本概念的理论模型；为了表现某些我们无法直接观察物体的特征虚拟模型。大多数复杂的模型通常是上述四种模型的结合体。所有模型都是将实物中最具决定意义的结构和功能组件进行抽象和模拟搭建而成的，而且通常在尺寸上有所改变。

模型的尺寸较实物更小、相同或更大，人体模型或数学模型，模型写实与否，都取决于模型的用途。多数情况下，模型的用途就是将现实中不易体验的事物变得更可操作。举例来说，哈佛大学植物博物馆中就藏有来自世界各地的美妙绝伦的仿真鲜花模型，它们盛开在不会枯萎的草丛中以供研究者在任何季节进行研究。芝加哥艺术学院收藏了詹姆士・沃德・索恩夫人室内装潢的模型，这样参观者就能够通过 1/12 比例的微缩模型观赏到贯穿西部历史 200 多间房屋的室内装潢及家具。这种时间和空间上的压缩恐怕是任意一种其他方式都不可能完成的。

原子或细胞的模型是实物扩大后的数百万倍，汇聚了数以千计的试验信息，因此，其中也凝结着复杂的理论构想。甚至人类的头部或心脏的模型都可能被收入博物馆，为的是能让人们了解从口腔、鼻窦、耳朵进入身体内的世界或血液循环的路径。尺寸被放大的模型使人们能够在其更小的部分上进行操作，或许是一枚血红细胞、微生物、分子或空气。

大型物体的模型，如建筑物、机场、轮船、坦克和汽车，由于预算和空间的限制，大多数都按照既可用又可控的比例被不同程度地缩小。登山者根据模型来制订攀登计划；士兵们则据此制订突袭计划。卢卡斯执导的电影《星球大战》在布景时搭建了一个整个宇宙空间的虚拟模型。除了虚拟领域，我们还想在新房子建成之前在建筑师的设计上先睹为快，那么可以去看实物模型或计算机屏幕上的预览模型。至于其他大型物体的模型，如鲸鱼或恐龙，可能会缩小到能放入浴缸或在沙盒中玩耍的大小，或者按照真实比例放在博物馆里供游客感受这些大型哺乳类动物的宏伟之躯。模型的尺寸与雕塑的尺寸相同，有着自身的意义。在真实尺寸的奴隶船封闭空间中爬行，踏入重建后的集中营，或者挤进极为狭窄的仿真水星太空舱，带给人一种对事物更为直观而真实的感受，而这种感受是普通人在平常生活中所体会不到的。

或许这已是显而易见的，建模的过程需要也锻炼虚拟的技巧。模型的搭建只有在实物或环境集中观察之后，才能对其主要特征进行抽象化、简单化，从而根据人类需要重新设置模型尺寸，并通过实体模型或者某种文字、数学或绘画的形式展现出来。实际模型的搭建，无论是实体模型还是通过科学知识搭建的模型，都需要对不同介质进行体验，并对相关优势和劣势进行详细分析。一旦模型搭建完成，原本的实物或环境是否被准确抽象到模型中便会在试验和游戏中体现出来。以能够直观感受到不易察觉的现象为目的而建立的模型需要强大的虚构技术。“实物”的“代班”模型通过类比和抽象的方式搭建。几乎所有模型的搭建都要用到空间思维。显然，建模是高级的思维工具，它建立在熟练应用本书探讨过的多种思维技巧基础之上。

或许建模中最重要的一点便是建模者对建模环境、主体或概念的完全掌握，或者相反，明确找出掌握或理解的不足之处。正如毕加索所说的：“对物体的建模是一种占有。”因此，哲学家、小说家约翰·沃尔夫冈·冯·歌德在 18 世纪 80 年代访问罗马研究各类古代人物的时候，曾制作了他们的模型，“以便将其据为己有”。奥古斯特·罗丹制作古代雕像以便“快速掌握”他们的主要特征。心理学家卡尔·古斯塔夫·荣格开始学着抑郁的青年人一样搭建城堡模型来创造“另外一个时代和另外一个世界……（在那个世界中）我可以长大成人，能够如我所愿地安排我的人生”。对于雕塑家亨利·摩尔而言，建模使他在创意上无所不能：“我更喜欢搭建示意模型，能够在股掌之间把玩，仿佛自己就是掌控一切的上帝。”上文提到的这些人都意识到建模能够为所学技能和研究领域带来独有的深刻理解。工程师为工厂制作汽车模型，社会科学家为人类行为搭建理论模型，模型爱好者按照草图搭建房屋模型都需要经过长期钻研的具有一定深度的知识储备以及对细节的关注。如果模型搭建成功，能够促进新的艺术灵感，促成汽车的生产、新药的研发、有关人类活动新假说的诞生、对建筑风格和设计审美的提升，那么建模者一定对原参照物有着透彻的理解。失败的建模则暴露了预知不足的问题，事实上应该对将要完成建模的原参照物给予更多了解。

上述例子说明，不同类型的建模在不同领域中被广泛应用。作家在熟知的人群，直接或间接经历的情境中为小说的人物和事件建立示意模型甚至功能模型。他们在前辈的作品中为作品的架构建立理论模型。小说家克里斯托弗·艾什伍德曾向伊果·史特拉文斯基抱怨过自己在解决小说叙事问题中遇到的难题。史特拉文斯基建议他去找一个模型。后来，音乐家罗伯特·克拉夫特听闻这段逸事也向史特拉文斯基发问："怎样为音乐建立模型呢？"史特拉文斯基颇为尴尬，回复说自己有时会将一些有趣的旧时打击乐器运用到作曲中："这样我就能够'有序地搭建'……我想在 18 世纪的经典基础上打造出新的音乐……应用这些古典主义（此处我还无法定义）的构造原理甚至激发出风格方面的意义。"史特拉文斯基建议艾什伍德为解决写作问题而寻找模型的时候，实际上是在暗示作家去做自己曾经做过的事：找到已经在作品中解决了这类叙述问题的前辈，在其解决方法的基础上进行修改，直到创作出自己的作品。

作曲家罗杰·塞森提到，理论模型和功能模型在作曲中的运用有一个著名的先例。"我私藏的宝贝中，"他这样写道，"有贝多芬对'第 29 钢琴奏鸣曲'做最后改动几张草纸的复制版；那些草稿说明他在认真地搭建模型，然后对乐章的主旋律进行系统而有针对性的揣摩。"塞森接着问在这个例子中能得到怎样的启示。答案就在于将旧模型，如主旋律等，转为新用，或者像飞利浦·格拉斯一样，将印第安和西方音乐以及古代的唱诵形式借鉴到自己的音乐之中。事实上，格拉斯的先锋派作曲都是在基础低音（以一种低音线连续反复的方式来平衡旋律与和声的变换），轮唱赞美诗，旋律的重复以及密集、重叠的和声的基础上创作而成的，而所有这些技巧即使没有上千年，也该有上百年历史。格拉斯的原创在很大程度上并不来自乐曲本身的新奇，也不因为对旧有模式的摒弃，而是在旧模式上发掘出了属于自己的声音。“正如作曲家不断练习模仿自己的模式，”哈罗德·萨佩罗写道，“他会从代表作中意外吸取大量的精妙技巧，如此一来他才算是真正内化了这门艺术。”

伊阿尼斯·泽纳基斯曾明确地阐述，音乐家正如作家一样，同样需要用到示例模型。泽纳基斯的很多音乐都包含在标准管弦乐基础上的独特之声。他曾请弦乐演奏师演奏手动和弦或者较难的滑音（持续的、不间断的连续音符，在整条弦上的滑动）。他请大提琴演奏家和风琴演奏家在双排键盘上单手同时演奏。他请求各领域的音乐家在音符之间或与音符同时制造不同的敲击声。首次看到他的配乐谱时，音乐家们通常对自己负责的部分表示不能胜任。但是泽纳基斯对此有信心，因为他已经事先在自己制作的乐器模型上对手位和指位进行了预演。举个例子来说，他的“竖琴”是由“一片折成‘阶梯状’的矩形硬纸板，在水平面上按照竖琴键盘涂色做成的”。他还有一个三面由分别绘有中提琴、大提琴和小提琴指板的，由更粗壮坚硬的量棒所搭建成的“弦组”。他曾说：“指法是所有问题的关键，例如如何放置，如何产生独特的效果。”

画家所用的示例模型与上述模型原理相似。视觉艺术建模的常用形式便是草图的创作。只有少数画家能够直接在画布上作画；大多数画家都会先画好草图。芝加哥艺术学院乔治·秀拉的代表作《大碗岛的星期日下午》——就在这幅占据了整个墙面，高 6 英尺 9 英寸、长 10 英尺的画作——附近挂着一幅秀拉早期完成的作品草图，图中并没有着重对细节的刻画。秀拉作品《马戏团》的草图则收藏在巴黎的奥赛博物馆。显然这些草图的作用便是帮助秀拉将作画的灵感具体地呈现到一个缩略图中，以便对整体设计进行全面评估，并且在费尽心力将成百上千种色块展现在全尺寸画布之前就预览到画作完成后可能出现的不足。

雕塑家和建筑师设计草图（原文 maquette）也处于同样的目的。“Maquette”是法语单词，源自意大利语中的“macchia”一词，即“草图”，不过这个词对艺术家和建筑师来说通常是指三维立体模型。当然，建筑师总是为他们的设计搭建小型实体模型，因为相对于慢慢翻阅设计蓝图或图纸，客户能够通过模型更为直观地预见建筑竣工后的效果，并且预见到可能产生的构造问题。从简单的硬纸板模型到纸质模型再到细节精巧的木质和金属模型，模型的种类千变万化。雕塑家创作的“草图”也分为很多种类。路易斯·布尔乔亚说从她设计到完成雕塑的整个过程，建模会“从平面草图变换到硬纸板模型、硬纸壳模型、木雕，最后进行石雕”。野口勇说，他会“先画平面草图，然后建模——有时也搭建纸模”金属或其他材质的模型（见图 12-2）。亨利·摩尔晚年的时候，有三间专门用于制模的工作室，分别用于不同阶段的制模工作：其中一间用来搭建巴掌大小的模型；一间用于衔接工作，负责比例和材料的选定；还有一间叫作“花园”工作室，这里是完成大制作的地方。他的工作风格与场地实际布局很搭配。“我更喜欢，”他曾说，“去做或许十个或者十一个小型的缩略图，而最终只有一个能够真正变成大尺寸的雕塑成品……我想搭建一个模型，模型的尺寸刚好能够供我对它进行修改。如此一来，这些修改就可以照搬到成品上去，因为物体的尺寸——嗯，对于小物体来说，人们从远处所见的物体变小，与实际上那么小的物品起到的作用有所不同……所以这是一项将建筑、制模和雕刻融合到了一起的工作。”

注：《一道闪电……纪念本杰明·富兰克林》的作者 1984。

图 12-2　野口勇，于新月钢铁厂

当然，许多艺术家也使用真人或静物来做模特。他们请模特长时间保持某个特定姿势；将静物摆放成画作或雕塑中设计的样子。但是雕塑家乔治·席格和段·汉森为他们的模特制作石膏像，道理就像医生接好脱臼的胳膊和腿一样。文艺复兴时期莱昂纳多·达·芬奇使用了相似的方法，在模特的衣服上添加石膏（一种法国石膏配料）使其变硬，然后保留下衣服上的褶皱，以免模特每次活动褶皱发生变化。与达·芬奇同时期的卢卡·坎贝尔用模特模型的方式解决了这个问题：他用能够一直保持造型的几何木制人偶做参照完成初稿的刻画。直到现在，姿势可塑的人偶依旧在画苑中出售。

为真人制模经历了一段漫长而曲折的历史。18 世纪，法国时尚行业产品凭借其穿着精美的人偶风靡整个欧洲。亚历山大女士娃娃、芭比夫妇、特种部队以及各种让人应接不暇的玩具模型，标榜着当今服装流行趋势、社会规范和价值取向。在更为逼真的层面上，展示橱窗或博物馆展现相似功能的人体模型，连续数周、数月甚至数年立在原地，寸步不移。模拟撞车时事件的仿真模型，向人们提供各种情景下的安全信息，而这些情景是不可能用真人试验的。在某种意义上，每个机器人，无论在工厂、实验室或室外，都是模型。在功能上，这些模型在一定之规中甚至比原型做得更为出色，正因为它们不是人类。具体如图 12-3 所示。

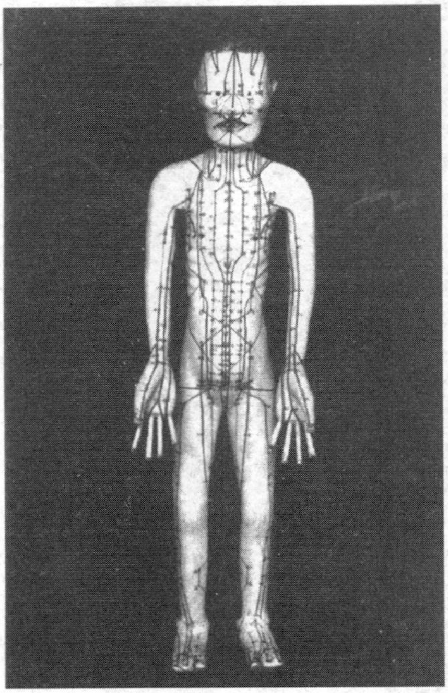

图 12-3　日本针灸用人体纸模，用来标明下针的穴位

医学或许是人体示例模型应用范围最广泛的领域。一般来说，模型被看成艺

术作品。几个世纪以前，裸体的象牙小人偶曾被中国上层社会的妇人带入医生诊疗室的事是千真万确的。由于文化的禁锢以及出于在男性医生面前裸露身体即不雅的观念，女人在人偶上指出自己病症类型以及所在位置。中医同样在人体雕像上标记穴位和相关信息。西方对解剖模型的应用则遭遇了不同的命运。文艺复兴时期及之后的一段时间里，宗教和世俗的观念并不赞成将人体模型用于展示难以获取的解剖细节。一些医生设法制作了极为精致的全尺寸人体各部位解剖蜡像模型。这些模型所展现的细节甚至让杜莎夫人的蜡像相形见绌，但是这些模型不能够代替实体的信息价值。如今，用电脑处理从青蛙解剖到仿真人体的各种模型已经被引入生物学和医学的课堂。但是，如旧时的蜡像一样，这些仅供观察的模型还无法应用于手术刀等的适当操作或动脉伤口突然大量出血的紧急缝合实际训练中。在医学领域，同各类艺术和科学领域一样，缺乏仿真触感和操作功能的实体模型在教学上还存在限制。

许多现代医学模型试图在实际操作功能上取得突破。近来兼具功能意义的示例模型在很多领域中被广泛应用。将带有肿块的乳房制作成仿真触感的模型避免了患者在医护人员学习乳房检查时遭遇的尴尬。另外，患者胳膊或腿部的全尺寸仿真触感模型，医护人员或者需要进行药物注射的糖尿病患者能够在真人上实践之前通过模型进行学习。妇科医生通过阴道模型了解如何进行阴道检查，如何使用子宫帽或阴道栓剂，或者向患者演示如何操作。此外，任何一位上过心肺复苏术（CPR）的人都见过那些用于传授救生步骤的婴儿或者成人模型吧。

不过，为解决医学问题的模型不需要具备人性，这就回到了有关机器人和人体模特的探讨上：它们想要有用就得没有“人性”。所有的模型都是不同程度抽象化的产物，有时抽象程度惊人。比如，格瑞戈·孟德尔能够通过对豆子的研究阐明人类基因遗传的本质，当代科学家们通过微生物、蠕虫和果蝇的深入研究来了解人类基因。研究结果表明，所有有机物的遗传本质大体相同，既然如此那么至少动物模型可以相当程度地模拟人类功能。同样，试管中的细胞活动通常被用来模拟我们的体内活动。第一次世界大战时期，亚历山大·弗莱明制造了一个带有尖角的试管（见图 12-4）来研究复合性骨折或弹片造成的不规则伤口用抗生素治疗收效甚微的情况。他了解到在尖端被隔离的细菌能够“躲藏”抗生素的治疗。

这个模型使他相信治疗大多数感染伤口的唯一有效途径在于身体本身，这个发现为他在 1928 年发现青霉素奠定了基础。此后弗莱明对新药进行了体外效果试验、培养血细胞培养试验和试管试验来验证其在活的有机体内和人体内的效果。

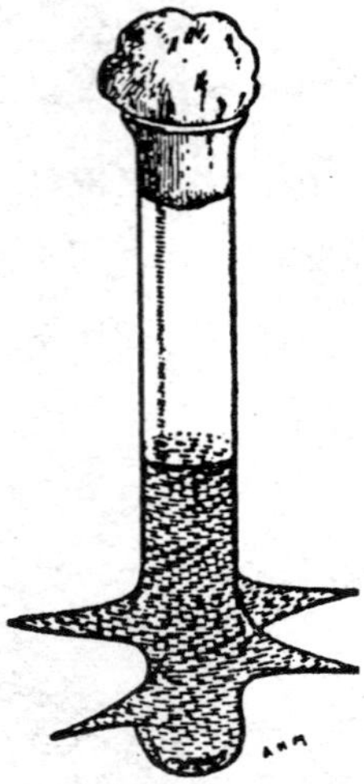

图 12-4　亚历山大·弗莱明的用于测验微生物抵抗抗生素的带有尖角试管

今天新药的效益和副作用测试仍旧沿用此种方式。但是由于所有模型都是抽象化的产物，它们也存在着限制。人体器官如肠和肝，并不存在于细胞培养之中，能够改变药物的疗效。一些药物无法通过肠道，因此也就不能口服。肝脏则会改变很多化学作用，将有利反应转化为无用反应或者将安全反应转化为致命反应。豚鼠对青霉素过敏，但是老鼠却不会。在何种情况下用何种模型代表人类的反应更为适当呢？了解模型的局限性与了解其价值同样重要。

成品药物同样需要借助理论模型，正如这方面的领军人物琼·吉姆佩勒在公众健康学课堂上所做的那样。科技史学家吉姆佩勒在试图重现中世纪机械发明和应用时对搭建模型产生了浓厚的兴趣。他制作了一些按比例缩小的工作模型。随后，开始为乡村研究能够利用闲置材料和一定技术来代替大型农耕机械的“恰当技术”，吉姆佩勒找到了针对受教育程度低人群的最佳教学方式，即多展现这些技术的缩小版的功能模型，就像他研究旧时机械时所做的一样。利用此类模型来传授现代医学的道理也基本相同。向不懂地下水循环和细菌污染的农民解释为什么不允许奶牛冷尿和粪便排泄在水井边是一件困难的事，但是展示地下水如何受到排泄在水井边的尿液和粪便污染，又是如何被农民喝到这样的模型显然更为有效。同样可以制作一个展示解决方法的模型：在水井边围一圈栅栏避免奶牛靠近。为乡村社区或城市流浪者患者治疗的医生越来越多地采用吉姆佩勒的模型来阻止肺结核等疾病的传播。灵活运用一系列工作模型作为学习手段通常要比单纯讲解更有效。总之，模型使难以理解的想法或概念具体而真实地得以展现。

在科学领域，建模与新想法，理论发展和实验证明、谬论推翻密不可分。当代最杰出的科学建模师莱纳斯·鲍林将建模描述成思考的唯一方式。“模型最大的价值在于为新想法诞生所做的贡献，”他写道，“我认为模型也是一种表达方式。”鲍林花费数十年钻研蛋白质分子并应用模型探索其合理结构，这些努力最终为他赢得了诺贝尔奖。精确的模型体现出严谨的思想。具体如图 12-5 所示。

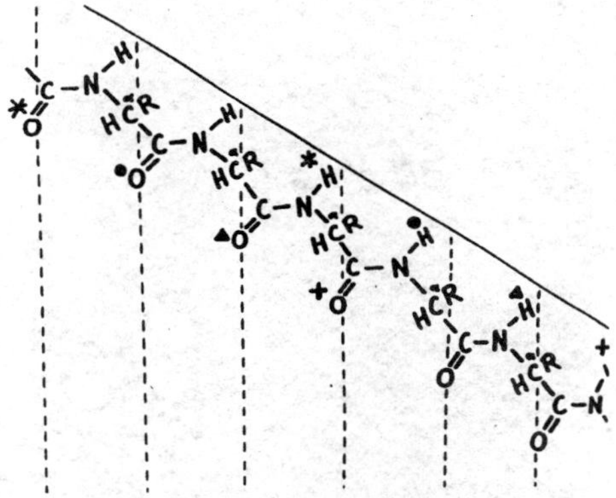

图 12-5　这是莱纳斯·鲍林双螺旋纸模型的复原版，他曾把它折叠着放入试管中。“在牛津，感冒卧床的时候，我感到无聊……我想，为什么不思考蛋白质的结构呢？于是我找到一张纸开始构建，仔仔细细地画了一条多肽链，又准确地画出键长和键角。”

建模帮助鲍林认识到一次著名失败：他所搭建包含基因的分子，即 DNA 的错误结构。“如果你搭建出一个模型，”他写道，“你便知道怎样才是可行的结构……模型本身帮助你摒弃大量在思维中认为可行的结构。”事实的确如此。1951—1952 年，鲍林与包括詹姆斯·华生和弗兰克斯·克里克在内的其他几位科学家一道，致力于通过建立模型来阐明 DNA 结构，并与当时有限的数据进行比照。在预想和不同模型之间的比较很快就揭示出鲍林设想中的致命错误。华生和克里克为最初想法用精确裁切的硬纸板搭建的模型也失败了，但是他们从失败中吸取教训，制作了今天的 DNA 双螺旋标准模型。他们的模型不但与实验揭示的 DNA 结构细节相吻合，而且同样重要的是，基因信息编码和代代相传的方式也证实一致。因此，双螺旋模型是集示例、功能和理论要素的完美结合。

但是与大多数科学模型不同，双螺旋通常被认为为了表现小而不可见的实体而建立的示例模型。事实上大多数科学模型并非如此。它们就像雕塑家初步设计的模型或者为将军们设计的战争游戏一样：在构思过程中搭建的辅助工具。西里尔·史密斯的冶金工作为此提供了一个很好的例证。为了解合金的性质和结构缺陷的影响，他制作了一个充满气泡的托盘，然后小心地在选定位置上将若干个气泡戳破（见图 12-6）。通过这个过程他观察到气泡原子在受到干扰时会重新排列，这揭示了与合金相关的某些有趣反应。无论是史密斯还是他的同事都不把这些气泡模型“当真”，但是它们却在理论探索的过程中发挥着极其重要的作用。

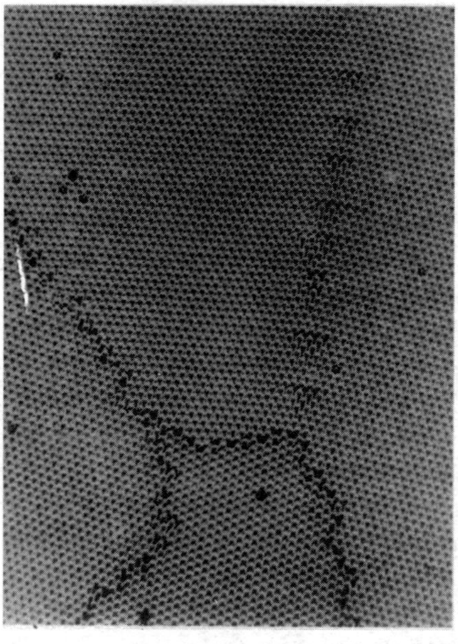

图 12-6　西里尔·史密斯建立的关于金属结构的气泡模型

科学模型的重要性就相当于建筑大型建筑物时搭建的脚手架和起重机。没有脚手架和起重机，大楼就无从建设，但是一旦大楼竣工，它们就不再有用。因此，在经典著作《物理之美》（*The Character of Physical Law*）中，理查德·费曼提出理论应试图从模型中脱离出来。“其实最伟大的发现总是与模型无关，模型从来都不起什么作用，”他写道，“麦克斯韦尔在电动力学上的发现最初源自很多空间中虚拟的轮子和齿轮。但是当你脱离了这些轮子和齿轮之后一切也照样成立。”模型帮助我们理解概念，费曼接着说道，但是不能将模型与概念本身混同一谈。

为建立纯粹的概念模型，许多科学家将注意力转向了数学。像战争游戏一样，模型数字化也开始于现代社会，它最早始于伽利略对坠落物体的数学演绎。每个方程式和数学概念都通过实例或可见的模型进行展现。数学家、历史学家、摄影师戈尔德·费歇尔第一个在数学领域明确建立的模型出现在18世纪60年代，但是德国数学家恩斯特·库默尔制作一系列由金属丝和石膏展现代数的模型（见图12-7）。费歇尔说，“这些模型在代数曲面研究前沿与其他工具结合使用”，也就是现在的“库默尔曲面”。库默尔方法的有效性得到了数学家的广泛认可。18世纪50年代奥古斯特·费迪南德·莫比乌斯用模型建立了莫比乌斯环，它由单边的平面扭转而成，通常用来表现无限的概念。同时期最伟大的数学家之一菲利克斯·克莱茵利用纸板、细线、导线、石膏和雕塑黏土建立了很多数列模型。除此之外，他还建立了克莱因瓶——莫比乌斯环的立体形象。克莱因瓶的表面不会终结，内面和外面之间也没有绝对分别。现在，一些简单的纸质、金属丝、黏土、雕塑黏土甚至锡箔模型仍在帮助学生理解几何学、拓扑学和扭结理论（以无论怎样扭结都能被解开的曲线为数学研究对象）的教学时有所应用。

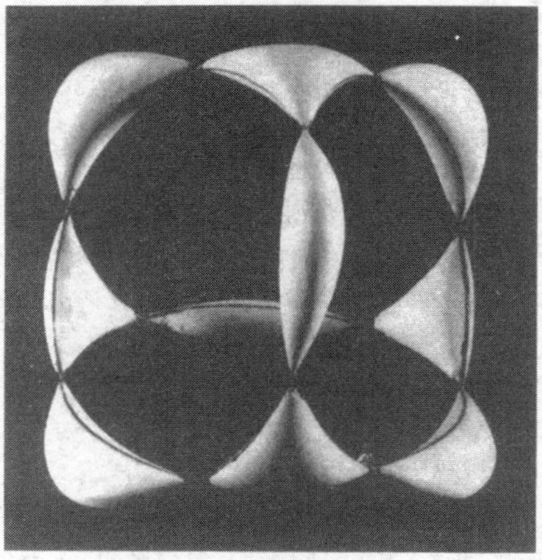

图12-7 库莫尔带有十二个二重点的四次模型，是由四次曲面与符合等式 $(x^2+y^2+z^2-\mu\lambda^2)^2=\lambda[(z-k)^2-2x^2][(z+k)^2-2y^2]$ 的球体相交而成的

直到最近，数学模型唯一的集合展在欧洲协会和数学软件展览中举办，展出模型由雷和查尔斯·诶姆斯于 1970 年为各个美国科学博物馆设计。计算机辅助设计（CAD）系统的发展以及数学软件类综合程序如今已经能制作精确的模型，供几乎所有拥有台式计算机的人分享。但值得强调的是，计算机或者实物模型与辅助思考的模型功能不完全对等。计算机数据为二维，即使以三维效果进行展示。只通过三维影像在头脑中进行认知与动觉、触觉上真实感知到三维模型是不能等同的。而且，圣地亚哥超级计算中心计算机图像专家迈克尔·贝利认为其中的区别不可小觑。数年来他一直宣传计算机是制作模型的最佳选择，但是新科技改变了他的看法。计算机能够与制作石膏、纸质、树脂或金属三维模型的机器之间建立连接。其中，由名叫威廉姆·斯温斯基的盲人化学家一开始仅为己用而发明的一项技术得到了发展，在此基础上建立起的“化学模型图书馆”，为无论是视力正常还是失明的学生提供了平等的学习机会。“我很惭愧，”贝利承认，“但是图片无论怎样也不能与可触可握的真实物体相比。”

图片模型不如实体模型的原因之一便是抽象的“地图”并不总是与实际的“地势”相吻合。为不存在空间实体的对象建立可视图像是可行的，这是埃舍尔、罗杰·彭罗斯和其他虚拟对象设计师的共识。任何为自己设计的对象搭建模型的人，无论是建筑师、木匠、制模师或是建筑师，都无一例外在纸上先画出可搭建的图纸。空间中的工作与等式上、图片上或纸上的工作都不相同。空间问题变得尤为重要。

即使表达精确的视图模型也不够直接，这是斯克里普斯研究所研究病毒结构的生物学家约翰·约翰逊悟出的道理。数年来他和他的同事通过计算机生成的图形图像来观察生物结构，虽然不只利用计算机。1997 年，约翰逊请迈克尔·贝利为他所研究的一种病毒蛋白质结构搭建聚合物模型。就在模型快要建好的时候，约翰逊意识到蛋白质间隙有一个洞，在图形图像上并不可见。这是个令人兴奋的发现，因为可以制成与空洞大小相合的药物来阻止病毒复制，以治疗病毒引发的感染。“我像个疯子一样东奔西跑，”约翰逊回忆道，“告诉所有人我们之前有多么蠢。我认为，就观察这些副族集合模型而论，每个人都应该体验。”

约翰逊并不愚蠢，他只是被自己骗了。很多发明家和工程师都会对他说，手工模型不可代替。事实上，提出静止卫星轨道构想的阿瑟·克拉克提出了自己的担忧，认为现今人们的教育“只是浏览计算机屏幕上的图片，从不触摸真实的材料，因此未来堪忧”。克拉克的观点引发了很多包括尤金·弗格森、萨缪尔·费罗曼和亨利·佩卓斯基在内工程师的回应。在过去的 20 年中，他们都越发依赖计算机图片代替手工制造运转模型的体验，而且都曾因此经历了重大的工程失败。

教训是显而易见的。如果我们想要了解身边的时间，就要建立实用的，通常是多功能的模型。在动力和训练的基础上，这项工作会变得像游戏一样简单随意。实际上，孩子们在摆弄第 8 章和第 11 章提到的玩具时，会自发地制作一些模型。简单的积木、各类用途的玩偶、手工作品以及各类搭建材料都会变成其他物品。重要的不是孩子们在院子里搭建的堡垒、在地下室搭建的动物园或者在房间中搭建的玩偶之家质量如何，也不是它们是否逼真、牢固或者实用，而是制模的行为本身。因为在建模中能够培养出领悟能力和控制能力。

许多拥有创新思维的人都对建模活动印象深刻，这对他们成人后的兴趣产生了影响。乔治亚·欧姬芙曾回忆自己用两片薄板搭建的玩偶之家。她发现两个板子上各有一个接缝，于是将它们拼插在一起，创建了自己引以为傲的四间“屋子”——虽然除了分隔墙之外，这四件屋子空空如也。这或许是她抽象思维的源头。雕塑家克拉斯·奥登伯格也搭建过小小的个人世界，包括自制的书本、报纸、地图和图纸。成人之后他开始搭建飞机模型，“有时我会改变设计来让它们更符合我想要的样子”。对这两位艺术家而言，在各自领域的建造活动是他们一生的兴趣所在，而建造模型便是这一切的起点。

许多科学家和工程师都提到过建模活动对自己的影响。荣格认为建模爱好开启了自己对科学一类事物的兴趣。“我开始用小石块建造城堡和防御炮台，用泥土建造迫击炮，”他解释道，“我钻研了沃邦所有有效的防御工事，并很快就能够熟练掌握所有技术。我又从沃邦的防御工事转向对现代防御方法的研究，并在自己有限的条件下试着建立各类模型。两年多来一有闲暇时光我便沉迷于此，在这期间，我对科学钻研和实物的兴趣与日俱增。”一位美国科学院院士在匿名采访中将自己在科学上的兴趣和成就归功于相似的经历：“我总是对制造东西充满兴趣。我曾制造过飞机模型和其他类似的东西。当长大一点能去图书馆的时候，我就去借那些有关手工制作的儿童读物……这个经历在我的教育中非常重要，因为实质上大学课程中涉及的知识……对我来说并不陌生。”同样，另一名匿名的杰出数学家说：“这可能跟数学的发展无关，但是在我认为确实如此，很小的时候我就开始用软木制作飞机模型。五岁时，我已经能够完全独立地完成制作了。我会在脑海中想出它们的样子并想好怎样支撑，最终动手将设计做成实物。”通过建造模型，这些善于发明的人掌握了想象、抽象、分析和空间思维能力，这对他们成人后的创造性工作至关重要。

起步很容易。任何图书馆或书店都能够找到关于制作模型的书，材料从瓦楞纸板到软木，从金属塑料到布片纸张，应有尽有。不要小瞧这些材料。想想当初，威尔斯最早的战争游戏用书本代替山丘和建筑；泽纳基斯的“管弦乐队”是用纸板和木棒做成的；宝林的蛋白质结构就用了一个纸筒和几个铅笔标注。奥古斯都·欧顿（电影《罗伦佐的油》便是根据他探寻儿子病因的经历改编而成的）用曲别针做成了脂肪分子的模型。如果从设计图纸开始有些困难，就利用现成的塑料和木质零件搭建任意的模型，从恐龙到玩偶之家，从马车到《星球大战》里的宇宙飞船，任何你所能想象到的都可以。无论是经典的人偶、飞机还是城堡和时钟，都可以做成纸质模型。许多商店和科技商品目录都提供蒸汽机、火车、赛车、飞机和火箭的运转原理模型。对于模型来说，重要的不是用什么材料制成，而是它所体现的功能和模型制造者在建造中对每个细节的领悟。没有想象力的注入，模型就没有“生命”。图 12-8 为一个示例。

在学校里，建模活动也可以用来指导不同对象的操作。例如数学课上，模型可以使概念更具体、直观。学生越早了解到每个等式都有其对应的实际例子，而且每个物理现象都对应着数学模型，他创造发明的潜力就越强。视觉思维也同样能够通过建模得到提高，因为动觉与视觉有着直接的联系。为第 4 章中请你想象的简单形体制造模型，对任何年龄的同学都会有帮助。

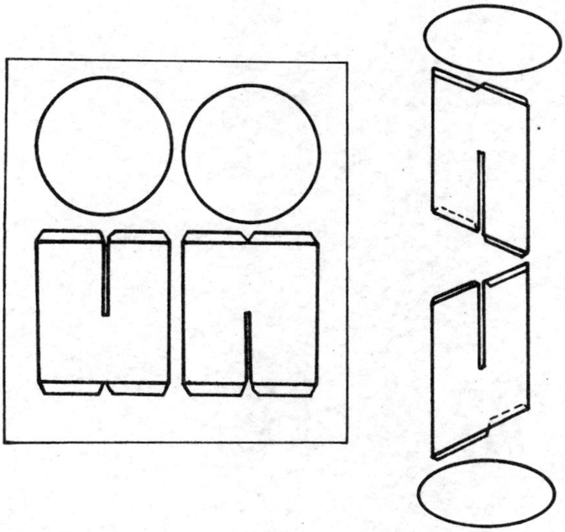

图 12-8　第 4 章中虚拟谜题建造模型的步骤

为自己的学校、房子和街坊建筑建模能够提升空间感。通过巴克敏斯特・富勒的四面圆顶建筑、斯奈尔森的张拉整体建筑和其他建筑结构的结构模型能够促进建造和设计技巧的学习。布伦达・杰克逊老师专门要求搭建桥梁的模型，因为许多学科的学问都包含其中。“在桥梁设计中，”她说，“会涉及很多学科的知识。画出拟定设计图，对实际张力考量，搭建模型时用到的计算和手工技巧，所有这些问题都需要解决。桥梁的破坏测试，虽然噪声很大，但是一种实践学习的机会，其结果往往因为太过壮观而让人记忆深刻。”

在小学、中学甚至大学里，主教艺术、设计、雕刻、手工、工程、数学和自然科学的老师可以一起为学生创造一个完整的体验，让他们建造各种工作场所中相互作用的模型。政治、历史和人类学也能够通过建造实体、功能或理论模型独特方式进行学习，如战斗过程、建筑风格的演变、传统医学治疗的功效、经济竞争活动的结果或者宗教仪式的目的等。因为这些活动需要理解事物运转的原理，而建模是一种有效的学习方法。将制作模型作为一生的爱好，你就拿到了获取一生快乐和学习的钥匙。

13

游　戏

1936 年，在伦敦举行的第二届国际微生物学大会上，一位名叫亚历山大 · 弗莱明，没有什么名气的医学研究者做了两个展示。第一个展示他向众人介绍了一种奇怪的真菌，叫青霉素，它会产生一种合成物抑制多种感染菌的生长。第二个展示他探讨了一个古怪的微生物绘画发明，将多种不同颜色的细菌用钢丝套圈小心地刷在琼脂平皿上，形成了一幅赏心悦目的图片。科学界忽略了这两个展示。弗莱明没有充分论证青霉素的用处，也没能用青霉素奇迹般地治好某人的病症。女王玛丽曾在大会前听说了细菌绘画（见图 13-1），当她到弗莱明工作的医院去拜访时，弗莱明向她展示了一面由真菌绘制的英国国旗。“是的，但是它能带来什么好处呢？’女王问。她还不如直接问：“玩有什么好处呢？”

了解弗莱明的人都知道他爱玩，他是一个聪明的学生、勤奋的科学家，最先采用保罗 · 埃尔利希的“魔术子弹”撒尔佛散（也是第一种合成药）来治疗梅毒。但弗莱明总会抽出时间运动，玩各种游戏：步枪射击、高尔夫球、桌球、门球、扔硬币、下棋、桥牌、扑克、智力竞赛、乒乓球、水球……他也不总按规则游戏。据他的朋友说，“给自己制造困难，并获得征服困难的快感”是他非常享受的事情。他在打高尔夫球时可能只用一根高尔夫球杆击球，或者躺在地上，像用桌球球杆一样击球入洞。他设计了多种室内高尔夫球的玩法供小孩子玩。一位传记作家说过，他不做任何考虑就会打断与著名细菌学家的晚间对话，而去组织一个打硬币游戏。他也不会将爱玩的性格只控制在非工作时间里，或者更准确地说，他就是玩着工作的。“你像对待游戏一般来对待研究，”他的老板赖特先生曾对他说，“你觉得工作都是乐趣。”

图 13-1　亚历山大·弗莱明的细菌绘画作品。右边图上写道：
“这不是用墨汁写的，而是用在生长中出现颜色的细菌写的。（1）堇色杆菌，
（2）灵杆菌，（3）葡萄球菌，（4）芽孢杆菌，（5）八叠球菌。”

赖特或许是在批评弗莱明，也或许是有点嫉妒他。弗莱明对待任何事情都一心一意，玩就是他的风格，他在科学游戏中自己编了几个游戏。“我和细菌做游戏，”无论谁问他是做什么的，他都会如是说，“当然，在这个游戏里是有一些规则的……但是当你已经掌握了知识和经验后，能够打破规则找到一些没有想到的事情，这让人非常高兴。”在这一点上他和动物行为学家康纳德·洛伦茨和分子生物学创始人之一马克思·德尔布吕克非常相像。洛伦茨有一次告诉戴斯蒙德·莫里斯：“与你的莎士比亚不同，我的方法是疯狂的！”他的著作《所罗门王的指环》（*King Solomon's King*）（1952）叙述了一些非常让人吃惊的情形，比如让鹅和乌鸦在他的房子里乱跑乱飞，这样做的结果就是观察到了一些谨慎的科学家不会鼓励，更不用说报告的现象。德尔布吕克以他的“有限马虎原则”闻名，这个原则是指马虎导致一些没有预料到的事情发生，而且这些事情还不至于那么糟糕，你辨别不出到底是好是坏。对于弗莱明来说，细菌游戏就是一个意外获得

宝贵经验的方法，是找到意想不到、有价值的事物的神秘窍门。

大多数科学家不理解这种游戏的“方法”。举个例子，弗莱明的实验室搭档艾利森曾感到异常震惊：“弗莱明开玩笑说我过度整洁。每天晚上我都会将工作台放回原位，将不再需要的东西扔掉。弗莱明跟我说这太过小心谨慎了。他常常会将培养菌放置两三个星期才扔掉，扔掉前还要仔细看看是否有什么意想不到的有趣现象出现。结果证明他十分正确。”

这个结果，当然就是青霉素，而且有人认为弗莱明的细菌绘画启发他发现青霉素。每幅画都是技术一流的精心杰作，需要酸度、营养、温度、湿度和时间都把握准确才能把细菌变成一幅画。细菌绘画是实验、是借口，他就是想要知道这么做会发生什么。由于要用不同颜色的细菌来绘画，弗莱明也就有理由杂乱地培养各种培养菌来看看或许能有什么“古怪又有趣的事情”出现。或许能出现的事情之一是为调色盘增添了一种新的、有趣的“颜色”。真正出现的事情则是青绿色霉菌——点青霉，从这里弗莱明分离了第一剂抗生素。

最开始没人知道这个真菌是什么，弗莱明本人也不知道，因为游戏本身没有指导功能和指导目的。游戏只是为了有趣，享受不必承担任何责任的制造事物的乐趣。游戏里没有成功与失败，没有责任，没有强制性成就。游戏打破了一些严肃的活动规则并建立了自己的规则。游戏是轻佻的，随着一时的兴趣和好奇心四处游荡。游戏里有人类学家史蒂芬·米勒称为“笨拙行进”的东西——笨拙的、夸张的甚至破坏性行为，以及故意为了自己将其复杂化或详细化，不管这个游戏是肢体动作、手拿物件、象征性地表达想法、打高尔夫球或者培养微生物。然而游戏本身没有目标并不意味着它带来的结果就不能在让人获得乐趣后再赋予好的目标。

玩也很有用，因为正如心理学家让·皮亚杰所说，它能使不同大脑技能增加一种甚至三种以上的方法。首先，做游戏在加强技巧练习的同时能锻炼并发展任意一种思维工具。年轻的理查德·费曼就曾练习将四维图像视觉化的游戏，只是觉得能够解决这种问题很有趣。弗莱明通过细菌绘画增强了技术和专业知识。埃舍尔通过在墙纸上找图像的方法锻炼了自己发现模式和创作模式的能力。其次，象征性的游戏会通过在假想世界中，一个事物可能代表另一个事物的情况下，锻炼人掌握类比、建模、扮演、移情等工具。乔治亚·欧姬芙在还是孩子的时候就做象征游戏，她把两个互相咬合的板子想象成玩具屋；弗莱明把细菌当成颜料。最后，玩游戏也教会我们在外部限定情况下怎样通过制定规则限制人的行为和思路，同时也教会人怎么打破规则。威尔斯会玩缩小的战争模型游戏，弗莱明也为细菌学的游戏发现并创造新的规则。因此玩不仅用来锻炼其他思维工具，它本身就是一种思维工具。带着材料、技术和规则笨拙地进行任何一种尝试都有可能产生新奇的行为、观察和想法，尤其像弗莱明经历的，三种玩的用处都包含在内。

想一想游戏玩耍本身的乐趣，不用想它可能带给人的额外好处，对众多科学家都乐此不疲地和自己研究的科目做游戏我们不必感到意外。正是理查德·费曼这种生气勃勃的游戏风格使他成为家喻户晓的人物。关于他科学（和私人）的故事让不懂科学的人都很着迷，虽然对这些门外汉来说，物理通常是一个枯燥乏味的学科。为什么会这样呢？费曼先生的书《别闹了，费曼先生》给出了理由。费曼喜欢讲笑话并恶作剧捉弄别人；他将玩当成爱好，也当成他的工作。研究生刚毕业，费曼就职于位于洛斯阿拉莫斯研究第一个原子弹的队伍里，他捉弄一个同事，把同事的保险箱给偷了，当然不是为了钱，只是觉得好玩。之后，当他在加利福尼亚理工学院当教授的时候，是酒吧的常客，到那里跟姑娘们抛媚眼或者摆弄着一些数学公式度过时光。有时当他找的和想的事物重合量，他会在计算之间画各种脸和图像。他也玩成了一个艺术家，参加绘画课程并且有好的素描作品放到当地的艺术展览展出，笔名用的是“Ofey”。这个笔名本身也是带有玩笑意味的，“fey”这个词有疯狂或者异常兴奋的意思。他还接触音乐并且几乎成为一个专业级别的邦戈鼓鼓手。

费曼玩与工作的结合和弗莱明一样是有意的策略。他在事业初期就名声斐然，难免会面对一些来自他方的期待，这很容易使他僵化。当大多数人都在完成博士学位的年纪，他经过思考挣扎决定告别物理学。在这个关键时刻，他忽然之间获得了明悟：“这时候我又想，物理学现在让我觉得有点恶心，但是我以前很喜欢物理。过去为什么喜欢？因为我过去总像做游戏一样研究物理，做我想做的，不必非得是对核物理发展至关重要的我才要去做……所以我找到了一种新的态度……我决定无论何时都要和物理做游戏，不再考虑任何重要性或者别的问题。”

费曼不会预见到新态度会那么快给他的研究带来有趣的现象。“不到一个礼拜，”他后来回忆说，“我和另一个人在咖啡厅里消磨时间，往空中扔盘子。盘子抛向空中时我注意到它的摇晃，我看着盘子上红色康奈尔奖章在旋转……我没什么事情可做，所以我开始研究旋转盘子的运动。”因为觉得有趣，费曼算出了盘子摇晃的公式，并钻研到了相对论、电动力学、量子电动力学里面，他设想电子是怎样沿轨道运动的。

在我知道之前（这是一段很短的时间），我都在“假装”工作，真的，面对曾经非常喜欢的问题，我实际上在到了洛斯阿拉莫斯后就没有再工作了……

一切是那么水到渠成、毫不费力。以做游戏的方式研究这些事情真的很容易。就像起瓶盖一样，一切都顺理成章。我几乎有点想要抗拒这种自然的感觉了！我做的事情不是什么具有重要意义的事情，但是最终结果却意义重大。这些图表和其他让我获得了诺贝尔奖的研究是因为那天无所事事地抛起一个摇晃的盘子。

费曼和弗莱明的经历是发明家普遍拥有的。史密森尼学会的莱梅尔森发明与创新研究中心负责人亚瑟·莫勒拉说：“玩这种感觉是发明活动的核心。发明源于有趣、自由的大脑联想。”即便是以抠门和书呆样出名的工程师们也爱玩。埃尔默·斯佩里就证明了这一点。任何一个坐过有自动驾驶仪的飞机，有横向稳定器的船或者坐过火箭飞入太空的人都要感谢这个人以及他爱玩的性格。他发明了陀螺罗盘和陀螺稳定器，用来保持位置控制，而且他能发明出这些是因为他把教科书扔在了一边专心玩他的儿童玩具：

我有非常多关于陀螺仪的书，几乎无一例外地，所有这些书和册子都是高等数学的内容（有时候我觉得应该用“折磨”这个词）。这些并没有给我多少灵感，但是我有三个儿子，我想要让这些孩子有多种多样的陀螺玩具，有一些玩具还是进口的。我从这些玩具中收获的要比我的儿子们收获的更多，因为这些玩具能告诉我回转反应的大小。后者我或多或少都熟悉些，而前者则从某些方面让我很惊讶。如果我没能将正在

发生的事情视觉化，那么我永远也不会意识到还有这么多的可能性。

玩具也很早就在杰罗姆·莱梅尔森成为发明家的路上扮演了重要角色。莱梅尔森是继爱迪生之后又一位多产发明家，最终获得超过500项专利，领域遍及机器人学、计算机视觉、VCR、便携式摄像机、传真机和无线电话。但是在他的笔记本上，除了这些发明我们还可以看见他持续不断地对于玩具的着迷。事实上，他的前两个专利都是为玩具发明的：一个是儿童螺旋桨帽的变形，通过向管子里吹气使螺旋桨动起来；另一个是用气球作为推进力的喷气推进式玩具。这些有趣的发明在今天看来很平常，但在20世纪50年代却是非常新颖足以获取专利的发明，而且这些专利能够在资金上支持莱梅尔森继续玩一些相对“严肃”的发明，更重要的是，这些发明能以一种有趣又没有负担感的方式增加他的发明经验。沃尔特·鲁道夫·赫斯——诺贝尔医学奖得主以及世界上最多产的医学仪器发明家同样也是在玩中提高了自己的发明能力：“我闲着的时候就爱做玩具，用屋子里能找到的材料做弹弓和弓箭、船、飞机等。这不仅锻炼了动手能力，还增强了实践感和创造性。”

当然，玩具也是玩带来的发明。最近一些年很火的一个玩具叫作超级水枪，一个高压超大的喷水枪。在这个例子中，不是玩具带来了发明，而是发明导致了玩具的产生。工程师朗尼·约翰逊有恒温控制器、干发卷、湿尿片探测器、水流驱动搅拌器等共 49 项专利。他在高中时就开始设计机器人并作为空间探测专家在美国国家航空和航天局的喷气推进实验室工作多年。当在尝试用水而不是氟利昂做制冷的热泵时，他先做了一个原型在他浴室水槽中试验着玩（一些工程师则是随处玩）。泵的喷射力是这样强有力乃至于浴室帘都因为喷出的风而打转了，他想，“这要是做成水枪可就太牛了”。事实证明确实如此。现在估计美国小孩平均每人购买了四把超级水枪，而热泵也研究出来了。

有时候工程师玩的方式以更不寻常的形式出现。一大批动态雕塑家，从乔治·里基到让·丁格列再到麻省理工学院的自动化巫师——查尔斯·菲亚特·泰勒都有工程学习背景。亚历山大·凯尔德也是如此，他从一个失败工程师转型成为一位动态雕塑发明家。凯尔德和费曼、弗莱明一样，都以艺术及生活中那种近乎孩子似的幽默感和爱玩的态度而闻名。他用洋基式诙谐对待每个人。他的舞伴总是抱怨他过于活泼的风格。朋友也说他的手没有闲着的时候。他不停地画画、雕刻木头，用瓶塞、喝光的旧易拉罐、球和任何能用的物品搭建东西。钢丝是他最喜欢的材料："一些能拧、撕开并弯折的东西。"他总是兜里揣着一卷钢丝和钢丝钳。正如他自己说的，钢丝和别的东西相比是"一个容易一点的媒介……可以从它开始进行思考"。

凯尔德发明是因为有乐趣而不是为了让人们知道他。他拒绝将发明的任何东西包括活体动物称为"艺术"。他也不觉得为孩子们设计一系列可移动玩具是什么可耻的事情，他还把钢丝做成的雕塑叫作"玩具"，尽管这是供成年人欣赏的。像弗莱明一样，凯尔德不仅爱玩玩具，还爱做玩具。实际上，他的艺术名声首先来源于一个他仅以有趣为目的举办的活动。他年轻时在巴黎，对马戏团很感兴趣，自己用木头和钢丝建了一个模型，最后这个玩具马戏团模型有几百个单独的部分，包括动物、道具、身体各部位能活动的表演者、带网的吊架和一个帐篷。他不止一次邀请巴黎艺术界的名人到他的小房间里并给他们表演一场马戏。有一段录像记录了凯尔德像个小孩一样摆弄着他的迷你马戏团帐篷，观众坐在临时用香槟箱子搭建的露天看台上，凯尔德跪在地上，操纵他的杂技演员和动物，做出对话和通知，吹口哨，让小丑进场，将救护队派出去拉走不小心在表演空中飞人时摔下来的演员或者被搭档误伤的甩飞刀演员。这个看起来和表演起来都十分有趣，除了这一点凯尔德没再说过他的表演还有什么别的意义。

然而确实有别的意义，就像弗莱明的细菌画也有别的意义一样。凯尔德的马戏团（见图 13-2）被称为他后续研究的"实验室"。"最重要的是，"他曾说，"我喜欢马戏团的空间，空间关系和空间的广大。"探索空间和物体在空间里的运动就像他操纵整个马戏团运转一样，这为他提供了直接的动觉的概念，为他以后变革了整个雕塑艺术打下了基础。实际上，他的工作室杂乱地堆放着正在进行的作品、放弃的作品，就和弗莱明乱七八糟的工作台有着一样的功用。如果他把某个东西忘在那很久，有时会发生令人惊讶的事情，所以凯尔德从来不扔掉或毁掉任何东西。"我发现如果我把一个东西放在那很长时间，"他有一次说，"我给这个东西稍微做一些改动，就会变成一个令我很满意的作品。"

图 13-2　亚历山大 · 凯尔德和他的马戏团（1929）

同样有过工程学习经历的一个年轻艺术学生对凯尔德活动雕塑的概念做了一个创新改变。肯尼斯 · 斯奈尔森两个夏天的时间都在北卡罗来纳的黑山学院与包豪斯教师约瑟夫 · 阿伯斯和巴克敏斯特 · 富勒学习。作为富勒的助手，斯奈尔森发展了张拉整体概念（在第 8 章中提到），这个概念可以应用到生物、建筑、工程甚至外太空。然而斯奈尔森当时却没有想这么多。“和许多想法一样，‘张拉整体’也是在玩的时候发现的；在这种情况下，玩是指想要造出移动的雕像。”斯奈尔森想，如果用富勒的四面体原则将“凯尔德的移动雕塑”结合起来会是什么样？第一个试验品用几乎看不见的线连接成四面体结构神秘摇摆的雕像。“一步引领到另一步，我发现我可以让这个结构变得更神秘，只要将所有动作都打上结，用带有额外张力的线代替黏土的重量使各个部分保持稳定，于是我就这么做了……虽然丧失了移动性，我却发现了更为新奇的东西，能够在空间里固定的实体，一个到另一个用张力连接起来。我确实为我所做的感到惊讶不已。”具体如图 13-3 所示。

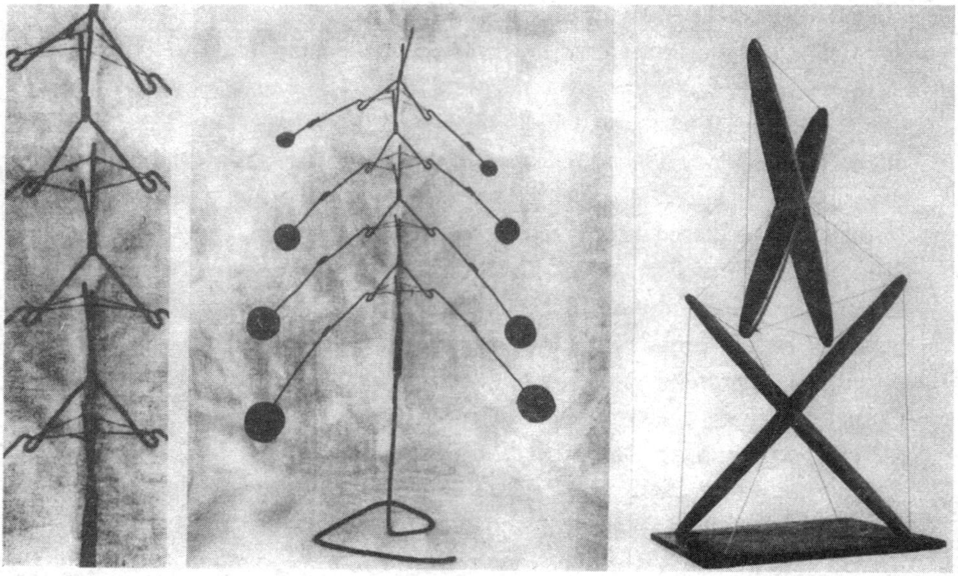

图 13-3 “肯尼斯·斯奈尔森发展出张拉整体的步骤。左：凯尔德的活动原则以及富勒四面体结构结合下的雕塑细节；中：整个雕塑；右：第一个 X 形雕塑，两个坚硬的 X 形由张力作用下的绳索固定相互悬浮在空气中

玩是发明艺术和艺术发明的共同基础，这一点任何一个着迷于丁格列或者鲁贝·戈德堡发明的“无用的”机器，在老鼠夹儿童棋盘游戏中建过陷阱或者装配过混沌建筑系统的人都会同意。实际上，工程师吉姆·罗斯巴特（混沌系统的发明者）说他是受到乔治·洛兹的启发，通过玩具想到了“动态雕塑”，学会怎样操作混沌系统，同样能教孩子们物理学知识。正如凯尔德、斯奈尔森和罗斯巴特的发明所证明的，游戏并没有学科限制。在游戏里，你可以随心所欲。

实际上，大多数有创新精神的人都会试图在游戏中找到差别，打破界限、不容置疑的真理或者功能上的限制。当语法被系统打破，逻辑被颠覆或者感觉到困惑，这就是说我们已经准备好做游戏而且有趣的事即将发生。这样的现象可以毫不费力地在爱德华·里尔、路易斯·卡罗尔和埃舍尔这些游戏大师们混乱的世界中找到。

里尔是一个没有灵感的风景画家，却是一个了不起的文字玩家。“里尔是一个让人开心的同伴，有趣的俏皮话、双关语、谜语等张口就来。”他的一位朋友这样说。他肚子里装着无穷无尽的游戏。他玩画谜，把自己的名字写成一个大写字母 L 后面画了一只耳朵（ear），把单词“fortitude”写成“42de”，管他的朋友 Fortescue 叫作“40scue”。他收集发音滑稽的单词，如“absquatulate”“fuliginous”“granulosely”和“squamulose”（你可以查查这些单词的意思）。他发明了首音误置，是一种诙谐的单词间首字母转换。首音误置以一位牛津大学老师 Spooner 的名字命名，这位老师有一个习惯（牛津的学生们给夸大了），他说话时经常把两个连续的词的第一个音节颠倒位置。例如，假设 Spooner 要开除一个学生，他会说，“你在我的课堂里发出嘘声，还在我的课堂上吃虫子”，然后他说让这个学生收拾东西坐到伦敦的“down train”（下行火车）离开，这时他会口误说成“town drain”，这样一来的意思就变为让学生滚到去伦敦的城市下水管道里的意思了。里尔还喜欢在一个单词内颠倒音节，如“ozbervations”“buplishers”，还有其他一些让人困惑的单词。他总是不停地说双关语，即使是面对尊贵的客人。一位艺术家（an artist）被叫作“a nartist”，他的艺术作品（works of art）被叫作“vorx of hart”——works/vortexes of hart/art（一些伦敦人会在说话时省略 h’s 的发音）。对观众来说很亲切（dear），亲切被他改成了 deer（hart，鹿的意思）。在一次正式的宴会上，他说一个包含拉丁单词 sequax 的经典引用可以通过鸭子记住——“sea-quacks”（quack 指鸭子嘎嘎叫）。一位贵族满面寒霜地说他憎恶“那些荒谬的突然出现的介绍打断他大脑的思考”。里尔觉得他的谴责很好笑，他“心里暗笑”将这位贵族归类到他认为“阴郁”的那类人中了。

文字游戏和发明对里尔来说手到擒来，而且他的“boshblobberbosh”（意为尤其愚蠢）在他的《无稽之谈》（*Book of Nonsense*）和《荒唐好笑集》（*Laughable Lyrics*）一书中被大家广泛地接受，成为经典畅销书。这些书能够吸引各个年龄层的孩子和成年人的原因之一，是它们能够打破所有文字使用的规定并探索以前乃至以后的人们很少探索文字的暗指意义，文字的结合还有发音。当里尔说他需要“epopsimate the fangropunxious feelings of my buzzim”，我想我们都知道他这句话的含义。他还用到一些词组，如“melloobiusnumbians”（一种模仿河水流动声音的旋律）或者“ombliferousscribbledbibble”（忧郁阴暗的书信），他只是 skiriggle，让大家理解他的意思，因此扩展了英语语言。这种文字游戏告诉我们字典不包含全部的单词，现存单词也不能限制大脑思考的自由，正如伊曼纽尔·康德所说的，我们能想到的事情可能表达不出来，我们也能发明出新的说法来表达那些以前说不出来的事情，如果我们将这当成一个游戏的话。

里尔对文字的这种做法被近现代人查尔斯·道奇森（也叫路易斯·卡罗尔）用在了逻辑概念上。道奇森是一位不太著名的牛津大学数学老师，在他的本职工作中，他和里尔作为画家或者莱斯利·斯蒂芬作为作家一样都迂腐保守。不知为何他发现他不能像费曼和弗莱明那样与数学做游戏。在学术上他非常严肃古板，不能接受非欧几里得的任何数学原理。但是工作以外，他则变成了另一个人，醉心于荒谬的诗歌、异想天开的儿童故事、摄影、逻辑游戏和谜语，并写出了《爱丽丝梦游仙境》这样经典的作品。

在他以卡罗尔为名字时，也能严格地保持内部的连贯性，这对于玩好各种游戏来说是必需的素质。有规则被打破，就会制定新规则代替旧规则。道奇森创造能力中很重要的一点，就是他能够以语篇或叙述形式设定一系列规则。正如一位学者说的："规则限制行为，但更重要的，规则能给人们发现突破和创新的提示。"对一个没有意义的单词"slithy"，矮胖子给了爱丽丝一个非常有逻辑性的解释。它同时代表两个东西，在这种情况下指"lithe"和"slimy"——意义和发音是一种概念上的元音省略。疯帽子有一个手表，上面显示的是天数而不是小时，这听起来或许荒唐，但是爱丽丝掉进了地球的中心，在那儿太阳总是处于同一个位置（如果能看见太阳的话），因此时间总也不变。只有月象的变化标志着时间的流逝，所以用天数来作为时间流逝的标志才更准确。疯帽子的手表不仅符合逻辑，还是逻辑上的创新。同样，爱丽丝的冒险都是一个又一个的游戏，但是马丁·加德纳注释过的版本表明，这些游戏并非毫无意义、凭空编造。例如，让爱丽丝变大或者变小有点像斯威夫特的《格列夫游记》，伽利略还有随后的科学家们都对尺寸比例问题进行过研究。道奇森·卡罗尔写给孩子的有趣故事实际上建立在复杂的语言逻辑及物理和数学法则基础上。

和卡罗尔一样，埃舍尔同样与现实做游戏。

> 我的研究项目通常都像游戏。我就是想打破那些看起来不能驳倒的确定性。比如，我发现能将二维和三维、平面和立体混在一起并且能打破重力，这非常有趣。

你确定地板就不能是天花板吗？

你完全确定你走上一级台阶就会在一个更高的平面上吗？

你认为一半鸡蛋就是一半的空蛋壳吗？

与埃舍尔分享游戏的人中有两个人，一个是潘罗思，一个是潘罗思的儿子罗杰。潘罗思是一位生物学家，喜欢各种各样的谜语和游戏。他的儿子是一位数学家，和他有同样的爱好。在阿姆斯特丹参加一个数学家大会期间，他们被邀请参观埃舍尔的展览。“我记得我被他的作品迷住了，那是我第一次看。”罗杰·潘罗思回忆说。

> 在回英国的途中，我决定自己做出一个“不可能”的东西来。我用各种样式的棒以不同方式结合，最终形成了一个不可能的三角形（后来被称作“不可能的三柱块体”）。在我看来，它是我追求不可能之事的最佳证明……我给父亲看了上面提到的三角形，他立即画了很多变体并最终画出了一个不可能的阶梯，只能一直向下（或向上）。

潘罗思在 1958 年《英国心理学杂志》（*British Journal of Psychology*）上发表了他的作品并将复印件寄给埃舍尔，并对他给予的灵感表示感谢。埃舍尔反过来又从潘罗思的作品中受到启发，找到了新的形成不可能物体的想法：“总的来说，我很高兴能与数学家们联系并建立友谊。他们总能给我新的想法，有时候和他们沟通会使我自己发展。那些博学多才的女士和先生是多么爱玩呀！”

确实，游戏还没有结束。罗杰·潘罗思很快就掌握了设计埃舍尔那样的棋盘镶嵌技巧并开始研究新的不规则形状（见图 13-4）。他想，能不能用有限的不规则形状形成永不重复的图案呢？他做到了，潘罗思发明的图案现在在课堂中被叫作非周期性镶嵌（见图 13-5）。作为一个数学家，他为他设计的镶嵌图案设定了规则，并由马丁·加德纳在其著名的《科学美国人》的“数学娱乐”专栏中推广，这本杂志给很多人带来灵感。

图 13-4　左上：罗杰·潘罗思的不可能的三柱块体；右上：潘罗思的不可能楼梯；
下：埃舍尔的《相对性》(*Relativity*)，展示了他是如何将潘罗思的视觉游戏变成艺术形式的

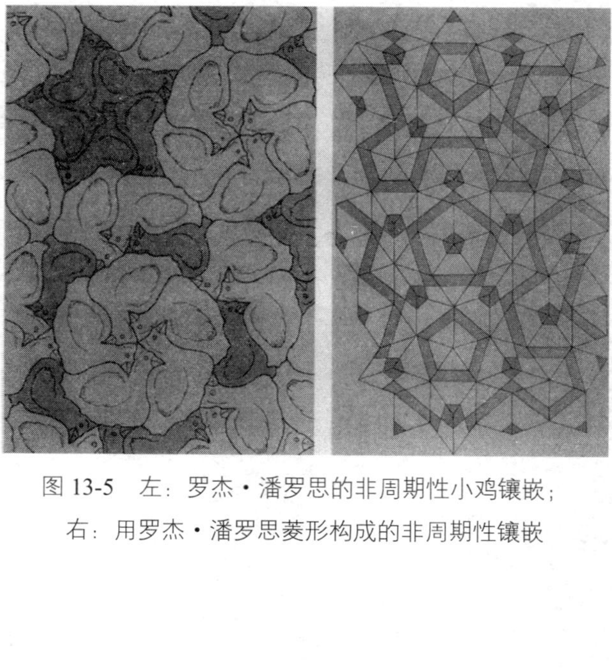

图 13-5　左：罗杰·潘罗思的非周期性小鸡镶嵌；
右：用罗杰·潘罗思菱形构成的非周期性镶嵌

我们说过了里尔的言语谬谈、卡罗尔的逻辑难题、埃舍尔的认知谜语和潘罗思的非周期性镶嵌，这些都挑战了我们对自然和现实的理解。但它们的影响还不止于此。他们发明的游戏有实际应用。里尔的荒谬韵律和词汇或者类似的东西都可应用到心理学和语言学研究中，探索人类怎样习得语言以及是否年龄大的人能像年轻人一样很快速地学习新“词汇”。语言学家检验我们是怎样在一个毫无意义的句子，比如“oupriffedxenorkstimmulously”里找到语法并准确地辨别出哪个是名词、动词和形容词，尽管我们并不认识这个句子中的任何一个单词。道奇森的游戏同样对原因的限制研究有帮助，用“卡罗尔小组”探索必须不停地前进才能保持在原地的红心皇后的想象世界。埃舍尔的“天花板也是地板”以及上/下楼梯也不再是科幻中的事物：太空中的零重力使这种建筑变成现实。他的其他不可能图片都成为认知心理学家的主要研究对象，因为它们能存在于我们的大脑中，却不能存在现实里，这让人非常费解，想要知道原因。潘罗思的非周期性镶嵌意外地变成了伪五次对称，这恰巧能够用来解释那些以前没有定性的金属合金结构问题。

游戏的力量在于，它揭示了世界本质有时是通过发明替代品的方式检验常规做法的限度，音乐还有其他学科都是如此。查尔斯·艾维斯和他的爸爸乔治就是极好的榜样。乔治是一位专业作曲家、乐队主唱以及音乐老师，他最看重孩子们玩耍，也最漠视音乐传统。查尔斯记得，爸爸“在我们（查尔斯和他的兄弟们）玩的时候，他从不会打断我们，总是很郑重地加入我们”。当男孩们玩火车时，乔治通常拿着他的小提琴拉出火车车轮沿铁轨滚动的声音。我们想大概他是用琴弓硬的部分而不是柔软的琴弦拉出的声音，或者用手摩擦木头的部分模仿车轮声而不是演奏一些人们熟知的曲调，乔治喜欢制造一些“非音乐的”声音。查尔斯还记得有一次外面正下着暴风雨，他的爸爸冲出屋子跑到院子里听教堂敲钟的声音，然后又飞跑回来用钢琴再现刚刚听到暴风雨中教堂的钟声。这些声音几乎不能再现，所以他一次又一次跑出去，他的妻子让他停止这个愚蠢的行为。想想那个情形可真是乱啊。

这种疯狂的行为却有所回报。在尝试用钢琴再现自然中声音的过程里，乔治对于“钢琴琴键之间的变声”越来越感兴趣，也就是西方现代音乐中标准音符间的微分音（更多微分音的解释见章末附录）。他对这些微分音的浓烈兴趣和对传统音阶的不满也感染了他的儿子。查尔斯在 5 岁时开始学习敲鼓和弹琴，之后又学了其他许多乐器，他的爸爸允许他有“男孩子的调皮捣蛋”，只要他弹奏的东西有一定意义，他就不会苛责。小查尔斯学会了标准和弦后又发明了新和弦，试图在钢琴上模仿鼓的声音，而且和他爸爸一样，也试图模仿钟的声音。向他爸爸学习，他弹奏一些自己做的或者“找到的”乐器，像母牛的颈铃、哨子、棍子、锉刀、盒子和簧片，他像玩玩具一样用微分音和音簇演奏和弦并最终根据敲击而非声调和弦来作曲。那个从小被训练将雷声、雨声、邻居的口哨声、蟋蟀叫声、警铃和汽笛等声音当作音乐形式的男孩变成了一位了不起的音乐人，他成熟又极为独特的作曲为几代现代音乐家提供了灵感。他或许不是绝对意义上的作曲家，但是他的“和声发现”和“音乐自然主义”都是 20 世纪现代音乐的重要组成部分。

那些将音乐练习局限在一张音符纸上的老师和家长都应该进行反思。学习钢琴或者小提琴不是单纯的再现音调，而是要制造非传统音乐或现代音乐品味的音乐。同样，要让孩子们玩音乐而不是演奏音乐。尝试各种各样的模式能提高作曲和即兴创作的能力。一首由亚历山大·鲍罗丁、柯萨科夫、阿纳托利、凯撒·库伊和李斯特合作完成的著名曲子就是由玩做成的。那些听过《Paraphrases》的人都会辨别出这首曲子基于两个非常简单的主题写成，就像两根筷子一样，即便是完全不懂音乐的人也能学会。鲍罗丁在 1886 年写道：“这首曲子最初来源十分有趣。有一天，贾妮亚（我的养女）让我和她合奏。‘可你不会弹呀，孩子。’‘不，我会弹这个。’”贾妮亚用两只手的食指弹出了图 13-6 中的音符。

图 13-6　贾妮亚·鲍罗丁的“筷子”模式，
由此她的父亲将其变成了著名的曲子《Paraphrases》

她弹奏的音符实际上是一个数字模式：4,5；4,5；3,6；3,6；2,7；2,7；1,8；1,8 等，每组间以奇数增加：1,1；3,3；5,5；7,7，依次类推。它是能想到的最简单的模式，因此要使其有趣就非常有挑战性。鲍罗丁被吸引了，他即兴创作了一首波尔卡舞曲并迫不及待地演奏给同事们听，同事们也纷纷加入，最终合作完成了曲子《Paraphrases》。“我们和不会弹琴的人一起演奏，这十分有趣。最终人们要求我们对外发表这首曲子。”鲍罗丁回忆说。作曲家同行们对这首曲子开的玩笑我们都笑纳了，但是音乐批评家们的评论却太糟糕了，显然严肃的音乐家们能开心地玩音乐并且让非音乐家也能享受演奏的乐趣超过了他们的理解范围。如果不是这样，就是他们极度忽略了一个事实，即所有作曲家都使用简单的音乐模式，你可以从任何一首名字带有“变奏”字样的曲子中得到验证。莫扎特的《C 大调变奏曲》主旋律是“一闪一闪亮晶晶”，约翰・哈尔沃森的《帕萨卡利亚》用的主旋律则来自韩德尔，这是两个最佳例证。

模式游戏和其他种类的游戏一样是跨学科的。莫扎特和巴赫都与音乐做游戏，这与文字模式游戏很像。看看《文字游戏牛津指南》(*Oxford Guide to Word Games*)你就会知道文字游戏的种类多么广泛，又多么有趣。或许，最著名的要数颠倒字母字谜——看一个单词里的字母能够变换出几个其他单词：OWN、NOW、WON；ADOBE、ABODE；READ、DEAR、DARE。词组和句子的字母颠倒也可以实现：“The Morse Code”转换成“Here Come the Dots”；命令“Question！”可以变成一句鼓舞的话“I quest on！”。刘易斯・卡罗尔曾经将政客威廉姆・优尔特・格拉斯顿的名字变成三个不同的颠倒字母句子：“Wilt thou tear down all images？”(你会毁掉所有的形象吗？)“A wild man will go at trees.”(疯狂的男人会撞树。)和“Wild agitator! Means well.”(疯狂的煽动者！本意是好的。)另一种字母颠倒方法是指单词字母倒过来念时会形成另一个单词：TROT/TORT；LIVE/EVIL/；NOW/WON；REED/DEER。(我们还没能找到一个形容这种倒转单词的词汇，或许可以叫 duograms——两个词，或者叫 antigrams——相反的词，这两个大概都可以。)有一些单词(尤其用恰当字体打印的话)甚至能在上下颠倒后形成另一个词，如 mom/wow。这类词是倒转或者变形词的特殊情况。倒转游戏最先是由斯科特・金姆在 1981 年出版的名为《倒转》(*Inversions*)一书中提到的，之后在 1992 年约翰・兰登在他的《文字游戏》(*Wordplay*)一书中又有提及。单词以这种形式书写，从左到右和旋转 180 度后是一个单词。MOW 就是一个好例子，如图 13-7 所示。

图 13-7　Thought（思想）将这个图旋转 180 度后看看是什么样子

同样还可以找到一些单词，不必上下颠倒，从前往后和从后往前都是同一个单词，像镜像一样。这些词被称作“回文”：NOON；DAD；TOT——BOB。和变形词一样，回文也可以应用在句子上。“Madam, I’m Adam”和“Tis Ivan, on a visit”都是回文句。

大多数文字游戏都会在音乐中找到直接类比。回文通常为音乐作曲奠定基础。以巴赫为例，在《赋格曲的艺术》中他用自己名字的四个字母——B、A、C、H 作为作曲基础（在当时的德国乐谱里，B 是现在的降调 B 大调，H 是现在的 B 大调）。这首曲子是有主题作曲中的杰作。另一个例子可在莫扎特的最后乐章 F,K.V.590 弦乐四重奏中找到。在这首曲子里，他用三个音符 A、G 和 F#作为主题。莫扎特很聪明，他以相同顺序重复这三个音符，一遍又一遍，但是因为他每节四个音符演奏 2/4 拍的音乐，所以人们听到的不是三个音符的重复，而是四个音符多变的模式。简单来说，莫扎特用 A、G、F#和 A 构成了回文，又不必改变三个音符为主题的顺序，如图 13-8 所示。

图 13-8　莫扎特的音乐回文

莫扎特还经常使用逆行法（一个音乐术语），是指将音乐顺序倒转后演奏，是和上面提到的变形词类似的镜像效果演奏方法。他真的很有可能是从文字游戏上得到了音乐灵感。乐理家伊曼纽尔·温特尼茨指出，莫扎特尽情地尝试双关、回文、没有意义的节奏、倒转，还有任何其他人能想到的转换方式。他签名时总会签 Trazom 或者 Romatz，而不是 Mozart。他喜欢一些淫靡的调调和荤笑话。他的三声轮唱乐 K.V.559 就包含一段没有意义的拉丁文，唱的时候发音听起来像 bawdy German，这是多么多语化的文字游戏啊。温特尼茨认为，我们也同意，这种文字游戏不仅表达了莫扎特对模式的探索，同时磨炼了他的作曲技能。

许多能用文字和音符玩的模式游戏也能用图像和结构玩。这再一次证实了游戏能够揭示适用于一系列有创造力自然现象的基本原则。“MOW”和“bid”这两个词，将“MOW”旋转 180 度后还是这个词，因此有了旋转对称；而“bid”像照镜子一样，镜像里出现的单词还是“bid”，因此是镜像对称的例子。所有几何镶嵌，像埃舍尔的那些作品，都包含旋转或镜像对称图像，而且结晶学基本是建立在这两种对称基础上的。在讲授结晶学的时候，老师会经常提到摩尔或者埃舍尔式的平面镶嵌。许多自然和人造物体有相同的性质。大多数花朵、海星或者螺母在按圆弧旋转某角度后外表都不会变化。它们和单词“MOW”一样都是旋转对称的。还有一些物体是镜像对称的，你的左右手或脚、一个汤勺、人的身体或者一辆车都是镜像对称。具体如图 13-9 所示。

图 13-9　对映体：自然和艺术中的镜像图像

自然中的物体能够以两种非可叠加的镜像形式存在，称为对映体，其中就包括组成人类身体的众多重要分子。如果想要在实验室中合成这些分子，可能最后会得到相同比例的左右两种对应分子，但有趣的是，我们的细胞只合成其中一种。

所有糖分都是右型的，而所有构成蛋白质的氨基酸都是左型氨基酸。最先由路易·巴斯德提出，人类进化史上未解之谜之一，就是为什么生命体只形成对映体的一种形式。目前为止，人类还不能解释这一现象。或许我们需要探索更多的形式。

毫无疑问，文字游戏、棋盘游戏、音乐游戏、视觉游戏、谜语、玩具和任何能想到的智力游戏都能获得一些多学科技能，知识和概念使人受益。我们从文字游戏中学到的东西能应用到音乐和结晶学里；从卡片游戏里学到的内容可以应用到数据统计和进化理论上；从视觉游戏里学到的则可以应用在建筑和心理学领域。我们为了乐趣而做的事情在应用到现实世界问题解决或者与一些神秘现象形成类比的时候，以我们没有预料到的方式给出丰厚的回报。游戏的唯一困难，而且是很大的困难，就是能够尽可能多地保留孩子般的玩耍。弗莱明、费曼、凯尔德或者莫扎特吸引我们的地方就在于在某些方面，他们从没长大，一直“像个孩子般面对世界”。用赫胥黎的话说，每天，所有事情对这些人来说都是刺激又新鲜的，就仿佛是初次见到。举止、思想和行动的规矩他们不会当回事。用费曼的话说，每个人都培养了一种“有创造力的无责任感”。我们可以从中学习一二。

实际上，我们必须向他们学习。现如今的社会人们玩得越来越少了，一些人，如工程师亨利·彼得罗斯洛和神经生物学家 Yuwiler 都很担忧玩的艺术会逐渐丧失。这两位都注意到他们的许多专业技能都是在小时候拆开钟表、修旧自行车和收音机，以及因为有趣而制作一些东西时学来的。现在的孩子不做这些事情了。有东西坏了，就换新的。我们计划着淘汰一些东西，而不是坏了再修理。小的电子产品拆开后也看不出工作原理，结果导致有些大学不得不给学习工程和科学的学生开设被彼得罗斯基称为“补救游戏课”的课程，学生在这个课里第一次拆开并组装自行车、激光打印机、钓鱼的卷线器或者其他常见物品，并了解这些物品的工作原理。这一课程的设置悲哀地证明了我们的家庭环境和学校教育在培养基本好奇心上的失败。

所以，玩起来吧！如果有设备或者机器出了故障，那就拆开它看看是怎么工作的，即便拆开后装不回去了也没关系。看看这里面哪些东西能用在别处，或者更彻底点，允许自己在一段时间后做一些你被“训练”不要去做的事情：摆弄你的食物，踩进烂泥里等。你可以按字面或者比喻意义上接受我的建议，都没有问题。无论哪种方式，你都必须打破常规习惯、行为、思想和感觉。

要想知道我为什么这么说，你可以读读《与你的食物做游戏》（*Play with Your Food*）这本书，作者是朱斯特·艾尔弗斯。这些独具匠心的图片让我们以新鲜的视角重新认识甘薯、萝卜、辣椒、梨、橙子、洋蓟和一堆其他种类的水果蔬菜。南瓜突然变成了一只鸭子，伸长脖子向着太阳。一堆韭菜再加上豆子做的眼睛和用有颜色食物涂抹的嘴唇后就变成了一群头发蓬乱狂野的人。秘诀就在于要找到某种蔬菜和更大世界里的动物、昆虫或者想象事物之间的相似性，然后再表现出来。这样一来，你看待食物的眼光绝不会和以前一样了。具体如图 13-10 所示。

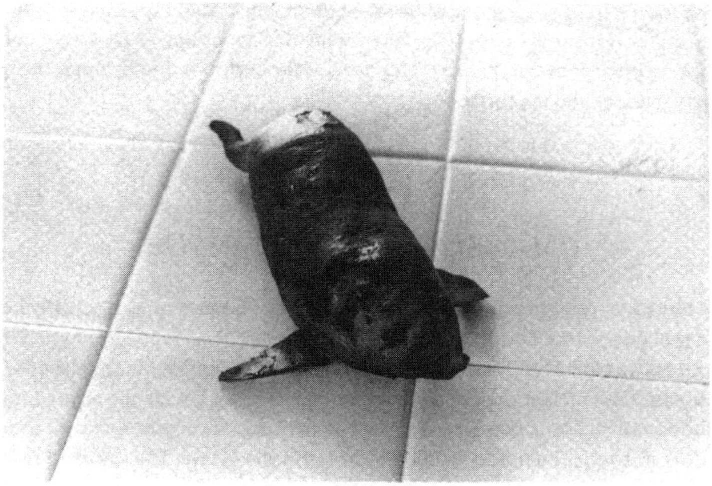

图 13-10　摆弄食物，将甘薯变成一只海豹

如果你很喜欢户外，那就去淋淋雨、和和稀泥，放任你的原始冲动和感觉。1981 年一个年轻名为比路布鲁斯的舞团在一个闷热的天里就这样做了，结果是惊人的。在一个雾气朦胧的排练谷仓里编舞几小时无果后，天气变了，先是下了雨，之后太阳出来，这让身体和大脑都即刻放松了，舞蹈演员们突然停止跳舞玩了起来。其中一个舞蹈演员回忆说，他们走到室外，“在黏糊糊的泥地里行走，在屋顶轻快地跑跳”。在他们没有意识到的情况下，就用动作表达了太阳、泥、雨和雷的形象。他们没有把这当作一次孩子似的玩耍，而是抓住了这个启发，在接下来的 15 小时里不停地即兴创作，编出新的舞蹈。

玩回报给我们的是对直觉、情感和乐趣这些能使创造性见解滋生事物的一种前象征性驱动。当有规则限制的工作不能让我们得到想要的见解或结果时，当传统思想、行为和学科知识成为我们达成目标的阻碍时，玩作为一个有趣而又没有风险的方式给我们提供新的视角，让我们能没有约束地学习，没有恐惧地探索。在我们创造着自己的世界、世界里的人物，创造游戏、规则、玩具和谜语时，也学到了知识，学会了理解，新的科学和艺术也因此而诞生。

附录　钢琴琴键间的微分音

乔治·艾维斯发现实际上有更多的音符，多于钢琴能弹出的数量。钢琴是根据物理学原理发出的声音。如果你取一根振动的琴弦并使其长度减少到一半，那么振动的频率就会翻倍，发出高八度音；将这根弦分成三段，就会发出比八度音阶高出 1/5 的新音阶；把琴弦分成五段则，会发出比八度音阶高出 1/3 的新音阶。标准的大调三和弦（C、G、E）就以这些分段为基础，但如果你继续对琴弦进行整数分段，那么就会得到很多泛音。然而，钢琴音阶并不能完全包含这些音。比如，在降 B 和 A 之间的音由于功能必需性，钢琴就弹不出来。每个标准的十二琴键（C 大调、C 小调等）都需要长短不同的琴弦完成。尽管让任何琴键都能发出这些泛音是一个简单操作，但是如果你想要在一首曲子里进行全键转调或者连续演奏多首全键不同的曲子而无须重新调音的话，那么必须保证一个八度里有 77 个音符而不是标准的 12 个。这样的钢琴就太巨大笨拙了。显然只有一部分泛音能够被纳入一个能操作的乐器里，另一些则被放弃了，而还有一些则在被“调和”后在几个琴键上能基本准确地弹出来。

有趣的是，小提琴家、大提琴演奏家和其他乐器演奏者都接受了通过他们耳朵“调和”琴弦和滑动的训练，然而理论上他们能够演奏出所有这些微分音，因为手指可以放在一根弦的任何位置或者滑动到任何位置。奇怪的是，只有一少部分现代作曲家，像伊阿尼斯·泽纳基斯利用了弦乐器的这个特点并在创作过程中发现了新的音符，并要求演奏者重新训练他们的耳朵和手。

14

转　换

1978 年在坦桑尼亚拉多里沙漠，玛丽・李奇和同事们见证了现代古生物历史上最著名的发现。他们找到了 350 万年前保存在火山灰中足有 80 英尺长的原始人类脚印。最终证明人类祖先是直立行走的这一发现和对其进行的解释是一个复杂有创造力的过程，其间借助了很多想象力工具。李奇的经历展示了怎样将许多不同思维工具综合运用以及为什么这种综合运用是需要创造力的特有的工作。

李奇在她的自传《揭露过去》(*Disclosing the Past*) 中，向我们讲述了她的团队能发现脚印有幸运的成分，这种幸运在科学领域经常出现。她建立队伍的目的并非去寻找原始人遗骸的，而是要探索史前植物群和动物群的特征。而且，三个最先发现脚印的队员当时甚至并不是在工作，而是在玩闹。1976 年的那天，约拿・韦斯特、凯耶・贝伦斯梅尔和安德鲁・希尔正在回营地的路上，"不知出于什么原因，他们三个打闹起来，相互扔起了干燥的大象粪便，当时他们打闹的地方宽阔平坦，有很多大象粪便。安德鲁不小心摔倒了，觉得他倒下的地面很硬，看起来像有古代动物的脚印，还有一些是朝天犀牛的脚印。他的感觉是对的"。希尔让队员们将注意力集中在了这些脚印上，这些脚印后来被证实是迄今为止世界上保存最完整最大的动物脚印（见图 14-1）。

图 14-1　在拉多里沙漠发现的原始人类脚印的痕迹

第二年，也就是 1977 年，当李奇的队伍开始挖掘发现的动物痕迹时，四个不寻常的、看起来和人类脚形状相似的脚印引起了他们的注意。李奇和专家们从未承认过这几个脚印是否具备人类脚印特征，但是原始人类或许在几百万年出现在拉多里沙漠里这一点成为他们的研究期望。这一切在 1978 年得到了答案，地球化学家保罗·艾贝尔“偶然发现了他觉得是原始人类脚跟的印记；腐蚀导致前面的部分看不清了”。再一次专家们对这个脚印是原始人类留下的产生了争议，但是李奇指导着她最得力的工人肯尼亚的 Ndibo Mbuika 在这个地址上进行更深的挖掘。Mbuika 这位谨慎的挖掘者很快发现了保存完好的原始人类脚印。李奇和她的团队获得了巨大成功。

然而李奇团队的工作才刚刚开始。他们手里有的只是身体在三维运动过程中对地面产生的静止，抽象的二维映射留下的遗迹，像杰克森·波洛克的画或者云室里亚原子粒子的轨迹一样难懂。它表现出的动觉过程是什么样的？350 万年前这一串脚印意味着发生了什么事情？步长、脚印的大小和深度似乎是两个原始人的脚印，一个身形稍微矮小，或许是个孩子，另一个高大些，他们两个人在火山喷发的火山灰覆盖了脚印前走过了这片雨水浇过的泥泞路。这个重建也有一些问题。Mbuika 几乎立刻观察出来，身形较为高大的这个人脚印至少有 12 英寸长，这按照现代标准来说十分巨大。如果是原始人的脚印，那么几乎是不可思议的。他们的骨头表明，他们身体不高。还有，大一些的脚印反而没有小一些的形状清晰，这几乎是解释不通的问题。这些反常现象让李奇和成员们感到困惑。1978 年他们用了很长时间通过研究自己的身体行为试图弄明白为什么一个身形普通的人会留下这么大的脚印。是不是脚底打滑导致的呢？或者，人在走路的时候滑动了双脚？他们进行了模拟实验但均以失败告终，无论他们怎样移动双脚，都不能形成像他们发现的那么大的脚印，似乎这些脚印说不通，没道理存在。

这个问题一直悬而未决，直到 1979 年自然摄影师、电影制作人艾伦·鲁特来到了发现脚印的地方，用李奇的话说，“这样聪明的见解居然我们都没有想到”。鲁特记起他曾看到年幼的黑猩猩玩耍时会踩着前面领导者的脚印前进。黑猩猩行为与原始人行为间的这个类比会是李奇等人苦苦寻求的答案吗？事实证明是对的。他们模拟了这个“跟随领导”的游戏，果然能够形成让队员们曾困惑无比超大的、极为模糊的脚印。李奇意识到在几百万年前不是两个人而是三个人走过了拉多里的那片泥泞道路。她想应该是两个成年人，或许一个是爸爸，一个是妈妈，站成一列向前走，而走在最后的第三个人则踩着他前面人的脚印走着并使这个脚印变大了。一个成年人或许是牵着孩子的手走着，所以有时候这个人的脚印会与那个大脚印并排。他们是因为即将喷发的火山发出的隆隆声感到恐惧了吗，还是在雨中寻找着躲避的地方，还是有其他的原因，比如饥荒，促使他们在这里经过？

这些事情仅靠抽象的脚印难以判断出来，尽管它们在后来博物馆对画面进行重建展出时被吸收到画面中（见图 14-2）。

图 14-2　美国自然历史博物馆展出的一幅拉多里脚印的再现图，
大多数科学家认为这幅图的再现并不准确

拉多里脚印的发现和诠释表现了创造性想象一个最为重要的方面。李奇和她的团队在打闹、观察、发现图形和反思的整个过程中运用了立体思维，想象身体运动，进行了模拟表演，形成模式，做了类比，建立了模型才最终将抽象的化石转换成了动觉、视觉和移情之后由原始人类在拉多里留下脚印的图片。即使在这个谜题被解释清楚之后，这些具有想象力的见解依旧被变成图片、绘画、模型、语言和用来检测一些想法以及和别人交流。很显然，仅仅一种思维工具是不够的，现实世界中的创造性工作需要人们能够利用思维工具发现问题，用另一套思维工具进行调查，然后再用第三套思维工具解释问题的答案。

我们将这种连续或者同时使用多种想象力工具并使一种或一套工具作用于另一种或另一套工具的做法就叫作转换思维。许多人会各自采取不同方式合作解决一个问题，就像拉多里脚印研究一样或者一个人可能会通过不同的想象力工具来感受或思考一个问题。至少，如果一个人想将自己的观点变成能解释给众人听懂的内容就需要进行转换思维。在第 1 章中我们讨论了科学家芭芭拉·麦克林托克、爱因斯坦和理查德·费曼，他们视觉动觉形成的图像和移情的感觉必须翻译成语言和公式；作家伊莎贝尔·阿连德和斯蒂芬·斯彭德，他们的灵感来自难以定义的身体感受、感情，以及在剧烈内心挣扎下产生的视觉图像，并要将这些转换成语言形式表达出来；艺术家毕加索和布瑞奇特·莱利，他们的感情或者数学上的模式都无可避免地通过动觉和视觉传达出来。

进一步了解任意一种创造性工作的尝试你就会发现，想法和见解通过多种思维工具转换而来并翻译成一种或多种可理解的语言。李奇和她的团队在脚印研究的过程中所展现的转换思维是每个创造性领域都需要的。设想一下，举一个麻省理工学院教授哈罗德·埃杰顿发明超快速频闪摄影专用闪光灯的例子。埃杰顿想要拍摄一些发生在瞬间，通常快得人眼难以捕捉的动作和事情。普通的照相技术只能抓拍到动作的虚影，但埃杰顿想，如果能够发明一个能发出特别强光的闪光灯，能在一个极短时间内闪很多次，那么视觉的动作虚影就能被分解成独立的可看到的步骤。像之前的马雷和迈布里奇一样，他想要扩展人类视觉和观察的能力。从最开始，他就从观察问题转换到了发明适当的工具上。具体如图 14-3 和图 14-4 所示。

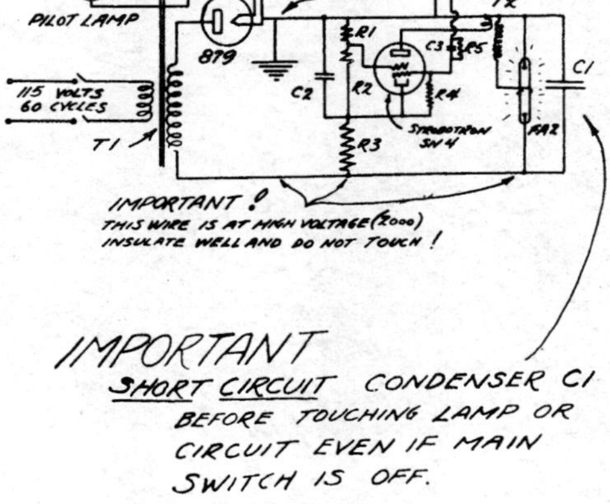

图 14-3　哈罗德·埃杰顿频闪闪光灯装置的抽象图，约画于 1940 年

图 14-4　埃杰顿和他的一些选通装置（1944）

解决问题的答案在电子学可以找到。埃杰顿发现有一种新的电子装置具备他希望的功能，接着他将看到的转换成了一张抽象图，详细地标注了这个装置的每个部位以及连接处。接下来他将这个图转换成了一个可以频繁闪光的模型，这就是闪光灯。在他的研究过程中，包括这个电子设备的另一个系数，镜头的安装以及能在一个宽阔视域内快速闪动的条件等，埃杰顿设计了上百种闪光灯。每次他都要想象胶卷、镜头、频闪闪光灯和拍摄物之间会怎样相互作用，最终，在几个礼拜的实验后得到了美学上最满意的成品，他可以拍摄一组他难以忘记的照片了。具体如图 14-5 和图 14-6 所示。

图 14-5　埃杰顿和博比・琼斯在麻省理工学院的实验室里为拍摄一张高尔夫击球动作的频闪照片做准备（1948）

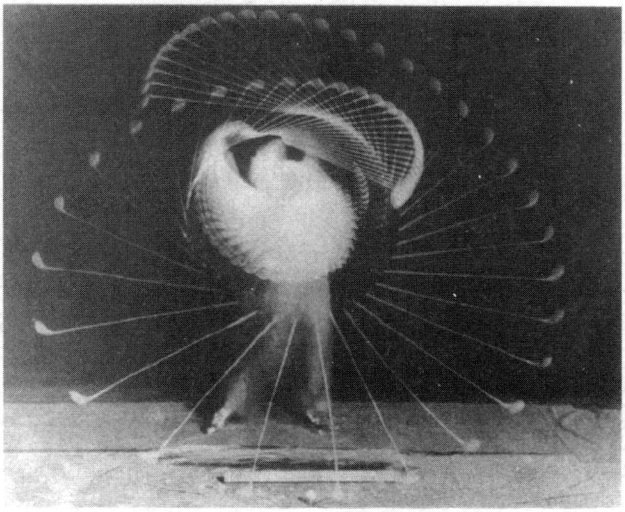
图 14-6　博比・琼斯拍摄的频闪照片（1948）

埃杰顿的发明过程也与艺术家的创造过程有异曲同工之处。克莱斯・奥登伯格与妻子布鲁根共同创作的矗立在内布拉斯加州大学的巨大户外雕塑《撕裂的笔记本》（*Torn Notebook*）就是一个例子。这个雕塑的灵感来自奥登伯格和布鲁根夫妇二人都喜欢用小活页日记本随时记录下的一些想法。当他们不再需要这个本子时就会把它撕开，一分为二，一半的本子还挂在活页环上。对他们两人来说撕成两半的笔记本似乎是象征两人合作的视觉图片，而金属活页环则类比着将两人的工作连接在一起的婚姻和艺术。这个雕塑的比喻意义被进一步延伸到龙卷风肆虐的内布拉斯加平原以及结合了图像文字与过程的创意活动如旋风般席卷而来。

首先开始画图，二人画了水彩草图，用纸和布制作模型，最后将他们的概念用金属制成初步设计的模型，在研究多个模型之后，他们将最终的初步模型交给长期合作者——工程师鲍勃・詹宁斯。詹宁斯将这个模型重新抽象地画成图像，这次附上细节工程和制作计划，接着将这些计划抽象化，形成应力荷载、建筑细节和材料要求的数学计算。詹宁斯的计划接着交给位于纽约北部的 Tallix 铸造厂，在那里建造专家团队把按照这些计划用最终雕塑时会使用的材料制作一套新的小比例模型，以确保雕塑的每一部分都能够按设计制作，而且整个拼装后不会出现预想不到的问题。詹宁斯的计划通过电脑放大比例后，铸造厂按照它们进行打磨、旋转、弯曲、焊接和抛光等一系列过程形成最终的雕塑。布鲁根会研究并监督使用的颜料和其他抛光剂等用来上色以及保护雕塑各部分的材料，以保证雕塑的美学质量。

即使雕塑已经制作完成，还有许多步骤需要进一步执行。他们需要聘请土壤专家决定雕塑最佳的底脚；园林建筑师设计雕塑的布景；灯光专家创造雕塑的夜晚氛围；还有建筑工人团队负责所有初期工作和安装。从一开始模糊的想法在经过类比、视觉化、建模、研究摆弄、抽象化（形成计划和工程计算）和立体思维等众多阶段后才最终进入成品制作。尽管奥登伯格或布鲁根不能单独完成这一系列步骤，但很显然他们也需要理解并能够控制整个转换发生的过程。他们的经历和李奇团队、哈罗德·埃杰顿的经历一样，可以被当作任何种类物体、产品或任一领域艺术制作的范例。单一的想象力技能是行不通的，无论是在科学、技术还是艺术领域。实际上，李奇、埃杰顿和奥德伯格夫妇的工作横跨了这三个领域，这一点我们会再讨论。

大多数有创造力的人都能轻松进行复杂的转换思维。这一思维工具比我们谈到的其他工具没复杂多少。大多数人可能每天都会或多或少地运用转换思维。如果你学习过帮助记忆的技巧，这种技巧就是一种转换思维。例如，一首关于月份的押韵诗“Thirty days hath September/April, June, and November/All the rest have thirty-one/Save February…”（三十天有九月/四月，六月和十一月/剩下都是三十一天/还有二月……），将算数信息转换成容易记忆的语言形式。类似的例子，音乐里一个帮助记忆的口诀，“**E**very **g**ood **b**oy **d**eserves **f**udge”（每个乖男孩都能得到软糖），这句中每个单词的首字母代表着高音谱上从最低到最高的音符。学化学的学生用缩略语“OIL RIG”代表“Oxidation Is Loss[of electrons];Reduction Is Gain.”（失去电子是氧化，得到电子是还原）。19 世纪法国学生编出了一个比较复杂的记忆 π——3.14159…的方法，每个单词的字母和就代表着 π 一个单位的数值：“Que (3) j (1)' aime (4) à (1) faire (5) apprendre (9) un (2) nombre (6) utile (5) aux (3) sages (5)!”（“我多么想教有智慧的人一个数字啊！”）更为复杂的尝试可以用哈罗德·鲍姆的《生物化学家的歌本》（*The Biochemist' Songbook*）（1982）为例，这本书经典地将有活力的生物化学知识和有趣的歌词结合在一起编入人们熟知的曲调中。你听过一次就会牢牢记住，比如他将呼吸途径的知识放到歌曲《共和国赞歌》(*The Battle Hymn of the Republic*) 的旋律中："我的眼睛看到了呼吸链的荣光/每个线粒体都被膜包裹着。"这些例子很幽默地将细节信息向容易记忆、被大家熟知的一些模式进行转换。

一些帮助记忆的方法通过将抽象物通过附加到身体上的方式变得具体、好记。例如，有些人会用动觉记忆而不是顺口溜来记忆月份天数的不同。将你的两只手握成拳头放在身前，两个大拇指相贴，让两根食指指关节相抵。现在从一只手的小拇指关节看起，将它称为"一月"。一月是长月，31 天，由凸起的小拇指关节代表。接着，小拇指和无名指形成的凹处代表"二月"，二月是一个短月，由两指间的凹槽代表。无名指关节代表下一个长月，三月；四月则是下一个指间凹槽，依次类推。注意，从一只手的食指关节到另一只手的食指关节是没有凹槽的，所以七月和八月都是长月。你的身体现在就成为了月份和每月长短的代表。圭多·阿雷佐还发明了一个类似的便捷记忆法，他是 11 世纪的一位僧侣，他的方法用来帮助合唱队成员记住音乐，每个指关节和指间都代表一个音符。新几内亚的一些土著居民不仅用手指和脚趾还用身体的其他部分，像胳膊肘、肩膀、耳朵、眼睛和鼻子等帮助记忆数字。弗朗西斯·高尔顿先生，现代心理学创始人之一，在他的经典著作《人类器官及其发展探求》(*Inquiries into Human Faculty and Its Development*)(1883) 中写道这些帮助记忆的方法十分常见："所有富有想象力的人几乎都是通过一些视觉意象帮助记忆数字符号的。"具体如图 14-7 所示。

有时候当助译转换需要结合不同学科概念时人们会通力合作。几个世纪以来，印度学习音乐和诗歌的学生们为了学会并记住所有节奏音律都会记一个没有实际意义的词汇，这个词是 yamatarajabhanasalagam。如果根据这个单词发音的重音来写的话，可以写成这样 yaMATARAjaBHAnasalaGAM。作曲家乔治·珀尔解释说："这十个音节包含了许多内容。这个单词的发音包含了所有可能出现的长短拍三连音符。前三个音节，ya、MA、TA 的节奏是短、长、长。第二个到第四个音节 MA、TA、RA 是长、长、长。之后是 TA、RA、ja：长、长、短。下一组是 RA、ja、BHA:长、短、长，依次类推。"这样一个简单的单词，当发音正确的时候，浓缩了大量能应用到种种艺术上的模式信息。

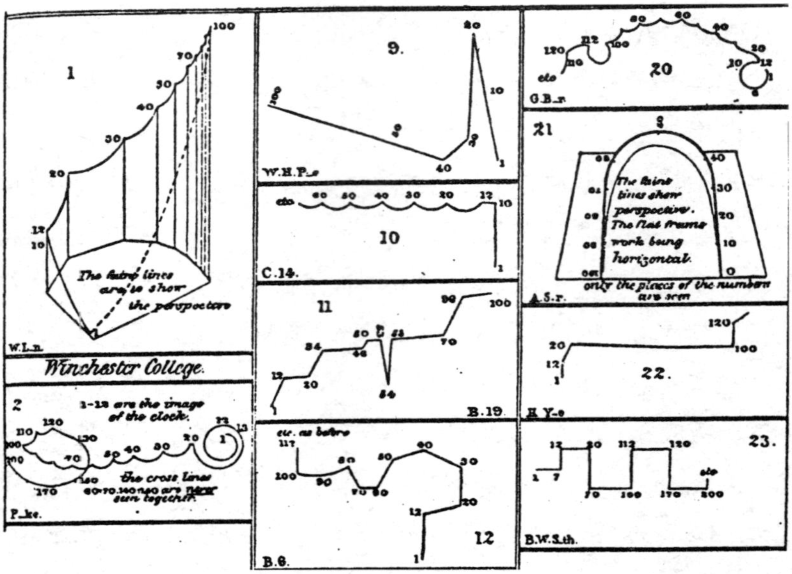

图 14-7　弗朗西斯·高尔顿记录的一些数字形式

珀尔的朋友、数学家谢尔曼·斯泰因将这一转换更进一步。他指出，这个印度单词的基本模式是数字：长音节重读，短音节不重读。然而，要保留三连音信息，并不需要记住组成这个单词的所有音，只要记住节奏就可以了。实际上，只需要两个象征，一个代表长拍子，一个代表短拍子。因此，可以把这个单词抽象化，将每个短音音节用数字 0 代表，长音用 1 代表。那么，就可以把这个单词 $ya^0MA^1TA^1RA^1ja^0BHA^1na^0sa^0la^0GAM^1$ 写成 0111010001。011 代表短、长、长；111 代表长、长、长，依次类推。那么，这个序列可以认为一个二进制数字，可以转换为十进制数字方便记忆：0111010001=（256+128+64+16+1）=465。（如果忘记了进制是怎么回事，请参见本章附录 1。）或者，由于这个数字共有十位数，也可以用手指来记忆，将左手的拇指和小指弯曲，其他三个手指伸直，右手中间的三个手指弯曲，剩余两个手指伸直，从左到右，弯曲的代表数字 0，伸直的代表数字 1。所有这些记忆方法逻辑上和最先的印度单词是一样的作用。

然而更为重要的是，数字序列要比原来的印度单词有更多可能性。设想一下，斯泰因说，运用动觉类比假设这一串数字是一条蛇，蛇头咬着自己的尾巴（见图 14-8）。想象一下这个画面，“蛇”的第一部分 01（它的“嘴”）会与最后一组 01（它的“尾巴”）重叠并形成了一个封闭圆形。尽管这个数字序列这样会失去两个数位，这个圆形仍有可能出现的三个元素组合——无论是音乐拍子、音节重读、数字、抛三枚硬币的结果，不分性别地将三人按性别分组等许多可能组合。这条数字蛇因此是所有可能出现此类信息里最为精简的描述。值得注意的是，这和 19 世纪 80 年代“记忆轮”有着同样的模式。“记忆轮”可以存储一切诸如两个一组、三个一组、四个一组的事物而且形式最为简洁扼要。它能给诸如电报信息到伺服系统指示等一切事物编码，也能解译密码、基因序列等一切事物。转换思维的能量所在，就是能够揭示联系音乐、基因、电报、诗歌、数学或者任何其他学科的元模式。

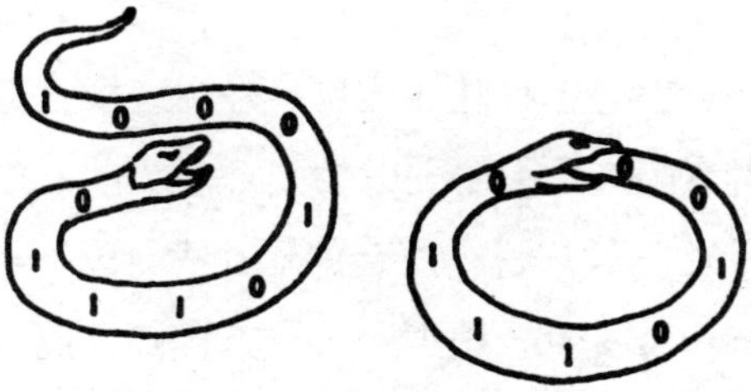

图 14-8　将数字序列 0111010001 想象成一条蛇咬着自己的尾巴，
这个形状形成了一个记忆轮

转换思维实际上模糊了各个领域间的界限，包括数学和艺术间的界限。“需要随时强调的是，”麦克斯・比尔写道，“理智思维是人固有的重要性格。通过理智思维，我们能将感觉价值转换为艺术……因此，即使数学是……物体与物体、小组与小组、动作与动作之间固有的科学关系……这些关系本身自然应该被捕捉到并赋予形式。”比尔所做的最可行的一个转换包含了一个数学事实：1+2+3+4+5+6+7+8=36 而且 6×6=36。他将这个数学模式转换成一个有 36 个正方块的棋盘，六个方块一行，一个方块涂成红色，两个深粉色，三个浅紫粉红色，四个蓝色，五个浅蓝色，六个淡绿色，七个崧蓝绿色和八个淡黄绿色。八个不同颜色方块构成的小组等同于原先的数学算式。比尔在涂颜色前经过仔细思考：四个蓝色方块形成一个正方形；五个浅蓝色方块形成一个十字形；六个淡绿色方块形成一对平行线。每组颜色都是对称的——一个赏心悦目的解谜作品。具体如图 14-9 所示。

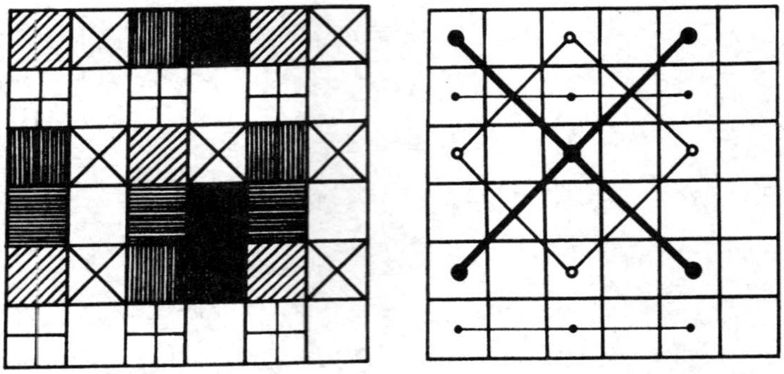

图 14-9　左：麦克斯·比尔的结构图式《1-8》(1955);
右：注意画中相似元素总是对称分布的。你还可以找到哪些对称?

雕塑家诺姆·加博同时还是一位工程师，是另一个在数学和艺术两学科界限模糊化的重要人物。“我确信要想更好更大地发展艺术，数学是基础。”他这样写道。在他众多雕塑作品中与数学进行融合的作品有 1937 年的系列作品《空间中的建筑》(*Construction in Space*)，根据一个立方椭圆体的摇摆运动设计而来。在诺姆·加博的带领下，数学家兼艺术家弗格森也将石头和铜画上了数学等式；艺术家布伦特·柯林斯和卡罗·塞坎将二人拓扑的直觉应用到木头和金属雕塑上；数学家纳特·弗里德曼则尝试了多种不同雕塑媒介 (见图 14-10)。在他一系列大理石印制作品中，纳特·弗里德曼将有限的光滑边长与无限的参差不齐分形线进行了比较。

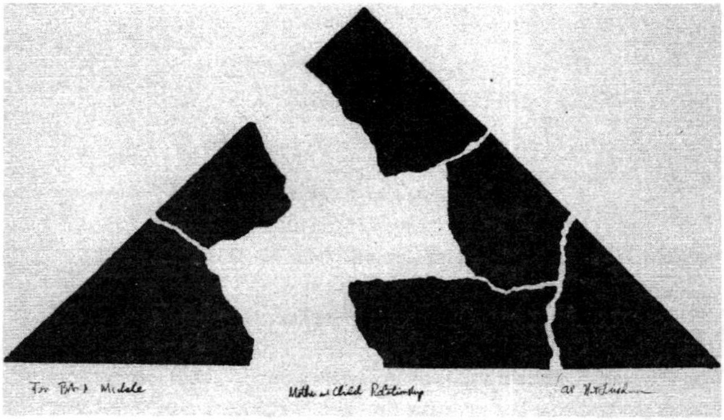

图 14-10　《母子关系》(*Mother and Child Relationship*)，作者纳特·弗里德曼 (1993)，该作品用破碎的大理石印制而成，展现了破碎的大理石形成的不规则边的特性与完美几何切边间的冲突和对比

弗里德曼的《母子关系》被另一个人（米歇尔）进行了语言上的转换：

（进入）

他将一块坚硬的
大理石
摔成碎片

喜爱数学
平滑的面
和参差的边

他将每个
单独的面拼起
成为整体的一个部分

将中心的核移走

（指出方式）

他铺上纸
在浸墨的石头上
印了下来

画上标志
从一个几何结构
到另一个

然后他发现了未知
石头的棱镜中
有一对母子

形成了无限的空间

和李奇团队对原始人脚印所做的图像再现和文字描述一样，弗里德曼作品的类比，视觉和言语转换揭示了互补的协同作用。

这些转换也是交际性的。也就是说，如果 A 能够转换成 B，那么 B 也能转换回 A。用语言表达出的问题能够转换成公式——“如果约翰能在四天里画出一所房子，吉姆能在五天里画出一所房子，那么约翰和吉姆一起画会用几天时间？”——而且公式的含义也能表达成语言：$dx/dt=k(d^2x/dy^2)$ 可以被十分鲜活地转换成一句话“已经流露出来了”。正如在第 12 章中所说的，每个数学公式都有其视觉或者物理形式的对应物。正如理查德·费曼描述的，通过建立视觉模型解决数学问题的“一个计划”：“我不停地想一些例子。例如，数学家会发现一个数学定理，他们都很兴奋，在告诉我这个定理的条件时，我会想象出一种事物，符合这个定理的所有条件。你知道的，有一套（一个球）——解体（两个球），然后这两个球有了颜色、长了头发等，在他们继续说出更多条件时，我的脑袋里就会想出这些来。最后他们再说这个定理，是另一个球的样子，和我根据他们说的条件形成绿色、长毛的球根本不是一个，所以这时候我就会说这个定理是‘错误的’。”

弥尔顿·哈勒姆是 NASA 戈达德宇宙飞行中心空间数据与计算方面的前负责人，他将这种转换又推进了一步，聘请可可然艺术学校专业艺术家莎拉·特威迪等人以最佳艺术方式将卫星测量出来的数据形成图纸和图像以保证能够更好地传达信息。国家高级计算应用中心数学家乔治·弗朗西斯也采用类似的方法，他让由数学家、艺术家和编程人员共同组成小组一起创造并研究复杂公式的视觉化现象。实际上，这种转换已经司空见惯。耶鲁大学政治科学教授爱德华·塔夫在他一系列精彩的著作，如《量子信息的视觉展示》（*The Visual Display of Quantitative Information*）（1983）和《想象信息》（*Envisioning Information*）（1990）中均已指出，各个领域数据都可以转换成各类图表和视觉图像。人们在翻开报纸或杂志或看电视新闻的时候随时都会看到这种转换后的信息。塔夫的著作重点讲了完成这类转换的最佳原则。

转换不仅局限在数学、语言和图像中。费曼将许多公式转换成了声音。等差级数（1、2、3、4、5…）可以转换成连续稳步上升的音阶。几何级数（1、2、4、8、16…）可以转换成声调越来越高的欢呼。他低吟，轻敲，四处走动，将物理世界的概念与能观察和操纵到的身体感觉联系起来。

其他领域的专家也合作完成过费曼为增加对物理个人理解而进行的这些转换。其中，最有趣的数据——声音转换是密歇根州立大学的一组由生物化学家、音乐家和电脑编程人员组成的小组为进一步发展尿液分析而进行的转换。在标准程序中，一台机器会测量穿过尿液的光波波长差异。波长差异能告诉我们这份尿液中每种化学物质的含量。但是有一个问题，这个小组发现许多不同的尿液样本视觉表象十分接近，人眼很难辨别其中的不同。为了发现听觉是否比视觉更好地区分不同，他们将色谱输入电脑中而不是放到档案夹里，电脑在设置了一系列有关信号强度、时间和其他参数规则后将数据转换成可以用声音合成器来阅读的形式。电脑同样将这些声音信号转换成音乐符号，这些符号就可以形成乐谱。结果让人震惊，人们通过听觉听出的尿液分析内容远多于用眼睛看得到的内容。这种将数字数据转换成可听信息对增强模式辨析有着巨大的帮助。具体如图 14-11 所示。

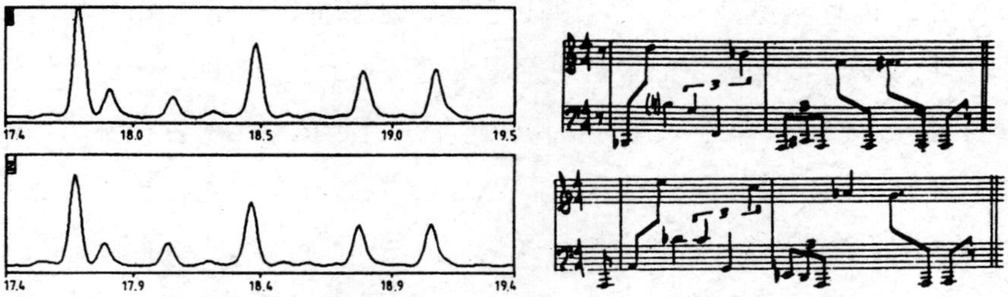

图 14-11　两张尿液色谱（左）看起来基本相同，但当通过电脑转换成乐谱（右）后，它们的不同明显体现出来

音乐尿液分析听起来或许有些可笑，但有两点不可否认：首先，这一科技允许视觉残障人士参与此项研究，没有它，他们无法参与，而且同样重要的是，在很多领域里，听觉观察证实比视觉观察更准确。众多研究人员，比如伊利诺伊大

学贝克汉姆研究所的大野干和斯基德莫尔大学的菲尔·奥尔蒂斯发现通过将基因序列转换成乐谱，在听的时候比看能更快发现相似序列。眼睛单线运行，只能一次看一个模式，然而当听一首音乐时，可以听到不同乐器同时演奏并且能听到乐器共同产生的和声。所以，奥尔蒂斯的 DNA 音乐不仅有基因序列，还能展现蛋白质结构的特点，这些能够同时听到。这种多重意义的传达使“耳朵里的电脑”比“眼睛里的电脑”更好。这一转换带来的影响是许多大公司，如施乐公司和朗讯科技公司（前身是贝尔实验室），以及许多大学都在试验复杂数据库的转换，如经济指标转换成音乐，让分析人员既能听到综合发展模式又能跟进单个趋势。还要注意的是，也有越来越著名的音乐家，从使用数据库作曲的泽纳基斯到苏珊·亚历山大（她的 CD《塞昆齐亚》用来诠释 DNA），他们都在探索数据—音乐的转换。

需指出的是，一个想法或一套数据的不同转换会产生不同的性质和用途。转换越新颖，产生的结果就越惊人。神经学和物理学研究人员都开始进行数据向舞蹈和舞蹈记录法的转换，并且都产生了美妙且实用的结果。

尽管图解舞步可以追溯到史前时期，用来描述复杂身体运动的舞蹈记录法却是近代的发明。今天常见的三种舞蹈记录法有拉班舞谱，由鲁道夫·拉班创造于 1928 年；班尼斯动作谱，由数学家、发明家兼艺术家鲁道夫·班尼斯和他的芭蕾舞演员妻子琼创造于 1955 年；埃许卡–瓦赫曼记录法（1958）。1979 年两位神经科学家，来自以色列威兹曼研究所的伊兰·拉尼和他的美国同事飞利浦·泰特尔鲍姆使用埃许卡–瓦赫曼记录法研究患有神经障碍的动物和人，对他们的行为障碍做了记录和分析，取得了重大突破。他们的分析揭示出被他们称为“自然几何”的用于神经障碍动作恢复的方法。随后，理疗师和运动生理学家采用了班尼斯动作谱和拉班舞谱对病人护理进行了解、定性和沟通，取得了新进展。

伯克利加利福尼亚大学的物理学家马文·科恩是将舞蹈应用于科学研究的另一位先驱。科恩是一位超导电性理论专家，超导电性是研究电流穿过温度极低的金属合金而不受阻碍的物理学。在 20 世纪 80 年代，科恩找到了编舞大卫·伍德寻找研究灵感。用舞蹈演员代表移动的电子，伍德和科恩研究了电子在原子内移动时可能存在的多种状态——成对的、不成对的，对称的、不对称的。科恩把编出的舞蹈称为“电流”，这是一个将数学原理转换为大多数人都能理解的动觉模型的典范。但是他同样把这个舞蹈看成一种物理研究。“我告诉大卫·伍德，如果他或舞蹈演员们想出了新的有序状态或新动作，我十分乐意倾听，”他说，“我们希望他能够提供一些新的想法。”毕竟，如果物理学家能够把自己想象成电子，那么为什么不试着像电子一样运动呢？实际上科恩并不是唯一一个有这种想法的物理学家。1990 年左右，一些法国物理学家兼舞蹈演员同样编了一个超导电性的舞蹈作为研究的一部分。跳舞表现数学算式，同样也能画出算式、雕塑算式或用语言表达算式，都非常自然，而且跳舞的方式能够增强科学家的物理直觉。

从一个形式向另一个形式转换的概念能在任何领域带来新发现。许多人都提出了音乐与艺术的相互转换性，正如保罗·克利的音乐–图像转换一样（见图 14-12）。除了克利（见图 14-13）和约瑟夫·施灵格，大多数人都会将音乐与色彩联系在一起，我们在第 15 章会讨论这种联结现象。但是我们的大脑对颜色和声音的观察迥然不同。正如上文提到的，耳朵里的电脑能够同时注意不同乐器演奏的声音，所以我们听到的是整体的声音综合。这种能够同时注意个体和整体的能力是大多数视觉艺术难以做到的，尤其是用色彩表现的视觉艺术，因为色彩会混合。如果我们在一幅画中画了很多黄色和蓝色的小点，看画的人会看到绿色，即使这些颜色都以十分清晰的点或者像素画在画布上。这个性质也是彩印、彩色电视机和以修拉为代表的点彩派绘画的基础。为了防止颜色混合，需将其大面积地画在显眼位置上，但这样就会只注意到这块显眼位置而忽略了整体。克利想要创造出一种视觉形式，这种形式能使观看者同时看到部分和整体，就像听音乐的人能听见不同乐器的声音，同时也能听见整个音乐的和音一样。

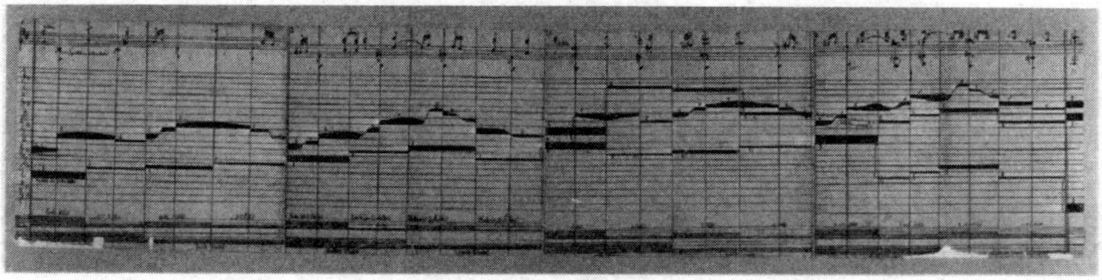

图 14-12　保罗·克利在包豪斯演讲时展示的他将巴赫的部分音乐转换成新颖的视觉形式

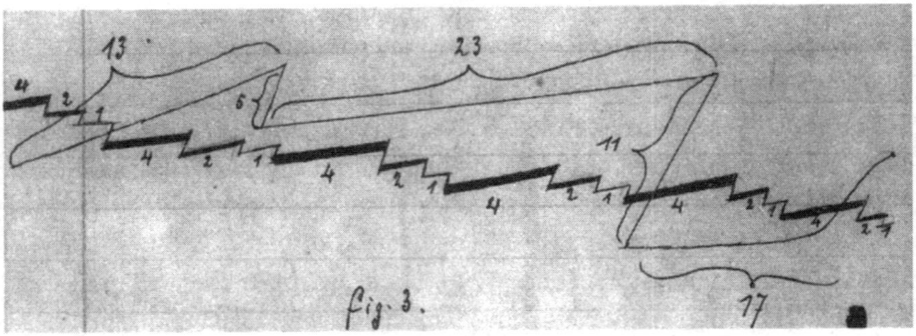

图 14-13　克利画的一个更为抽象的音乐转换

克利在笔记本中记录了他为包豪斯学生演讲的内容。首先他向众人展示了一个简单乐谱的图像，这个图像展现了音调的持续和强度。接着将这个乐谱图像抽象成音调线条，仍旧有些像音乐谱号（但是抽象的）的样子，可以唱也可以演奏，但是也已经可以看成单独的图片了。最后，克利将音符线条转换成纯线条，去掉一切类似音乐谱号的形状。通过使用线条而非色彩，克利发现他能够将创作中的视觉元素进行“混合”并创造出一种复杂模式，这种模式与用来创造复调音乐的模式是极其接近的。在一个五声部的复调音乐中，比如，他画了五种类型的线条，每条线都从不同的角度画，代表五种“声音”（见图 14-14）。这些线条相互交叉形成了模式并且不失其个性。我们能同时看到整个图案并且能够看到组成这个图案的每个部分。克利音乐—图像转换方法中一个令人尤为震惊的方面是图像获得了新性质，这个性质在本来的音乐中是不存在的。音乐只能够随着时间毫无方向感地让人们聆听，但视觉的复调音乐则可以从不同方向或者一组方向以任何速度聆听，因此产生了音乐中不存在的一种关系。

因为对情感、想法和数据的转换并不绝对对等，所以在转换过程中往往会出现像克利这样意外的发现。因此很多有创造力的人都会有意地使用转换思维，将其当作一种创造的策略。物理学家和小说家艾伦·莱特曼在一篇对理查德·费曼的《物理之美》的评论文章中说，作者十分重视同一物理法则的不同公式表达，即使数学上它们是相等的，因为不同的公式会在大脑中形成不同的图像，这样会帮助他们发现新事物。正如费曼所说，从心理上来说，它们是完全不同的，尤其是当你正在设想新的法则时，它们完全不对等。诺贝尔化学奖得主伍德沃德，在他的一本笔记中也提到了一个类似的观点：“尽量多地写出不同的公式，每个公式或许会带来不同的可能性。”莱纳斯·鲍林在一个名为“想法的来源”的讲座中提倡同样的技巧。许多人会提问，他说：“我们由实验或者观察而被迫接受的结论是什么？”相反，鲍林说他会自问：“什么想法？关于这个问题的，尽可能普遍，审美上令人满意的，能被我们想到，而不受限于实验和观察的结果？”最优秀的科学家不会寻求一个答案，而是像克利一样寻找多种答案。（本章附录 2 给出了一个简单的数学例子，表明一个问题可以有多种答案。）

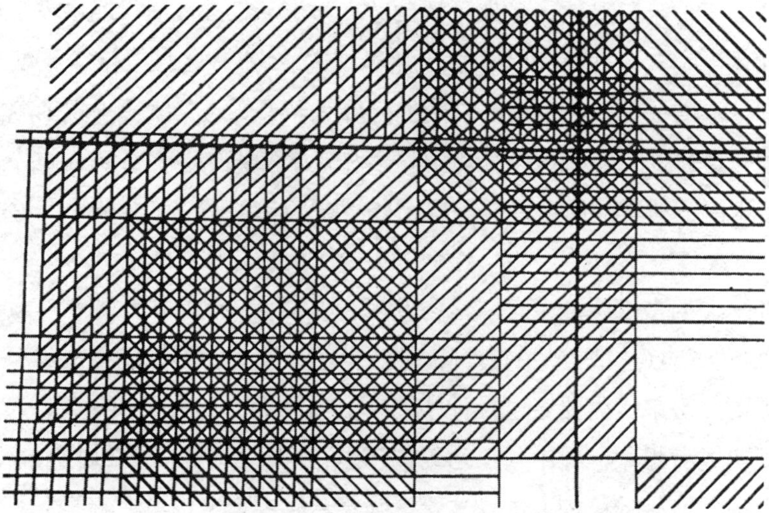

图 14-14 克利将五声部的复调音乐转换成纯线条形式

转换思维也能带来其他益处。一个世纪以来的教育研究证明，通过多模式教育方式学到的技巧和概念要比在设定问题语境中所学应用更广泛。因此转换思维要比设定领域的思维更能产生有价值的见解。而且由于人们有不同的天分和能力，一个想法多种多样的转换比单一的公式能使更多人对这个想法产生联系。罗伯特·伍德，尽管是一位通过数学研究物理的物理学家，却更喜欢用图片研究物理。关于这一点，他的传记作家曾写道，“他觉得他（和许多人）能够更好地理解数学公式”。同样，詹姆斯·克拉克·麦克斯韦，用电磁学法则改革了 19 世纪物理学爱玩的苏格兰人，也推荐“因为人与人不同，科学真理也应该以不同形式呈现，而且都应该被认为是科学的，不论它是以生动的形式、鲜艳的色彩做的物理图片展示还是……以苍白的象征表达方式展示”。

由于转换包含任何想象力工具和学科表达的结合，任何使它们相互作用的做法都可能有益处。一个相关的项目叫作“大脑中的奥德赛”，这是一个全球范围的竞赛，参赛学生需以尽可能多的方式解决问题并表达出他们的答案。例如，通过音乐剧描述获奖模型桥的设计过程，或者通过美术品展现一个机械问题的解决方式。另一个注重转换思维的教育项目是“语言之河”，这是一项每年举办一次的诗歌和艺术竞赛，由前美国桂冠诗人罗伯特·哈斯和一些环境及其他团体人士共同号召举办，宗旨是让更多人了解自然。学生从幼儿园到 12 年级均可参加，交上写作作品或艺术作品，主题是生活区域的水域。“水域”这个词既指河流流经的区域，也指一个过程中不同阶段的分界线。因此这个比赛不仅要求学生探索生活环境，更让他们了解这个环境中科学和技术知识的分界线，通过个人的、语言的、艺术的、科学的或者人文等方面的观察增强对所生活环境的直接、经验式的了解。

公共学校的常规课程也可以包含许多转换活动。戏剧和视频制作就需要很多想象力工具和转换：纸上写的台词需要用情感、动觉和移情的方式诠释出来；表演服装需要画出来，需要经过设计和缝纫；角色需要放置在抽象的多维空间里，是这个现实或者想象世界中一个活动的模型；灯光音响效果需要自然、艺术化并从技术上得到良好的操控，这样才能增强舞台感；人、道具、布景、灯光、印象和录像设备，所有这些，都需要以能够顺利运行的、有美感的方式融合起来。从剧本开始想象并完成上述的一切是一个非常神奇的过程。另外，课程设置中的电脑编程课也可以锻炼转换技能。不论编程人员在研发新的电脑游戏、制作图片和声音或者记录并计算科学项目的结果，这个过程就是一个向抽象语言转换的过程。

许多建筑项目也可强调转换思维的重要性。在耶路撒冷的以色列艺术与科学学院，学生们设计、制作和放风筝。他们通过放风筝能学到空气动力学的知识，还有工程学的基本要求。然而风筝的设计实际上打开了一扇充满合作和艺术可能性的窗口。学会想象，画出设计草图，将设计变成一系列零件供安装，体会并掌握放风筝时的本体感受和技能，并将学到的知识重新放回大脑中的“画板”——这些练习连续使用了任何项目都会需要的工具。接下来还有一些具体的挑战。你能设计的最大的风筝会是什么样？最小又能够飞起来的风筝怎样设计？你的风筝能承重多少？你能设计一个浅碟形状的风筝或者像贝尔那样四面体形状的风筝吗？或者设计一个“雅克的梯子”那样的？汤姆范桑特发明了许多风筝连在一起的风筝，每个风筝都能增加其他风筝的承重，创造出了一个“梯子”形状的风筝，理论上能在空中上升很多英里。做风筝和放风筝接触并转化了多个领域的知识，是学生们在今天以及以后都必须掌握的。

尽管许多转换练习本质上需要多人合作，但也有一些是个人完成的，这主要取决于个人对世界的综合体验。比如，加利福尼亚艺术家露丝·阿默一直从自然取景进行现实的绘画创作，直到有一天她发生了事故导致她不得不只待在自己的房子中。有一次在听音乐消磨时间时，她突然意识到声音表达出了视觉图像，于是她开始画听到的声音。她将瓦格纳、莫扎特和萧伯格的音乐都转换成了“我自己的线条和色彩表达。之后，令我惊讶的是，一位音乐家竟然能说出是谁的音乐表现在了这幅画上”。同样的过程也让格鲁吉亚·欧姬芙着迷，她在一系列绘画作品中，如 1919 年的《音乐、粉色和蓝色 I》系列作品中将音乐转换成“可用眼睛看到的事物”。1998 年在史密森学会举办的名为“看见爵士乐”的展览证实了许多其他艺术家也在进行类似的转换尝试。学校和家庭可以通过安排简单的转换练习来跟上这些大师的脚步。这些练习主要用来解决以下问题：我听到声音的时候能看到什么？我看到事物时听到了什么？光谱艺术听起来会是什么样的？立体派或者点彩派音乐会是什么样子？年纪小的孩子可以尝试莫顿·舒博特尼克的 CD《制造音乐》（*Making Music*）。这个 CD 能让孩子们画一些图片，就像克利设计的一样，通过电脑这些图片就能变成音乐。

不要止步于视觉和听觉。我们都还记得小时候对用香料“绘画”的喜爱。纸的每一部分都涂上了胶水，再把香料小心的粘上去。不同的香料有不同的颜色和质地，所以香料提供的调色盘选择更广泛些，但最大的乐趣还在于嗅觉上。每张香料绘画都是一次嗅觉冒险。你不仅能再现一个特定文化的艺术风格，还能通过选择这种文化中的香料同时再现饮食传统。或者试着用干草或花作画并同时学会辨认，了解它们的生存环境、味道、质地以及美学上的一切可能性。

最后，想象怎样将想法从一种可交流的语言转换到另一种可交流的语言，就像文字转换成图片一样。比如，图像诗就使用文字或者音符，将其分布在纸上形成视觉图像，如图 14-15 所示。

```
  H   H   L          S     E
    E   A             N  S  K
H   X   N   H       S  O   A  S
      A O                W L
H E X A G O N A L   S N O W F L A K E
      A O                W L
H   X   N   H       S  O   A  S
    E   A             N  S  K
  H   H   L          S     E
```

图 14-15　文字诗形成的视觉图像

另一个具有挑战性的转换游戏是在 20 世纪 20 年代非常流行的（似乎已经被遗忘了），叫作诺模图游戏。我们改进了这个游戏，现在叫它“看图说词”（见图 14-16）。文字就是文字图像。用一个单词的字母形成这个单词所代表的含义的图像。字母数的限制和形状限制产生了有趣的设计难题，会改变你对这个词的观察和理解。

图 14-16　看图说词。你能看出每个单词（love, pen, gorilla）的字母是怎样形成其图片的吗？

最后，画谜——用图片、声音或者符号代表单词，或许是最先能够锻炼单词、数字、图像转换技巧的谜语形式了。一个名叫科克罗夫特的中世纪骑士或许可以用一个打鸣的公鸡来代表他衣服袖子上的纹章。我们有邻居将邮筒上写上一个大写字母 D 后面画了一个红心来代表他们的名字：D’Valentine。画谜游戏可以很简单，像解开 I8AP 和 O!G!ICAB!的含义以及解密没有实际意义的车牌照。或者也可以很有挑战性，像解开一套经典的森姆·莱特谜语，如图 14-17 所示。

图 14-17 森姆·莱特经典谜语书中一套谜语（答案：熊和狗）

真正的诀窍，当然在于这些乐趣中找到想象力思维自身的类比。当我们意识到运用转换思维转换想法之后，就已经离运用并控制创造力想象意识不远了。

附录 1 数字进制

大多数数字都是十进制的，也就是说，我们有十位数位——从 0 到 9，我们用这十个数字进行运算。数字是按位数书写的，如个位、十位、百位等。每位的数值都要比右边位的数值大十倍。因此，数字 111 在十进制中是由一个 1、一个 10 和一个 100 构成的。然而，数字实际上是可以用任何进制表示的。在二进制（二进制是广泛应用于电脑计算的）中，只有两位数——0 和 1。数字和十进制中一样书写，但是位数有不同的数值，每个位数都是以 2 的倍数递增的。第一位仍旧是 1，但是因为只有两个数字 0 和 1，所以唯一可能的值只有 0 和 1。第二位是 2。第三位是 2 的平方或者 4。第四位是 2 的立方，或者可以说是 8。因此，111 在二进制中是由一个 1、一个 2 和一个 4 构成的，相当于十进制中的 7。在任何进制中的任何数字都能转换成另一进制中的一个数字。正如上文提到的记忆轮例子，有时候一个进制对于特定的应用要比其他进制更好用。进制间的相互转换也能因此给人启发。

附录 2　单一问题的多重转换

数学家菲利普・戴维斯和鲁本赫斯在他们 1981 年出版的《数学体验》（*The Mathmetical Experience*）中提供了一个多重转换的实例并表明了其重要性。我们将这个问题修改简化后作为例子放到本书里。

假设给你如下的动作指示：通过门 A 从外面进入房间中（I）。门 A 通往两个大厅 b 和 c。b 和 c 大厅都通向另一条门廊 D。D 又通向另两个大厅 e 和 f。e 和 f 通向另一个门廊 G，G 通向最里面的房间 I。那么首先，房子内部是什么样子的？一旦你进入了房间，最快到达房间 I 的路是哪一条？

如果人们能将语言描述转换成视觉图像，就会画出一个非常简单的迷宫（见图 14-18 左图）。这个迷宫非常简单，你能马上看出来进入房间后左转和右转到达最里面房间的路是一样长的。如果迷宫更复杂些就不会如此了，人们可能就要用眼睛来观察并且不断试验才能找到最佳答案。当存在多种可能性时，用电脑来检索大概是最快的方法。但是电脑不能画出视觉迷宫或者理解语言描述，这又是另一个转换了。在这种情况下，每个门廊可以看成一个点，在这个点必须做出一个决定向哪个方向走，每个门廊都是一条连着一个决定点到另一个决定点的线。因此你可以重新画一下这个迷宫，形成一个指导图（见图 14-18 中图）。指导图从逻辑上和视觉上与电脑设计用的流程图都非常相似。这样一个“决定树”图通常使用在工业和军事建模的关键路径选择中。除此之外，另一种数学类型叫作矩阵代数也可以用来描述这一系列选择。通过创造一个庞加莱表——一个数字矩阵，每个点都标注了可选择路的条数（见图 14-18 右图）。这个表能应用于决定选择哪条路才能最快到达目的地。每种转换（语言、视觉、图像和矩阵）都是逻辑上对等的，但是每种转换都是不同大脑采取不同工具选择后的结果。

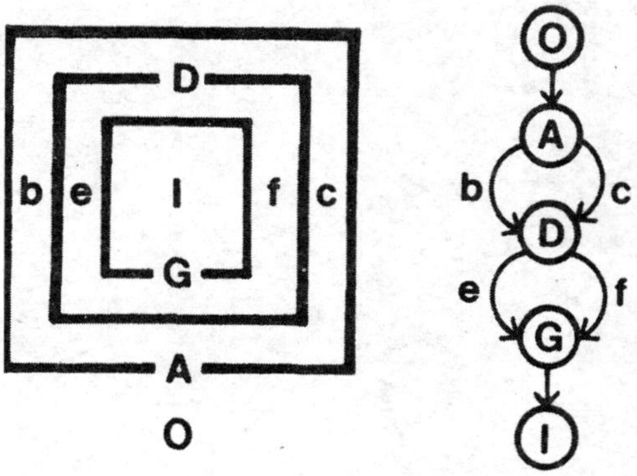

	O	A	D	G	I
O	0	1	0	0	0
A	1	0	2	0	0
D	0	2	0	2	0
G	0	0	2	0	1
I	0	0	0	1	0

图 14-18　三个对等的迷宫，均按照文中描述画出，
从左到右：图表、指导图、庞加莱表或矩阵

15

综　合

转换思维的必然结果就是综合理解、感官印象、感觉、知识和记忆以一种多模式统一方式整合在一起。弗拉基米尔·纳博科夫在他精彩的自传《说话，记忆》（*Speak, Memory*）（1947）中这样描述这种相互作用："我或许太过喜爱最初印象了，我要感谢最初印象，因为它们带我进入了真正视觉和触觉的伊甸园。"通过举例的方式，他叙述了当他还是孩童时一次偶然在林间小路碰到了村小学一位男老师时的感受。在他们相互寒暄时，纳博科夫"同时且同等清晰地"注意到这个男人手里拿着的花、他的领带、流汗的脸、鸟叫声、一只蝴蝶在路中间扇动翅膀、学校里悬挂着的照片在头脑里出现、丢失的计步器还有他嘴里嚼的那根草的味道。"始终，"他总结说，"我都完全而又平静地体味着我自己的多重意识。"

纳博科夫常常将自己这种多重意识形容为与"宇宙同步"。当他的感觉和情感突然相互结合时，他突然会产生一种强烈的和宇宙交流的感觉。在这种时刻，他认为，"科学家能在宇宙的一点看到整个宇宙在发生些什么，诗人能够在一个时间点感受到全部正在发生的事情"。所有的感觉和知觉都无所不知并且这种感受、感觉和知道合成在一起，这就是他具有想象力伟大成就的灵感之源。作为一个接受过正式科学、艺术和诗歌培训的人，纳博科夫做任何事必须要有能同时想多个事情的空间。他的记忆和思想总是多重感官的、感性的和智慧的，而这种以合成方式感受万物也是他写作的风格。

科学家同样用这种感觉–智慧合成的方式体验世界。詹姆士・莱特希尔先生就是一个好例子。作为一位应用数学家和伦敦大学学院的院长，他自学了六种学科，从物理学到工程学（他的主要研究领域）再到历史、心理学和多种语言。然而，他承认最喜欢的还是流体。“流体让我产生一种愉快的感觉，当然我也很喜欢飞行……我的爱好是游泳；我对海洋很感兴趣（海浪、洋流和海潮），所以我也喜欢在游泳时观察这些现象……每周末我都会进行一次三英里游泳来锻炼身体”。他同样参加“冒险游”，一种在恶劣天气情况下在公海岛屿间的长途游泳比赛。他之所以参加这些比赛不仅是因为希望直接体验自然，与沿途的海豹和鱼亲密接触，更想证明自己了解流体的数学和物理学原理。当他年轻时给飞行员做空气动力学条件示范时，突然想到这些飞行员“将他们的生命押在了这一科学的正确性上”。像爱因斯坦就曾将航海当作应用物理学的一种形式，莱特希尔意识到游泳同样可以用来检测他对空气动力学和流体动力学的理解是否正确。他可以分享飞行员的危险，用自己来做实验。“我对海浪、海潮和洋流做了大量研究，我感觉对它们的理解非常透彻，可以在海洋里游泳了，因为用我的理论知识以及大量在这些条件下的游泳实践，我能安全地游泳并享受这一过程中的刺激和冒险……我实际上是为了游泳而使用我对波浪和海潮知识的了解……我不断地估计我的游泳速度和洋流速度以及这些强大海浪产生的漂移力”。对莱特希尔来说，他写的方程式、建立的流体模型和对海洋的物理观察和与其他海洋生物共同感受的感官体验都结合在一起形成了纳博科夫所说的“宇宙同步”。

纳博科夫和莱特希尔描述的综合思维显然超越了正常经验界限，也就是说，我们既感受到知道的东西，也知道我们感受的内容。这种理解取决于一系列思维工具的综合使用。首先，我们将各种感官印象和感觉综合起来，然后把感官综合，以及存在于记忆中的模式、模型、类比和其他高级的心理构想融合在一起。许多有天分的人都通过有意培养对世界的多重感受增进综合理解能力。

有些人，像莱特希尔，主动融入自己的经历中，学会将其中许多方面与通过教育获得的信息结合起来。另一些人，像纳博科夫，则天生就倾向于这种多重感觉。纳博科夫在树林中与老师的相遇激发了很多真实和想象的感觉，在自传中他故意回忆了他的每个感觉并描述了各种感觉融合后的场景。我们用“故意”这个词是因为写作总是一种故意行为，但在纳博科夫这里，一种感觉通常能激发另一种感觉，他总是在听到声音的同时就能看到声音。当读或者看单词的字母时，他就会不自觉地联想到颜色：“英语字母的a……对我来说是枯萎树木的颜色，而法语里的a则是油亮的黑檀木颜色，各种黄色是不同的e和i，d是奶油色的，y是亮黄色的，而u这个字母的颜色则是古铜色中带着点亮橄榄绿的颜色。”

或许纳博科夫对字母和颜色的这种综合感觉较为罕见，但也不是独一无二的，他的妈妈、妻子和儿子都能在读字母时看见颜色。所以照此来说，诗人亚瑟·兰波也是如此，他写了一首描述颜色-字母联系的诗，名为《元音》：“黑A，白E，红I，绿U，蓝O——元音/有一天，我会告诉你，这里的秘密。”其他有创造力的人同样有这种无法控制的感觉间的相互作用。理查德·费曼说在看数学符号中的字母时会看到不同的颜色，“当我看一些数学公式时，我看见这些字母的颜色（我不知道为什么会这样），我正说话的时候就能看见扬克和昂德书中贝塞尔函数的一些模糊图片，浅褐色j、淡紫蓝色n和深棕色x在我眼前四处舞动。我真不知道学生看见我这样是什么反应”。诺贝尔分子生物学奖得主弗朗索瓦·雅各则对整个单词有一种很奇特的视觉—听觉—动作的反应。“porc（猪）和port（港口）有很大的区别，”他写道，“porc被结尾的字母c拉长了，c弯成了接近圆形的样子；port则被结尾字母t绷紧了，t直立的样子像站在码头上的一只鹤……如果有人说perroquet（鹦鹉），如果我想到这个单词perroquet，首先出现在我脑海里的是这些字母纷纷动起来：p跳起来，r则是滚动的，q则是不停点击的动作，之后鹦鹉这个单词才会在我脑中出现。”

对于敏感的人来说，视觉、听觉和许多其他感觉常常混淆在一起。对于瓦西里·康定斯基来说，颜色能激发出声音、动觉感受和许多移情的情感：

> 我13岁或14岁的时候，用攒了好久的钱买了一盒油画颜料盒。当时我的感觉或者更准确地说那些颜色从一管管颜料中冲向我的那种经历至今我还记得。指尖的压力，欢呼的、喜悦的、体贴的、梦幻的、自我陶醉的种种感觉接踵而至，都是这些颜色带给我的——每个颜色都是活的。有时我觉得画笔总是不停地将这些颜色撕裂，在撕裂的过程中发

出音乐的声音，在混合颜色的时候我甚至能听见颜色发出的嘶嘶声。

他还描述过听到某种具体音乐时就会联想到不同的颜色：天蓝色——风笛；蓝色——大提琴；黑色——贝斯。

德国艺术家恩斯特·巴拉赫经历了类似几种感觉的交互作用："我走在路上的时候就在绘画；我能品尝、看到并感受到颜色。"乔治亚·欧姬芙同样品尝并感受过颜色。在她的自传中她回忆当还是个小女孩时："我记得走在回家的路上，满心喜悦。路上的灰尘在阳光的照射下发出明亮的颜色，看起来如此柔软我都想扑到上面去，给人感觉很温暖，满是童车车轮轧出的纹路。我坐在灰尘里，非常享受，或者还吃了些……这种感觉和我后来看到颜料从管里刚挤出来就想把它们都吃了的感觉一样。"作为小提琴家，欧姬芙同样从她看到的事物中听到音乐，她给一个朋友的信中写道："我想象，如果我能用小提琴发出想要的声音，我就用这声音向你讲述今晚的夜空……我将用另一种方式告诉你，今晚，我要用音乐向你讲述，在炭火旁（这个看似活着、可悲的媒介）并歌唱。"有趣的是，梅·萨藤也从一首音乐中找到了小说和诗歌的"关键"。剧作家哈罗德·品特说："我在写作中不断感觉到音乐。"数学家洛尔福·奈望林纳写道："音乐一直陪伴着我，以一种神秘的方式，我觉得很难以理解，但是音乐总在我进行研究时出现。"菲利普·戴维斯和鲁宾·赫什甚至说能听到附在某些公式上的"音乐旋律"。

更常见的是，音乐与颜色联系并受颜色激发出现。艺术家大卫·霍克尼在听到音乐时就会看到颜色，这对设计音乐作品的背景来说很有帮助。"在拉威尔的音乐中，"他说，"某些段落在我看来是蓝色和绿色的。"然而，霍克尼从斯特拉文斯基的音乐中看到的是透明色。"是蓝色和这种透明感让我联想到了做工精致漂亮的 17 世纪瓷器。"弗朗兹·李斯特同样能听见颜色。他被大家熟知的一件事是他告诉交响乐团："先生们，你们能不能演奏得再蓝一些。这个调必须蓝一些。"作曲家亚历山大·斯克里亚宾描述说音乐中激发出的声音——颜色和奥利维安·梅西安一样。当梅西安听到或看到任何种类的音乐时，他就会用大脑中的眼睛"看到""对应出现的颜色，在声音变化时颜色也同时随着移动、混合"。这些颜色再被激发出来时是如此的生动和连续，以至于他将这种听到的和声共振与颜色间的精准对应发展成他自己音乐语言的一部分。

除了视觉或听觉触发联想，感觉的融合同样可以来自其他感官反应，如触觉或味觉。艺术家凯罗尔·施特恩说："当用某些方式触摸事物时，我能看见颜色，常常能看见。通常颜色都很明亮或者发光——蔚蓝色、绿色和各种蓝色在黑色的丝绒般质感背景上。"施特恩在名为"看见形状"的一个展览上展出了自己的绘画作品，这些作品基于她对针灸疗法的视觉反应而创作，当她看针灸时会看到"颜色和形状纷纷出现并四处漂浮和移动"。在她的著作《那个尝到形状的男人》（*The Man Who Tasted Shapes*）中，描述了一个朋友，他在尝了一勺肉盘中的酱汁后沮丧地喊"这鸡肉没有点状"。对他来说，味觉不可避免地伴随着触觉感受，他的身体，或者脸，尤其是胳膊，因为手能感受到食物的重量、质感、温度和形状，会感受到味觉的形状。"我怎么解释呢？……味道有形状。我想让酱汁里的鸡肉是点状的，但做出来都是圆形的……几乎都成了球形。不是点状的，我可不想把它拿给别人吃。"被这种现象吸引，西托威克记录并研究了许多其他奇特的感官内部融合：一个小男孩在听到单词发音时会想到不同的身体姿势和动作；还有一个人的味觉会产生颜色；有人的视觉会产生味道；等等。

所有这些不同的特殊感觉混合的表现都是通感（synesthesia）的形式。"通感"这个词来自希腊语，syn 指联合、共同，aisthesis 指感觉。这个单词的意思就是一种"共同的感觉"或者各种感觉的联合。这种意识上的感觉融合与发生时的强度在不同人身上有不同表现。不能控制这种特性或者感觉融合程度的人很少。西托威克和其他神经学家认为这种无意识、恒定的融合是一种神经学现象（叫作真通感），能进行真通感的人大多是天生的且有这种能力的人，比率少于十万分之一。联想或习得的感觉出现时，人们总是有意识、敏感地意识到感觉印象的同时性、和谐性以及最终融合，这非常常见。

马塞尔·普鲁斯特有一段非常有名的描写，关于一个人在第一次品尝到浸过茶的玛德琳蛋糕后一段非常强烈的回忆，人们多将这段描写作为联想通感的原型。在普鲁斯特《追忆逝水流年》（*Rememberance of Things Past*）这本书中的主角闻到并尝到了蘸过茶的蛋糕后让他回忆起了很久以前早已忘记的一次经历，而且带有非常生动的方方面面的感觉细节。对纳博科夫来说，一段记忆是由一次有巧克力的下午茶激发的。他记得童年的一天，下午茶摆在一个长餐桌上："之后突然，当颜色和线条逐渐清晰了……好像某个门把手被旋开，声音奔涌而来。”伍尔夫还记得很早时候美好的一天“仍旧让我感觉温暖，好像一切都成熟了，蜜蜂的嗡嗡声，阳光普照，还有各种东西的味道，所有这些合在一起直到现在每当我想起来都会让我停下来，非常高兴地停下来去闻、去看”。每个人都有因某些声音、气味、味道或者动作触发一些喜悦或者沮丧的通感经历。这很自然，因为正如在前面章节讨论过的，我们用动觉、视觉、听觉和其他感觉形式或模式存储记忆和想法。当想或者回忆的时候，它们就会回到我们最初经历时的多模式形式。

大概一半以上的小孩子和 5%~15%的成年人都能联想通感。小孩子与成人数量的巨大差别清楚地表明这种强调统一感觉的经验和表达的典型教育方式已经僵化了人早期天生具有的通感能力。“通感是规则。”法国哲学家莫里斯·梅洛庞蒂这样写道，但是他忽视了一些事实，即“我们没学过怎么看、听，怎么说话和感受”。心理学家劳伦斯·马克思和他的同事更为积极，他们认为由于众多孩子都有通感的经历，那么“可能每个人都具有通感的潜力”。神经生物学家西托威克同意这个观点：“我认为通感实际上是每个人大脑具备的功能，但是它只能在一部分形成意识……我们实际知道的比认为的要多。”

如果思维本身就是通感的，那么通过练习可能保持并发展联想通感。非西方文化艺术和仪式都证明了这一点。哲学家史蒂夫·奥丁指出，日本的艺术家和哲学家一直都将通感作为美学体验的最高形式，通感在他们这里得到了极好的发展。传统仪式，像茶道就将烹饪艺术、陶艺、室内设计、园林景观和姿势编排融为一体。茶道有意地刺激味觉、触觉、嗅觉、视觉、听觉和本体感受以这样的一种方式结合，用奥丁的话说：“感觉的界限模糊了，多元的感觉特性（颜色、声音、口味、气味、触感和温度感觉）都融合在一起形成了一种持续的感觉。”茶室以自然的布景设计，园林景观是从自然中抽象而来，减少了对比例的感受而形成了适合冥想的环境。“茶壶发出美好的声音，底部烙铁的精心摆放产生了一种独特的旋律，仿佛能听见云层压迫下瀑布发出的喑哑水声、远方海水击打在礁石上的声音、暴风雨抽打竹林的声音或者风穿过松树和小山发出的飒飒声”。绿茶代表自然中一切有生命的事物，喝绿茶时整个人都浸润在自然的气味、口感、颜色和感觉里。每种感觉聚在一起形成了道家讲的“一”。一位日本著名茶道大师说:“真正的茶艺能调动人所有感觉并达到和谐的状态。”

人类学家玛格丽特·米德也提出了同样的观点,过去和现在的文化艺术都有通感的特性。印度尼西亚或者非洲的习俗都呼吁:“调动所有感觉,中世纪的大弥撒也包含所有的感觉,通过眼睛和耳朵闻到焚香的味道,在队伍经过的时候自觉地跪拜,在圣水触摸到额头的时候自动后仰。要想获得真实的艺术,就必须让所有感觉投入其中。”米德将这些习俗和仪式与如今统治西方世界的单一模式艺术做了鲜明的对比。

然而,米德低估了现代艺术的通感基础。西方社会对通感经历的培养只是不够详细,需要在想象力培养上多加努力,但是也不能说和其他时期或者其他地方相比,通感培养被放在了不重要的位置。斯特拉文斯基相信创作音乐时的物理感觉会带入音乐中,别人听的时候会感受到。他很欣赏巴赫的作品,因为“在小提琴演奏的部分你仿佛能闻到松香,在双簧管演奏时仿佛能尝到簧片的味道”。梅洛庞蒂写道,“塞尚说一幅画内风景的所有味道你都能闻到”。也就是说,“一个人能从画中看到天鹅绒的质地、硬度、柔软度甚至物体的味道”,以及它们的形状或者颜色。‘我的知觉,”梅洛庞蒂说,“必须因此不是视觉、触觉和听觉的简单合计:我的知觉以一种整体方式进行,我的整个身心都在和所有感觉同时交流。”

为了形成这种感觉的综合,许多艺术家有意地将不同表达形式结合起来。诗人兼艺术家卡明斯做了很多不同艺术间类比的笔记,将“意象的一种感觉用另一种感觉表达出来”,以他的诗《我从未去过的地方》(*Somewhere I Have Never Travelled*)最后几行为例:“你眼睛的声音要比所有玫瑰都深沉/没有别的,甚至是雨,能有如此小的手。”摄影师安塞尔·亚当斯和作家南希·纽霍尔将照片和文字放在一起,在 1955 年为塞拉俱乐部举办了一个名为“这就是美国土地”的展览并出版了同名书籍。在这个项目里,“照片和文字是协同作用的关系,照片并不是文字的表现,文字也不是用来描述照片的,我更倾向用‘通感’这个说法,因为两种有创造力的元素一起作用产生了第三种交流形式”。亚当斯在他的自传中这样写道。玛莎·格拉汉姆将凯尔德的移动雕塑加入了她 1935 年的舞蹈“视野”中,也是出于同样的原因。“舞蹈不用来表现移动雕塑,反之亦然,”她解释说，“它们是用来扩大视野感的……是一种空间使用的新意识。”

除此之外，常见的音乐与颜色通感被正式应用到表现力融合的尝试上。17世纪，马泰奥·扎克里尼创造了一种颜色音乐，用来帮助病人更快痊愈。19世纪90年代，华莱士·雷明顿发明了一个键盘乐器能够在音乐演奏时将颜色投影到屏幕上。斯克里亚宾试图在他1922年的作品《普罗米修斯，火的诗歌》(*Prometheus, the Poem of Tire*)中传达他的通感经历，这个作品用管弦乐队、唱诗班和一个控制着挂满彩灯的盔甲的管风琴进行配乐。大约在1925年，拉斯洛·莫霍利–纳吉发明了一种机械舞台，不仅将颜色和声音，还将演员、动作甚至味道都结合在一起，呈现他的《Score for a Mechanical Eccentric》配乐作品。这种多模式的创作是高科技艺术创作的直系祖先，如1983年菲利普·格拉斯和戈弗雷合作创作的《Koyaanisqatsi》，或者1998年《来自巴赫的灵感》(*Inspired by Bach*)系列纪录片，其中马友友重新解读了巴赫的大提琴曲，将其他艺术形式融入其中，包括编舞马克·毛里斯的舞蹈、托维尔和克里斯多夫·迪安的滑冰表演，以及坂东玉三郎的歌舞伎艺术。

或许综合艺术的最佳创新者要数先驱派导演谢尔盖·艾森斯泰因了。他仔细研究了日本的美学理论，尤其是歌舞伎戏院，并从中寻求灵感。正如在一篇解读《忠臣藏》(*Chusingura*)这个最著名歌舞伎戏剧的文章里所说的：“在体验歌舞伎表演的时候，你会不由自主地想到一部美国小说，小说讲述了一个人的视神经和听觉神经被调换了，导致他将光振动当成声音，空气振动当成颜色：他能听到光，看到声音。这就是观看歌舞伎表演的感觉……声音—动作—空间—嗓音在这里不是谁衬托谁的作用，而是作为同等重要的元素一起作用……是总体效果的一元论。”艾森斯泰因的描述同样适用于任何文化中伟大的戏剧和电影。只有当一种体验变成了通感的，我们才能失去自我与其融为一体。这也就是为什么戏剧、歌剧与如今的艺术片，以及全世界流行的摇滚乐演唱会、MTV和商业电影能有永久价值的原因了。

但是除了感觉和美学元素，还有更多其他元素需要这种综合。纳博科夫和莱特希尔都认为，通感和单一使用一种知觉模式相比，人们不仅能在更深层次上体验，更能够深入地理解事物。谈到“理解”这个词，我们要借用赫胥黎的定义。

“知道，”他写道，“是被动的，而理解则是主动使用掌握的知识。”我们的朋友约翰和爱因斯坦的儿子汉斯知道物理学但并不理解它。莱斯利·斯蒂芬逊知道文学但是并不理解文学。一个人必须积极地将感官经历与自己获得的知识结合在一起才能达到理解的程度。

打击乐器独奏表演者伊芙琳·格兰尼毫无疑问证明了这一点。格兰尼很显然是通感的，她用本体感受和触觉描述声音。“你面对的声音可能很高或者有种刺痛感，”她说，“你面对的声音可能是矮的、光秃的或者肥胖的，还有一些声音非常柔和，就像坐在沙发里一样。”她甚至将一个音乐大厅的声音效果用空气厚度给她的感觉来描述。对格兰尼来说，通感不是一种美学装饰，而是她理解世界的方式。尽管她在还是年轻姑娘的时候就已经重度耳聋（虽没有全聋）了，但是她学会了用身体其他感官理解并听到音乐。正如她和丈夫格雷格所写的，“即使有些人完全失聪也还是能听到并感受到声音的”。格兰尼的情况是她对声音的本体感受效果变得极为敏感：“她主要在腿和脚上感受低音，而在脸、脖子和胸的一些特定位置感受高音。”如果你去过摇滚乐演唱会或者音响上有低音炮，你就会体验到这些感觉。对格兰尼来说，感受声音和听到声音没有区别，她也不认为嘴唇动作的视觉观察和她能听到的对应声音需要区分。实际上，她坚持认为“听”就是：“我看到了某件事就是我听见了某件事。如果你的铅笔或别的什么东西掉在地板上，我想那会产生一些声音；因此我用想象力，然后就听见了这个声音。这基本上就是我听觉世界的构成方法。整个都是通过我的想象力、触觉、感觉和所看到的共同完成的。就像这样使用你的所有感觉。”这位打击乐器演奏者积极地用她的大脑创造她的感官世界。

格兰尼的思想和感受融合与那些有创造力人的联想通感一样都很常见。我们在前面的章节里提到过，生物学家韦梅耶说他用他的听觉、嗅觉、触觉和其他动觉代替视觉。同样，马修·波特维尼克的触觉腹语心理学实验（见第 9 章）证实了装有假肢的人在看到别人触摸他的假肢时会感受到这种触摸。海伦·凯勒也说她用触觉和嗅觉来听、来看。她在一首诗中她写道：“我的手激发视觉和听觉/不停地转换着各种感觉/动作联系着视觉，味道联系着声音。”而且，海伦·凯勒反驳了那些不相信她的人。“如果一个又聋又盲的人意识和其他正常人完全不同的话，”她写道，“那么他将不能想象出他们在想什么……但是大脑为那些缺失的感觉提供了一种同等替代物。它一定是感受到了事物的外部与内部间的某种相似性，在看见和看不见之间的一种对应。”

凯勒、格兰尼、韦梅耶和那些掌握了假肢“感觉”的截肢人都在告诉我们：思维，所有思维都包含而且应该包含在我们感觉和抽象知识间的一种协同作用。格兰尼详细地阐述了这一点：“我认为人们仍然将感觉看成分离的，这是错误的。”她说这些话的时候带着明显的沮丧，“这是错误的，我是指所有感觉（当然要给事物命名并分类），但是最终如果我看不见，但如果我能听见，那就是看见了。如果我看见了某个东西但是没有听见，我也是看见了，所以我的眼睛会告诉我这个东西是什么，因此我也听见了。所以，我或许和你和多数人不一样，不会将各种感觉分离，你不能因为失去了听觉就觉得什么都听不见了。这是错误的”。

我们同意这一点。无论人们是否有意识地培养感觉的融合，思维都要依赖于感觉和知识间的联系。尽管我们习惯性地认为每种感觉在感知世界的方式上是不同且分离的，但实际上它们必须整合在一起才能理智思考和行动。亚里士多德在写《论灵魂》（*De Anima*）时理解了，尽管我们区分甜和咸、白和红的能力是靠固定感官完成的，但我们区分甜和白、咸和红的能力一定要在感觉统一在一起的情况下才能完成。同样，我们将红色与苹果和甜联系在一起的能力通过通感的想象力完成，这种想象力通过大脑中的眼睛看到苹果，大脑中的手触摸到苹果的光滑表面并感受到了带有水分的重量，大脑中的嘴品尝到了苹果酸酸甜甜的味道，大脑中的鼻子闻到了苹果独特的芬芳，大脑中的耳朵听到了咬苹果时发出的脆响时，就会同步产生。与常见的错误观点相反，我们都是调动整个大脑的思想者。对苹果味道的正确理解来自眼睛、鼻子、手和舌头的共同作用。任何一个做过课堂味觉实验，将苹果和马铃薯切片在看不到、闻不到、摸不到情况下进行品尝的人都能作证：大多数人都搞不清哪个是苹果、哪个是马铃薯。日常生活中，各种感觉以串联的方式在大脑中同时工作，就像身体和大脑合作使我们能保持动作协调和平衡一样。切断感觉间的互相作用，像苹果和马铃薯实验这样，或者有时候中风或者患有内耳感染后，就会产生混淆，影响判断。相反，通过将视觉的比萨饼图片和巧克力的嗅觉结合在一起误导大脑常常能影响大脑的感觉。大脑和身体不是分离的而是一体的。感觉和理智也不可以分开对待。

那么，我们肯定了感觉对世界的理解是多重的、一致的、多感官的或者“跨模式”的，但还不止如此。我们能写出“苹果”这个词或者说出这个词，我们能画出苹果。如果我们是植物学家或者农民，我们还能流利地说出它的拉丁语名字，列出它在进化中的一系列“表亲”（如野蔷薇），我们还知道它容易长出的害虫有哪些，描述它的营养需求和适宜的生长环境，还能说出一英镑苹果卖多少钱以及许许多多其他相关事情，这些都从一个词或者舌头品尝到的一种味道中得来。这就不仅仅是将感觉融合那么简单了。这是综合知识，将感官、感觉、记忆和理智思维结合起来。所有创造性工作都以此为基础。正如生物学家艾格尼丝·阿尔伯所写的，“当人的大脑高度运转到将感觉和情感与那些分散推理（包括视觉的部分）紧密结合在一起时，就是新的假设自由涌入大脑的时候。当理智与直觉合作形成一个整体时会产生一种创造力，两者分开则不行”。以康德在《纯理智批评》（*Critique of Pure Reason*）中所说的，更简单地解释这个问题，“理智不会产生任何直觉，感觉也不能进行任何思考。只有通过两者结合才能产生知识”。

有创造力的理解这种综合性质的认识很显然并不常见，没有单词来代表它，因此我们建议用 synosia 这个单词，取希腊单词 syn（联合），像 synthesis（综合）一样，取它作为词头，再取 gnosis（知识）或者 noesis（理性或认知的练习）作为词尾，将这两个单词合在一起形成一个新的合成词——synosis 或者 synosia，英语里的意思就是不同形式知识的联合，或者通感知识。但是还不仅如此。在前面我们说过“感觉即思考，思考即感觉”，这一点从纳博科夫和莱特希尔的例子可以得到充分证明。一次偶然遇到了老师并不只是那个时刻得到的感觉印象，还包含了同时出现的记忆和思想；液体不仅是用来喝或者游泳的物质，还是数学表述和工程学的问题；听见和看见不是被动的经历，还需要主动智慧的加入，无论你是否是盲人还是聋哑人；吃苹果不仅是一个感官体验，更向我们的手传达了农业、植物学、化学、物理学和经济学的理解。因此 synosia 是通感的智慧延展。就像通感被认为美学感受的最高形式，synosia 标志着多模式感觉和多途径知道的最高水平结合，并因此创造出了理解的终极形式。因此 synosia 这个词同样可以说是 synesthesia（通感）和 gnosis 或者 noesis 的统一。

Synosia 是成像、类比、建模、游戏和转换的自然及必然结果。尽管个人或团体必须一步一步通过一系列转换定义并创造出新事物，但当整个发明过程结束后，个人或团体是从整个意义上理解这个新事物的。更重要的是，发明者在整个发明过程中将自己与本体感受及诸如兴奋、沮丧以及最终的确认等情感因素都带进来了。玛丽·李奇在明白了远古人脚印的形成原因后，这种理解既是主观的也是客观的，既是分析的也是综合的，既是科学证据也是考古珍宝。费曼将公式转换成绿色和紫色的球以及能看见又能敲击的声学模型，找到了声音的对等物，证明了他对一些数学公式的猜想并找到了所有能想到的类比情况后，他对这个公式的理解和经历是多方面的。奥斯卡·史莱默能将人的身体从空间状态中跳出来、画出来、雕塑出来并写出来后，结合内部剖析、生理学，尤其是心理学和哲学后，他显然能感觉并以每种可能的方式理解它（见图 15-1）。在伊莎贝拉·阿兰德将小说从她身体内部通过大脑展现给世界后，或者斯蒂芬·斯彭德通过他的感情和想象逻辑进行思考后，他们展现的不仅仅是体现在纸上的文字，而是作者与读者之间清晰的感觉和想法的共鸣。

显然，尽管 synosia 这个词是新词，但这个概念却不是才出现的。有创造力的人总会将多种感觉和理解同时结合在一起，常常详细描述自己的“茶道”，那些同等重要、混合在一起的感觉和理智上的问题。艾伯特·迈克逊是第一个测量光速的人，他不仅是一位物理学家，还是一个接受过专业训练的画家和昆虫收藏家，他尤其喜欢收藏颜色鲜艳的甲壳虫。他所有工作的主要动力就是对于光和颜色的喜爱：“如果一位诗人同时是一位物理学家，他就可以将他研究科学问题时的那种喜悦、满足乃至崇敬感传达给别人。我必须承认，科学研究的美学感受也同样非常吸引我，尤其是在研究光的问题上我非常着迷。”有机化学家罗伯特·伍德沃是另一个好例子。他的女儿形容他是一位“化学艺术家”，他设计和建造分子结构的方式非常艺术，伍德沃写道那是“感觉元素”，“它是我对化学感兴趣的重要原因，我喜欢晶体，喜欢它们结构上的美感和构成方式；液体、静止的、蒸馏、喷溅，还有旋转、冒出的烟和产生的味道，无论好不好闻，多彩的颜色，不同形状、大小和功能的发着微光的容器。我仔细想过，如果没有这些物理的、视觉的、可触摸的以及感觉上的东西，我就不会研究和喜爱化学了。”

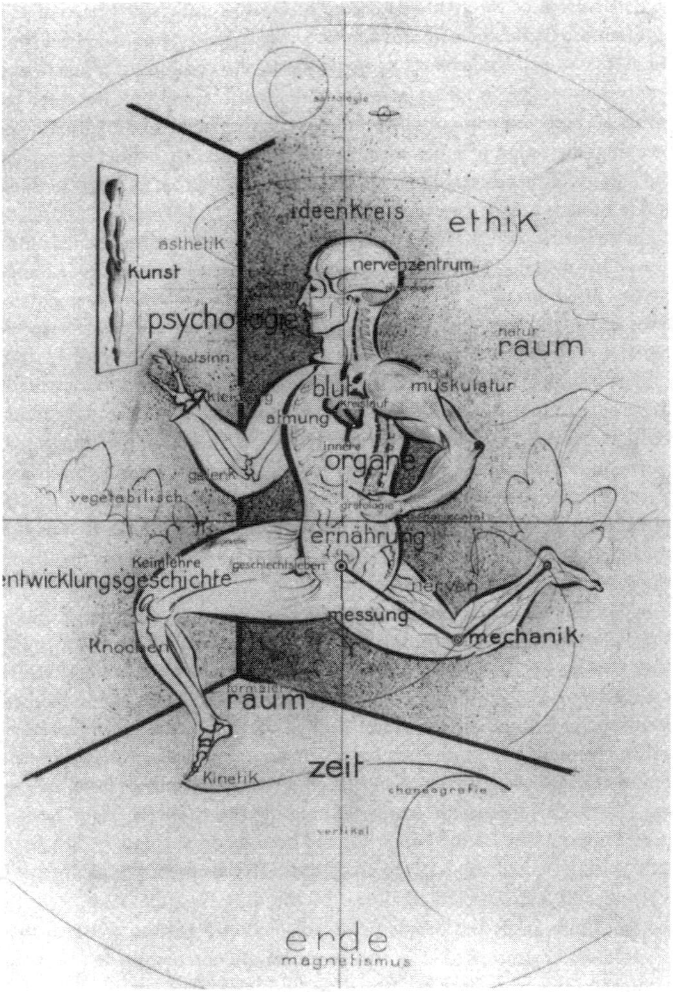

图 15-1　奥斯卡・史莱默的《处在思想中心的人》(*Man in the Sphere of Ideas*)(1982)，将人的身体放在空间、时间、星球、地球、科学、艺术、编舞和想法的交汇处，由身体肌肉、机制、器官、感觉和心理综合在一起。要想创新，史莱默说，人们必须理解这些元素是怎样协同工作的

戴斯蒙德・莫里斯对这种感觉和理智同时作用形成理解的经历做了最为详尽完整的描述（见图 15-2）。首先，如第 10 章所说的，他会变成研究的动物："我像我正研究的动物一样思考，不管是什么动物。如果我正在观察一只蜥蜴，我就是一只蜥蜴。如果我盯着水里的梭子鱼，我就成了一条梭子鱼。"他还从视觉上对这些动物进行分析并回应，作为艺术家和科学家同步研究动物的习性：

当我看到一只鸟的喙上有一个红点，我知道这是一个很重要的视觉标志。作为一位科学家，我了解到这个红点是视觉刺激的功效，我研究并分析它的作用，与此同时，我同样对这种夸张的“红色”和“点状”特质产生了主观感受。无意识的联想出现了——红色、火、危险、血、戏剧化、固定的、明显的、注意点、眼睛、太阳、洞、孔口、点、句号。视觉回声、象征的对等物、替代物等都开始运行了，但我从没有意识到正在发生些什么直到最后完成了绘画。我画画的时候就好像身处梦境，好像我正在幻觉里。真正的创作时刻就好像看着一个梦在你眼前慢慢展开。

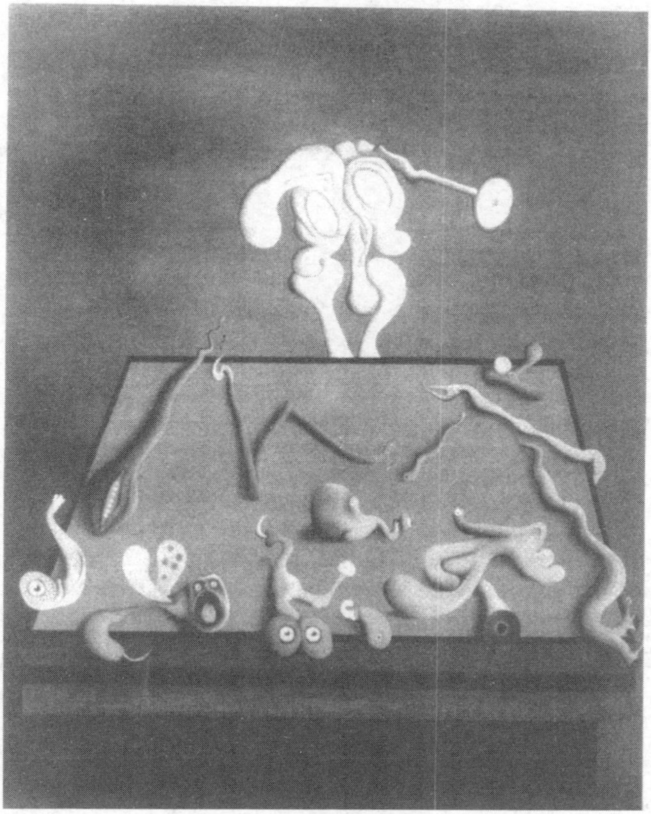

图 15-2　《失明的钟表匠》(*The Blind Watch Make*)，作者戴斯蒙德·莫里斯（1986），是理查德·道金斯关于进化同名书籍的封面，展现了莫里斯同时作为艺术家和科学家探索自然

尽管莫里斯是超现实主义画家，从大脑中提取自动形成的图案进行创作，但是他的艺术探索从没远离过对生物的理解。“我的作品中鲜有与外部世界中某个物种类似的形象，但是潜在的自然形式规则还是存在于其中。比如头部集中化，一个生物体逐渐变成了一个头的过程；或者切割，身体被分成了重复的一个个单元；或者异速生长；或者细胞分裂；或者分叉；或者多形态等。我在绘画时都会注意这些过程。”莫里斯能在艺术的想象世界中探索这些过程带来的结果，并且因此能够比简单研究现实世界存在物种更为完整和多样化地理解它们。“在画我想象中的生物体时，我能够操控我的作品，通过夸大的方式强调一些元素并压制其他一些元素，这也是自然界会发声的一个过程——食蚁兽的鼻子和豪猪的刚毛在进化中被夸大了，而蛇的四肢和猿的尾巴则被压制了。作为一个画家，我能遵从同样的大趋势，在每幅作品中用我自己的规则创作。这样我能进化自己的动物群。”

换种说法，莫里斯用想象的生物体（他将其称为 biomorphs）进行思想实验。许多人可能质疑这种幻想与现实是否统一，尤其对于科学家来说，但是让我们不要忘记 Francois Jacob 说过的话，科学是“一个游戏……科学家不断发明可能的世界，或者一部分可能的世界，然后拿来与现实世界进行比较”。莫里斯的艺术梦境描述了宇宙可能的样子，然后可以拿来与我们所知的宇宙进行比较。结果就像莫里斯说的，一种知识形式传递到任何其他学科中：“想象和分析，作为艺术家和科学家……必须同时具备这两种能力。”这就是通感与理智结合思维的最佳状态。

实际上，这种综合的知道是所有创造性人才想要在工作中得到以及想要从其他人工作中找到的。斯特拉文斯基清楚地理解 synosia 的概念，他说：“如果我感受不到演奏者将他的感觉、心理和智力上的工具和功能展现在音乐中的话，我就不会对这首曲子感兴趣。”他甚至拒绝听录制的音乐，声称音乐的动觉表演和听觉效果同等重要。艺术家奥特·皮那强烈地感觉到“大脑，也是真实的身体，而身体，也真的存在于大脑中，不要让我们把它们分开对待……能用身体包围大脑、用大脑移动身体的人，能感受到这个永恒的时刻，这个天堂般现实的人，为了自由地穿行太空，这个人的身体里必须有个天堂”。乔治·贝洛斯同意道：“理想的艺术家是无所不知、无所不感、无所不经历的，并且能用好奇的精神记住他的经历并从中汲取创作的灵感……他用一切可能的力量、精神、情感、意识或者无意识达到最终目的。”

当我们看这些有创造力的人如何描述他们艺术或科学最高形式的特性时常常会发现他们在这些想法上进行了扩展。罗伊·富勒写道：“舞蹈是光、颜色、动作和音乐，观察、直觉和最终的理解。”阿龙·科普兰感觉到要创作一首音乐或完整地欣赏一首音乐，一个人必须同时建立三个层面的意识：“(1)感觉层面，(2)表达(感情)层面，(3)音乐(智慧)层面。”剑桥大学诗人亨认为这三个层面同样适用于文学创作。他说，所有文学和诗歌“都想要表达一种想法和感情的独特融合，通常是在意识边缘或者无意识的情况下”。理查德·费曼给物理学增添了诗意，批评了那些片面而非整体体验世界的人：

> 诗人总说科学掠夺了星星之美——星星只是一团团气体原子。我同样在沙漠的晚上观察星星并感受它们，但是我看见的就比诗人看见的少吗？天宇的广大延展了我的想象——坐在旋转木马上我小小的眼睛能看到100万年前的光。一个巨大的模式——我也是其中一部分……这个模式是什么，或者什么含义又或者为什么存在。了解一点它的知识并不会破坏神秘感，真实要比过去任何艺术家想象得更为神奇。为什么现在诗人不讲述这种真实？为什么能说朱庇特的人才叫诗人，而能描述那巨大旋转的甲烷和氨气构成球体的人就要沉默呢？

对费曼而言，渴望穿透并理解宇宙的秘密只有将我们感觉到的和知道的统一起来才能达到满意的效果。多层面建筑师、工程师和教育者沃尔特·格罗佩斯，正秉承着这种综合思维建立了包豪斯学院。“在艺术作品中，”他写道，“物理世界、智慧世界和精神世界的法则需要同时运作和表达出来。”真正的教育在他看来会训练大脑、身体和精神去追求这种综合运用的状态。而现代生活和教育的挑战就在于将绘画和物理、艺术和化学、音乐和生物学、舞蹈和社会学，还有许多其他可能的美学和分析知识整合在一起，培养人们能够感受到知道的并理解感受到的。费曼认识到科学家不能只靠思考来研究科学，而是要去感受世界；格罗佩斯意识到真正的艺术家不能只凭感觉进行艺术创作，还要了解这个世界。两人共同追求的就是对这个世界的主动理解，这也是创造力的核心。那些希望理解并教授科学或者艺术的人需要首先再现感觉和知道二者的统一。

我们将用一张图片结束本章，这张图片很好地总结了通感和理解合一的教育需求，是现代以来对“宇宙同步”的最佳体现。这张图片不是一幅艺术作品，尽管看起来很像，或者可以说在无意识的情况下，这张图片就成了一幅艺术作品。它是一种模式，经过视觉设计的一系列逻辑关系，也是一个数学计算。它是一个电脑芯片的图片。它具备一个艺术作品的特征，这一点并非偶然。从整本书中我们已经注意到，每个逻辑关系都有视觉对等，每个拓扑物体或谜语都有电子和逻辑的转换。但这里却有一个没有意料之外的联系：电子芯片是将蚀刻和丝网印刷技术应用到含有铜和金的硅涂层元件上制成的。芯片最初在很大的纸张上设计出来，用摄影的方式缩小后制成片状物，用来蚀刻或将材料电镀到硅晶片上（见图 15-3）。

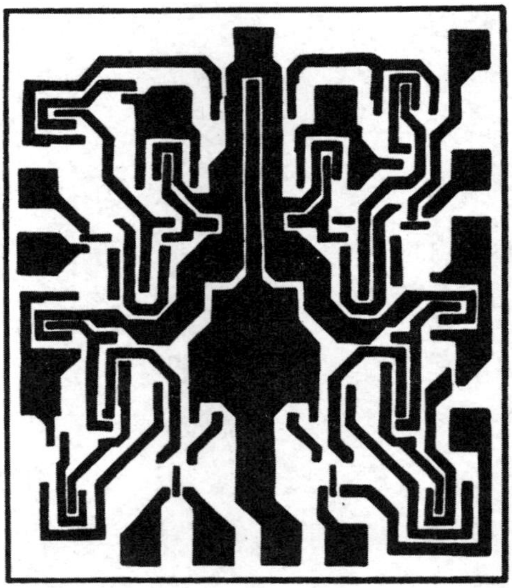

图 15-3　艺术、逻辑或者两者兼具？电脑芯片设计图

这就是现代文明的开端。逻辑是需要复印出来的图片，就像艺术图片一样。目的和材料或许不同，但艺术、科学和技术间的联系却和文艺复兴时期一样紧密。要理解这个时期的进步，人们必须观察数学公式、逻辑建构、模式、视觉图像和操控艺术媒介，使其转变为电子发明技术过程之间的联系或者找到类似出乎意料

不同思维工具之间的联系。只有那些为这样启发感到兴奋的人，才有欲望创造下一个合成物。

我们极度需要综合性头脑。今天世界面临的主要问题都不能简单归到一个学科里或者仅仅通过分析、情感或者传统就能有效解决。创新总是跨学科、多模式的。未来因此取决于我们通过结合所有方式的知识创造综合理解的能力。意识到这一点，皮特·蒙德里安呼吁“新人类”的出现，他们能将对外部世界观察和分析与内部世界的感受和情感融合在一起："他将能准确区分一切外部事物并将永不停歇直到将外部的一切转换为内部和外部表达的统一。”奥利弗·萨克斯呼吁研制出一种将内部和外部结合的神药，“我”和“它”以一种类似通感与理解并存的方式存在：

> 这种药物，或者手术，或者恰当的物理治疗程序，要用来矫正病人错乱的身体机制。科学药物的功能就是要矫正“它”，艺术，这种活着的接触，这种存在的药物功能是要使潜在的意愿，这个中介，也就是“我”的出现，找到它指挥和协调的力量，使其重新获得领导权，再一次统治世界——因为最终的统治和统治者，不是秤杆或者钟表，而是对个人“我”的测量。这两种形式的药物必须一起使用，共同存在于身体和灵魂之中。

适用于艺术和医学的同样适用于工作于各领域的人，生物学家、哲学家、艺术家和艺术历史学家沃丁顿这样说。在他 1972 年所写的极具前瞻性的《生物学与未来历史》(*Biology and the History of the Future*) 一书中，他说："世界上面临的严重问题需要所有人，男人和女人共同解决，而不是那些只想当技术人员、科学家或艺术家的人。当今世界，你必须全能，否则你就是无能。”巴克敏斯特·富勒同意这个观点，在他的“面临危险的人类”(Emergent Humanity) 一文中警告道，在进化中“过度专业化导致灭绝。我们需要哲学家、科学家、艺术家这种全能人才，而不仅仅是高级技师”。

如此多杰出的、来自不同学科的人呼吁同样的需求，我们有必要也有责任倾听他们的呼吁。Synosia 不是理想国，不是白日梦，而是必需。

16

综合教育

我们已经对创造性思维进行了梳理，并重新整合成对创新的综合理解，那么，接下来就要求一种新的跨学科的综合教育的出现。

我们对那些创新型人才心灵和大脑的探索证实，需要鼓励人们发挥想象力并通过对一些思维工具的练习和对通感与知识综合理解的渴望来训练人们增加想象力。显然，这些元素在今天大多课程中都是缺失的，但将思维工具和综合理解加入学校教育并不需要对现有课程做出很大变动，也不必改变教学的内容。综合教育只要求我们改变教学方式，把八个目标记在心中。

第一，除了教授各科基本知识之外，我们必须加强一般发明过程的教学。教育的目的应该是理解而非知识记忆；教育的重心应该是主动学习的过程和创造的过程而非被动获得事实。正如在第 2 章中提到的，仅仅知道文学或者物理学原则却不会使用的情况是存在的，然而一旦会使用这些原则就一定理解了这些原则在自然和人类社会中如何发挥功能。积极的理解包含被动知识并以被动获得的知识为基础。学生必须不仅对有创造力理解的产物，如小说、诗歌、实验、理论、绘画、舞蹈和歌曲等进行分析，更要进行复制和模仿，进而了解这些发明创造中的感觉和综合理解的过程。

第二，我们必须教给学生创新过程中必需的直觉和想象力的技巧。我们说过，每个领域的创造力思维都是从非逻辑非语言的形式开始的。思考即感受，感受即思考。每个人都应该在很早的时候开始不间断地接受视觉、听觉和其他身体感觉方面的刺激并学会怎样有想象力地再现感觉图像。每个人都应该学会将关联的感觉混合并融为一体。每个人都应该探索身体的感觉和感情。每个人都应该学习抽象、类比和移情，学会转换，学会将直觉地知道这种形式转变为语言、数字、图片、动作和声音。在一些情况下，感觉是视觉艺术、文学和音乐最自然的交流工具。确实，人文科学中艺术教育很重要，因为它们能为许多思维工具提供最好的，甚至在一些情况下，唯一的锻炼方式，既在想象力方面，也在表达方面。这就自然引入了我们要说的下一点。

第三，我们必须施行多学科教育并将艺术教育放在与科学教育同等重要的位置。艺术和科学总是相互作用并取得丰硕成果，这一点却总被人们忽视。从幼儿园开始一直到大学，每个学生都应该像学习科学、人文学科和数学一样深入学习艺术。这一方法会扭转目前整个国家范围内艺术在大学和中学中被边缘化的现状并使其成为同等重要的第四大学科。艺术不仅是个人表达方式和娱乐，它们，正如我们前面证明的，和医学或者数学一样也是有活力的学科，有自己的知识体系、技术、工具、技巧和哲学。更重要的是，由于艺术中使用的想象力工具对人文学科和科学都很重要，所以艺术教育应该被支持，不仅是为了艺术本身，更是为了整个教育发展。数学、科学和科技取得伟大成就的时期和地点多半伴随着艺术的繁荣发展，在未来，它们也将共同繁荣或共同凋零。

第四，我们必须在课程中加入通用描述和创新语言。我们没有必要再继续教一些只能不断分裂知识、培养所谓的专门人才的课程，也不能继续让学生学习无法跨学科沟通的人文学科或者科学课程了。教育必须重点把握知识树，揭示出这棵树的树干、枝杈和叶子怎样从一个核发展而来。思维工具从这个核心产生，提供一种通用语，在不同领域的实践者都可以用这种语言分享创新的过程并发现创新活动之间的联系。当所有课程用通用语来教授，学生才能开始将不同学科、不同课堂联系在一起。如果他们上的是抽象的写作课，学习的是抽象绘画，从历史文本或生物实验中抽象出信息，在所有课程里都有一课讲的是抽象如何如何，那么他们就会理解怎样跨越学科界限进行思考了。他们看到了思想是怎样从一种概念和表达转换到另一种的。当术语和工具作为普遍想象的一部分呈现在学生面前时，那么将不同学科联系起来就是很自然的习惯了。

第五，我们必须增加学科学习的跨学科课程。仅有通用的创造力语言还不够，一个世纪的教育研究表明：如果讲授的知识能普遍应用而不仅针对一个问题的解决方法，学生能更好地记忆和应用所学的知识。老师应该忽略“艺术”“音乐”或者“科学”这些把知识放到单独盒子上的标签，而应该着重探索怎样将同一种材料灵活地运用在不同学科中。目标是帮助每个人能同时作为艺术家和科学家、音乐家和数学家、舞蹈家和工程师进行思考。一种训练大脑在一个领域进行有创造力的想象也会为在其他领域进行有创造力的想象打好基础，因为思维工具和灵活的知识都可以转移。

第六，我们必须在课程中介绍那些成功跨学科进行创造活动的人和事例。最好的学习方式就是观察别人怎么做并以他们的技术、洞察力和过程为模型。本书中有很多这类人的例子，他们都以新的方式整合知识并描述了怎样掌握有想象力的技巧以及如何创新。这些例子应该放到每个课堂、每个学科、每个年级中，用以激发发明、模仿和创新。只有让学生看到这些人的样子，知道他们的创新过程和世界，学生才能认识到自己也可以用对未来的视野参与到创新的行动中。当学生看到这么多在各领域的发明家之所以能创新，是因为他们将不同学科的思维工具和概念融合到一起，学生就会理解也渴望这种综合教育了。

第七，为了让更多学生理解，各个学科应该将想法和概念以尽可能多的形式呈现。仅仅一种想象力技巧或者创新技术不会适用于所有人。直觉方式和逻辑方式同等重要，分析的、代数的大脑也不比几何的、视觉的大脑或者动觉的、移情的大脑优越。每个想法都能够并应该被转换成几种同等的不同形式，每个形式都有不同形式的表达并使用不同的思维工具。学生理解一个想法的方式越多，理解得就越好。他们能够表达自己理解的方式越多，那么其他人理解并欣赏他们观点的机会就越大。

第八，我们必须实行试点教育，旨在培养有想象力的全才带领我们探索未知未来。每个新奇的想法都会带领我们进入一个新的领域，有创造力的人必然是先驱者。先驱者使用的工具和技术是最前沿的，不会单一化，也不会狭隘，而是基本的、普遍的、可以调整的工具。先驱者还必须有适应力强的头脑，这样适用于所有目的的发明技术工具盒才能使他们发现和定义新知识。

这一新知识是什么，我们只能猜测，还有待探索和发现。正如赫胥黎在去世前不久说的，我们现在所知的是未来能够并将要知道的一小部分。他说："科学的纯语言或者文学的纯语言将永远不能充分描述这个世界的给予。"要想扩大对这个世界的理解，就必须开展多种有创造力的想象行动。正如生物学家约翰·雷德·普莱特中肯所说的："声音和音乐符号不能完全代表世界上存在的所有声音；绘画、雕塑和建筑也不能表现视觉空间的表面；我也不确定数学符号是否能表示出所有生物逻辑的形式。我们正准备，去创造哪些新符号？有颜色的风琴、芭蕾拉班舞谱或其他符号，这些都需要新的人才和新类型年轻才俊的出现。"那么，到底是哪种新符号呢？不过有一点是确定的，新符号一定是出人意料且令人惊讶的，以赫胥黎的观点来看，它们只有在人文学科和科学、艺术和技术"共同进步"时才会出现。

共同进步是指沃丁顿在他的《思想工具》（*Tools for Thought*）一书中说的，"一种比我们通常认为更深入的一般性"。它是指，正如沃丁顿的同事、生物学家钱德勒·布鲁克斯写的，"在我们的教育尝试中，或许总是从宽度上考虑专门，而非细节上"。我们必须抵抗这种将学者按不同学科分类的教育理念，必须逆转这种很早开始就狭隘地将学生兴趣及活动专门化的趋势。因为如果仔细研究那些产生了很多伟大艺术家、科学家和发明家的年代，就会发现，尽管他们在年幼时就在未来取得伟大成就方面产生了激情和兴趣，但并不是以一种直接的学科区分方式发展的。下面我们举四个人的例子，他们很早开始倾向于某个领域，然而少年时过度专门化的兴趣与活动却可能阻碍了成年时的成就。

1894 年，一个年轻人爬上了苏格兰最高的一座山峰——本尼维斯山的顶端。那是一个雾气蒙蒙的天，彩虹在太阳和其阴影周围形成了美丽的光圈。这个年轻人认为这是他见过的最美景色。"这种神奇的光学现象在太阳照到围绕在山顶的云层时就会出现，"他后来写道，"尤其是围绕着太阳的多彩光圈（日冕）或者在云雾里围绕着山顶或观景人影子的光圈都让我非常感兴趣，让我想要能做出这样的光圈来。"

1895 年另一位非常敏感的年轻人诉说了她的创造力灵感。很小的时候，她回忆，“我热爱诗歌，非常有激情，我喜欢诗歌的形式、节奏，这些都让我开心。我从最先吸引我的俄罗斯诗歌开始贪婪地阅读着许多诗人的作品，我不得不承认，越流畅的诗歌我越喜欢……诗歌中的每个节拍都如此吸引我，5 岁的时候我开始自己写诗……到 12 岁时，我毫不动摇地坚信我要成为一个伟大的诗人。”事实上，对她来讲，没有比用诗歌的想象力创造新世界更为神圣的事情了。

大概同一时期，另一个年轻人发现，几何“是一个将真理展现在我们面前的过程。我们从一个个发光的点，深入，再深入到黑暗中，然后又自己点燃火把向更高的地方前进……它毫无疑问是一项庄严的事业，伴随着人类巨大的野心，寻找能将宇宙浇筑到公式的模具里并将一切现实交由理性……这太棒了。你感觉好像你在见证世界的形成”。受到了理性之美的感动，他也决心要探索新的世界。

最后举一个当代年轻人的例子，他的热爱是社会科学。“不同学科的学习让我能锻炼‘抽象’思维并学会从问题表面看本质，”他写道，“除了我自己选的专业（经济学等），我还被其他领域，如罗马法、刑法、俄罗斯法和农民法历史……深深吸引了。这种吸引有时是接连的，有时是同时发生的，所有这些都吸引我的注意并帮助我用抽象的方式思维。”这个年轻人的目标是彻底改变人类状况。

这四个人都是谁？你可能觉得那个想要捕捉本尼维斯山日冕的年轻人会成为一个画家；那个热爱诗歌的女孩会成为一位诗人；那个喜欢几何的小男孩会成为数学家；还有那个喜欢社会科学的年轻人会成为经济学家或者政治家。现代的学校教育一定会推进这几个孩子朝这些方向发展。然而，这些推测都不准确，这四个人将其独特的才华、训练和激情结合在一起用在了你预料不到的领域。

康拉德·洛伦兹曾说过：“那些近距离欣赏过自然之美的人，不是成了诗人就是成了自然学家，如果他的眼睛很好，观察力敏锐的话，还能两者兼成。”威尔逊，这个曾经受到苏格兰高山上光晕和日冕启发的年轻人最后回到了剑桥大学实验室并用大脑中物理的诗意发明了云室。我们在第 5 章中说过，云室使科学家首次看到次原子粒子，但是正如威尔逊在获得诺贝尔奖时演讲中所说的，他当时发明首先是出于本能和美学的目的。他的云室真的将艺术和科学结合在一起，也为后来人做了表率。“我看过光晕效果，还在小时候做了一个威尔逊云室。”

化学家威廉姆・利普斯科姆在大概 80 年后说，“这两种事物都很美丽。”

那个一定要成为诗人的女孩确实成了诗人，同时是世界著名的戏剧作家，但只是在空闲的时候。索菲亚・科瓦缪夫最为人知的还是她对数学的杰出贡献。“你可能对我同时工作在数学和文学两个领域感到讶异，”她在自传中写道，“没有学过数学是什么的人只把它当作数字，认为它是枯燥荒芜的科学。实际上，数学是最需要想象力的科学。20 世纪最著名的数学家非常公正地说过，如果不能在精神领域成为一个诗人就不能成为数学家。诗人必须能看见其他人看不见的，必须比其他人看得深远，数学家也是如此。”确实，科瓦缪夫的一位老师卡尔・魏尔施特拉斯说：“一个不是诗人的数学家是不完美的数学家。”科瓦缪夫将这句话记在了心里，写了很多诗歌。

那个喜欢几何的小男孩没有成为数学家或者物理学家甚至工程师，他叫亨利・法布尔，他得到了一个绰号，叫作“昆虫世界的诗人和预言家”以及“黄蜂和蜘蛛散文家荷马”。他的写作鼓励了 20 世纪上半段众多年轻人成为昆虫学者并给众多读者带来了乐趣。然而，几何从未远离他的创造力想象。“如果我的作品能让读者连着读一两页而不会觉得疲倦，”他有一次写道，“这都要归功于几何这个指引思想的艺术老师……它将困惑处重新摆放，将过厚的地方变薄，让喧嚣变平静，过滤泥沙重归清澈，是最高级的修辞学。”法布尔毫无疑问会赞同埃德娜・圣文森特・米莱，如果他能读到那时米莱尚未发表的诗，“欧几里得看到了无遮盖的美”，因为对他来说，几何是美丽的，当它的单词、节奏和结构引领你走向光明的时候。

最后，那位年轻的社会科学家是瓦西里・康定斯基，成为第一个画出非写实画作的人。他对于抽象概念的喜爱和想要改革人类状况的愿望没有使他成为经济学家，而成为画家。在他的绘画里，他重新定义了观察和代表。那么是否康定斯基“改变了研究领域”就意味着他失去了视野的整体性呢？“绘画是不同世界的强烈碰撞，”他这样写道，“为了从不断碰撞中创造一个新世界、艺术的世界……树干不会因为新枝干长出就变得多余，是树干为枝干的生长奠定了基础。”查尔斯・艾维斯也非常理解这一点。他一辈子都在保险行业工作，不仅为他的工作经历感到自豪，还感觉这个经历为他的音乐提供了很大帮助：“你不能把艺术束之高阁，然后还希望它能有活力且真实。是纤维织成了布匹。我的音乐和保险业工作互相作用、互相帮助。”从年轻时的激情到成熟后的兴趣，有创造力的人穿梭在正业和副业之间，两者相互作用为他们不断提供想象力和创造力。

举这些例子的目的是要告诉大家：这些人是全面的人，而不是专家。他们能为某一学科做出贡献是因为广博的兴趣。他们是先驱者，是全面手，将不同领域的知识和技术结合在一起。通过成为博学的人，他们成功地迎接了时间和地点带来的挑战并扩展了人类的想象力。这使这些博学者将在未来创造出了不起的综合成就。

“博学者”这个单词来自希腊语，意为“知道得多”或者“非常有知识的”，现在常指一个人有百科全书式的知识。博学者不可与业余爱好者混淆，业余爱好者是那些将新的兴趣爱好，当作一种消遣和娱乐的人。博学者大多能精通业余的兴趣爱好并将其与自己的正业联系到一起。最伟大的博学者要数“文艺复兴巨匠”——达·芬奇、维萨里和米开朗基罗，他们似乎都能将知道的结合起来。当然，没有人能真正成为百科全书式的学者，这也不是我在这里提倡的。但是心理学家的长期观察表明，那些有创新能力的人都倾向于参与多种活动并比其他人更为精通这些活动。所有在本书中讨论的艺术家、科学家、发明家和人文学家都是如此，他们都能被称为博学者。

一个人不必非得是天才才能成为博学者。每个人都可以发展自己的爱好、艺术、手工、学术兴趣或者体育。每个人都能从业余爱好和正业间找到联系。每个人都应该如此，因为回报是丰厚的。研究发现，一个人事业是否成功不取决于一个人的智商、分数和标准测试的水平高低，而取决于这个人是否积极参与一些休闲活动，发展一些业余爱好，可以是绘画、作曲、写作、编程、创意视频甚至科学和数学上的兴趣研究。这对于所有职业的人都是正确的，无论你是企业家、艺术家、学术人员，还是娱乐明星。

有一些博学者的业余爱好和兴趣发展得如此之好，以至于他们成为双职业者。例如，数学家-诗人科瓦列夫斯卡娅、作曲家-化学家亚历山大·鲍罗丁、诗人-物理学家威廉姆·卡洛斯·威廉姆斯、画家-生物学家戴斯蒙德·莫里斯。而其他人则能将业余兴趣里的知识和工具以多种方式应用到正业中，我们在本书都讨论过了。他们从概念上将诸多兴趣整合在一起，培养通用技术和超越单一副业的想法形成想象力。正如作曲家罗伯特·舒曼所说的："一位音乐家可能会去欣赏拉斐尔的圣母像，一个画家去品味莫扎特的交响曲，两者相互受益。而且，雕塑把演员的表演固定了，而演员则把雕塑演活了；画家将一首诗变成了画，音乐家则把画变成了曲。"

卡明斯是另一个好例子。他认为，自己是一位画家并希望能在这个领域功成名就，然而真正让他出名的却不是绘画而是诗歌。尽管他喜爱绘画但却在诗歌上取得成就，正是因为他喜爱绘画才能成为著名诗人。卡明斯绘画和诗歌的转换很直接。作为一个画家，他用明暗对照法，通过阴影和高光间的对比增加所画物体的深度并探索了立体派绘画，发明了他称为"看到四周"的画法。通过直接模仿，他将"看到四周"的概念转换到诗歌里变为"知道四周"的概念。通过成对的反义词达成这种效果，如"大的小""开心的难过""愚蠢的智慧"或"骄傲的谦卑"。他的这个创新是不可能在文学课上学到的，而是从文学学科之外的学科中找到的灵感。

诺贝尔奖得主格奥尔格·冯·贝凯西同样认同知识和技能的跨学科培养。他想要知道怎样才能更好地研究生物学，于是转向了艺术领域，期冀从中寻到答案。经过勤奋研究，他发现伟大的艺术具备这样几个特征——想象力、惊喜、连贯性和技术，而这几个特征也是最伟大科学具备的。正如画家及普利策小说家奖得主保罗·霍根所写的："要想深入地理解一个艺术作品，需要具备清晰的表达原则能力。尽管不是一个必要的技术，但是适用于所有艺术。一种艺术形式不见得适用于另一种艺术，但类比是可以的，而且不仅是一种艺术到另一种艺术，从科学到艺术、从艺术到科学都是如此。"

一些有创造力的人将这种跨学科可相互转换的技巧发挥到了极致。诗人盖瑞·施耐德就说过，优秀的机械工或者厨师可以教给一个诗人很多事情。"你学会用大脑操作各个部件，"他说，"你了解各个部分是怎样拼装到一起的……这是真正的类比。大师就是大师……如果你想成为一个诗人，你认识了一个大师级别的机械工或者厨师，会从他们身上学到很多，对你成为诗人很有帮助，要比你从其他不是大师级其他诗人那里学到得更多。"科特·冯内古特同样重视对创造过程的掌握而非对某种单一材料的掌握。他说从音乐和创造力写作课中培养出下一代有创新的作家是不可能的。这些作家一定是在科学和医药领域，因为掌握了这些领域的知识和技能会为他们写出优秀小说提供基础和不同寻常的经历。

博学者和想象力总是在一起的。经过多学科培训的人能将经验、综合知识进行转换，带领我们达到通感与知识综合理解的境界。用生理学家克劳德·伯纳德的话来说，“自然中的每种事物都相互联系”。一部分通感和知识的综合理解是每个人都掌握的。同样的推动力创造出最好的艺术、最好的文学、最好的科学，这些都可以用来促成最好的教育，创新者和他们的老师一直致力于此。在日本，表演茶道的人总要经过综合培训，根据禅宗发展而来的方法在科伯里·恩舒在 17 世纪建造了 Bosen（最终成就）茶室到达了顶峰。恩舒是一位画家、诗人、建筑师、园艺师和茶道大师。他设计的演示茶道房间融合了他所有知识并形成了一个和谐整体。今天茶艺大师的培养仍追求天分和经历的结合。铃木伸一的天才教育项目就是依靠这一理念开展的，根据个人对爱因斯坦和其他有音乐天赋的科学家朋友的观察，他写道，“我发现对音乐和艺术的热爱和敏感性对所有人都非常重要，无论是政治家、科学家、商人或者工人。我们不是在教……孩子们成为专业的音乐家……天才教育是人生教育”。教育旨在为人们打开多扇门，走进不同的房间。

许多西方老师同样努力将感觉和理性、情感和分析、最广大范围的知识和理解融合在一起。飞斯塔洛奇、蒙特梭利和许多其他教育家都坚持使用视觉和本体思维模式进行材料分析教学。20 世纪 30 年代，在包豪斯，老师通过涵盖一系列学科的方式将日常生活、艺术和科技融合起来。在人体绘画课上，奥斯卡·施莱莫除了裸体绘画外，还会讲述生物学、伦理学、人类学和戏剧。他的同事保罗·科里会在绘画课上列出一系列相关学科，包括自然历史、文献学、文学、哲学和数学。梅尔赛·坎宁安在西雅图科尼什艺术学院的舞蹈和编舞老师内莉·科尼什同样让她的学生学习全部艺术。诗人艾米·洛厄尔也写道，诗人对任何学科都应该熟悉，“在各个学科方面的认识越深入，他在诗歌领域的探索就越有深度”。对作曲家–建筑师–工程师伊恩克塞纳基斯来说，“有艺术概念的人必须在诸多方面，如数学、逻辑学、物理学、化学、生物学、基因学、古生物学（涉及形态的进化）、人类科学和历史等多方面都是博学的、有创造力的。总之，需要一种一般性的博学，但是会以其为基础，受其指导并向形式和建筑方向发展”。查尔斯·斯坦梅茨鼓励他在纽约斯克内克塔迪联合学院工程学专业的学生：“学习希腊语、拉丁语、历史、哲学和其他文理学院的课程。这些课能带领学生进入文学和艺术的世界，忽略它们将是最严重的错误。技术训练本身不足以让人拥有一个有趣又有意义的人生。”

这个建议今天仍旧有价值。我们需要博学者和先驱，他们知道当感官体验和理智结合，当幻想和现实合并，当直觉与智慧并行，当心中的激情与大脑中的激情联合，当获得的一个学科的知识打开了通往其他学科的大门时，就是想象力喷涌而出的时刻。

你生活中的一切最终都落实到行为上。

这是喜剧演员亚伦·弗里曼在一个艺术、科学和创造力大会上发言时的总结句。我们非常同意这句话。本书列举的每个例子都证明了弗里曼的结论。你可以做一切事情，你做的一切事情都由创造体现。你的知识和感觉越广泛，可想象的事物就越多，工作也会越综合、越重要。

教育的主旨在于创造出全才，他们通过全面性能将积累人类经验的智慧书写成照亮世人的精彩篇章。

我要在每个集市买东西
亲手触摸每件艺术品
参与每一种科学
让激情燃烧无愧于心

这是医生、科学家、音乐家、作曲家和诗人罗纳德·罗斯在许多年前写的诗，在他因发现了疟疾的传染方式而获得诺贝尔奖之前。他诗中的抱负在当今这个支离破碎的世界是弥足珍贵的。因为，就像罗伯特·弗罗斯特在他的朗朗上口的《泥泞时节两个流浪汉》（*Two Tramps in Mud Time*）这首诗表达的，将感情、智慧和目的融合形成了统一的想象是个人和整个人类最大的乐趣和财富：

但是谁又会相信他们这种区分

我活着的目的只不过是想结合
兴趣和职业，这就像我的两只
眼睛注视，共同构成一个视域
只有将喜好和需求完美地结合
使工作成为凡人的游戏和赌注
这样一个人才真能干出点名堂
权当是冲着天堂或遥远的未来

综合教育的目的就在于此。